Jean-Pierre Couwenbergh

GUIDE DE RÉFÉRENCE

PROGRAMMER
AutoCAD

AVEC DIESEL, AutoLISP, DLC ET VBA

EYROLLES

Éditions Eyrolles
61, Bld Saint-Germain
75240 Paris Cedex 05
www.editions-eyrolles.com

Direction de la collection « Guide de référence » : gheorghi@grigorieff.com

Maquette et mise en page : M2M

Tous les produits cités dans cet ouvrage sont des marques déposées ou des marques commerciales. L'auteur et l'éditeur déclinent toute responsabilité pouvant provenir de l'usage des données, des manœuvres ou des programmes figurant dans cet ouvrage.

Sommaire

CHAPITRE 1
PERSONNALISATION
DE L'INTERFACE UTILISATEUR

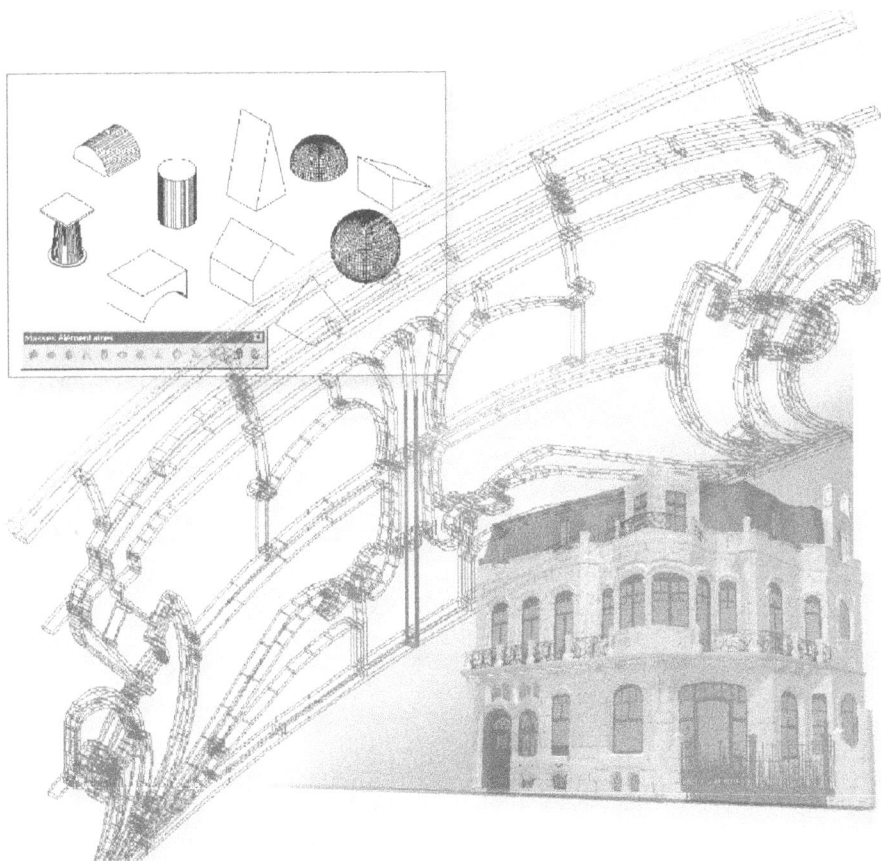

Introduction

L'un des moyens les plus faciles de modifier l'environnement d'AutoCAD dans un souci de productivité est de personnaliser son interface utilisateur. Celui-ci se compose principalement de menus déroulants, de barres d'outils et de palettes d'outils (fig.1.1). Il est très facile d'ajouter ou de retirer des commandes de ces derniers. Les commandes peuvent être de simples macros ou des expressions DIESEL et AutoLISP (fig.1.2). L'affectation d'actions à des raccourcis clavier permet aussi de rendre le travail plus performant.

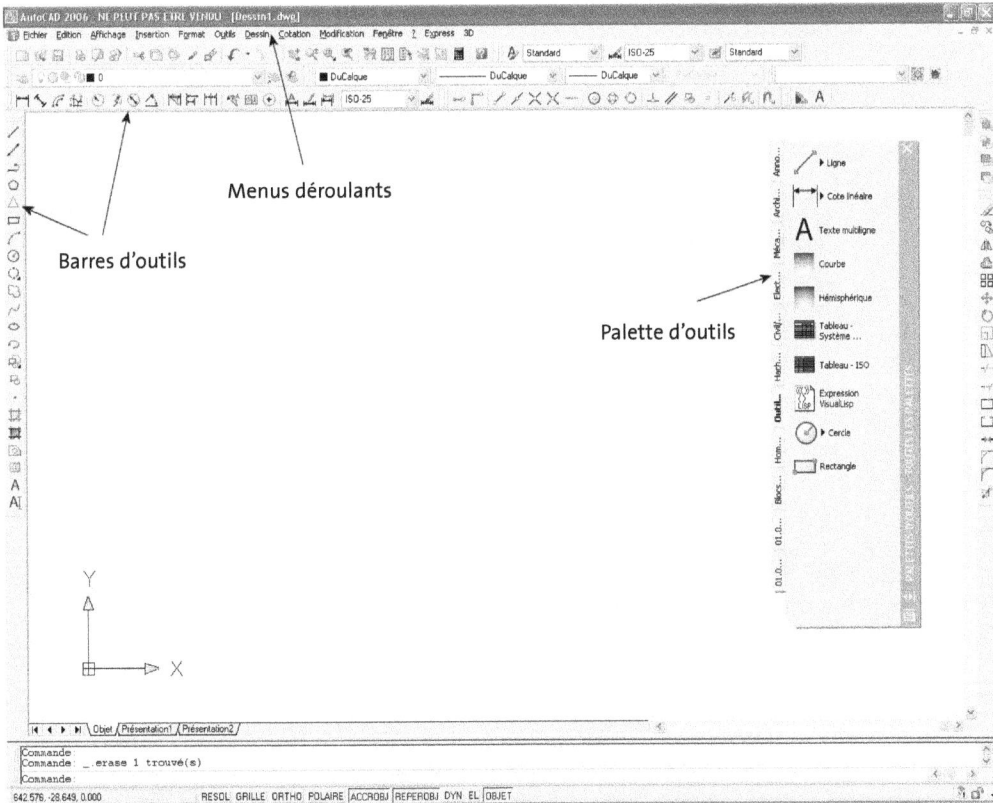

Fig.1.1

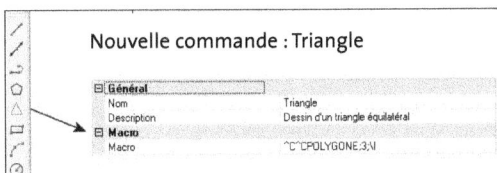

Fig.1.2

L'environnement de personnalisation

Une nouvelle interface de personnalisation

Avant de vous lancer dans la personnalisation de vos propres menus, barres d'outils et autres éléments d'interface, vous devez vous familiariser avec l'environnement de personnalisation d'AutoCAD. Pour cela, ouvrez la boîte de dialogue **Personnaliser l'interface utilisateur** (Customize User Interface) (Menu Outil (Tools) › Personnaliser (Customize)› Menus (Interface) et examinez son contenu. Il comprend deux onglets (fig.1.3) :

▶ **Onglet Transférer :** pour migrer ou transférer des personnalisations.

▶ **Onglet Personnaliser :** pour créer ou modifier des éléments d'interface utilisateur.

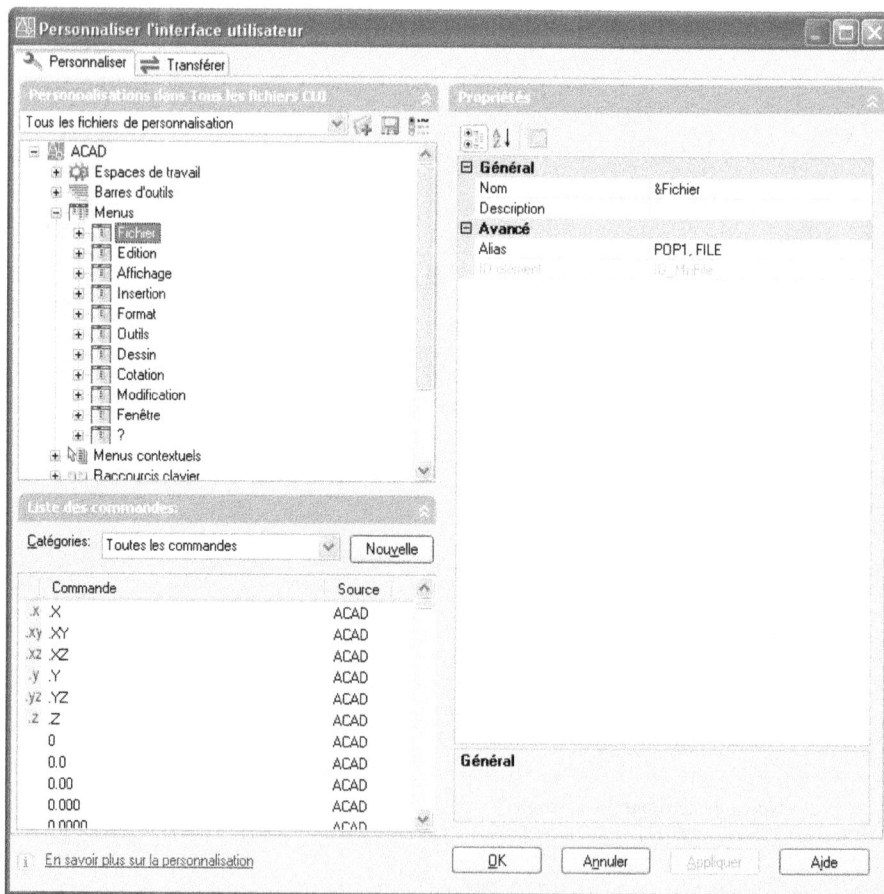

Fig.1.3

Avant d'aller plus loin, il est important de comprendre la terminologie au niveau des outils de personnalisation :

▶ **Fichier de personnalisation (CUI)** : fichier de type XML dans lequel sont stockées les données de personnalisation. La modification d'un fichier de personnalisation s'effectue dans la boîte de dialogue **Personnaliser l'interface utilisateur** (Customize User Interface). Les fichiers CUI remplacent les fichiers MNU, MNS et MNC qui étaient utilisés pour définir les menus dans les versions antérieures à AutoCAD 2006.

▶ **Fichier de personnalisation principal** : fichier CUI accessible en écriture définissant la plupart des éléments de l'interface utilisateur (notamment les menus, barres d'outils, raccurcis clavier standard, etc.). Le fichier acad.cui (fichier CUI principal par défaut) est automatiquement chargé au démarrage d'AutoCAD.

▶ **Fichier de personnalisation d'entreprise** : fichier CUI généralement contrôlé par le responsable CAO. Il est souvent utilisé par plusieurs utilisateurs et stocké dans un emplacement réseau partagé. Afin d'éviter toute modification des données contenues dans ce fichier, les utilisateurs n'y accèdent qu'en lecture seule. Pour créer un fichier de personnalisation d'entreprise, le responsable CAO modifie le fichier CUI principal, puis l'enregistre dans un emplacement réseau partagé. Les utilisateurs indiquent ensuite ce fichier dans la boîte de dialogue **Options**, sous l'onglet **Fichiers**.

▶ **Fichier de personnalisation partiel** : tout fichier CUI non défini en tant que fichier CUI principal ou d'entreprise. Au cours d'une session de dessin, vous pouvez charger et décharger les fichiers CUI partiels en fonction de vos besoins.

▶ **Groupe de personnalisation** : nom attribué à un fichier CUI pour identifier le contenu de personnalisation dans le fichier CUI. Le fichier CUI chargé dans AutoCAD doit avoir un nom de groupe de personnalisation unique pour éviter les conflits entre les fichiers CUI du programme. Dans les versions antérieures, il s'appelait groupe de menus.

▶ **Elément d'interface** : objet susceptible d'être personnalisé, comme une barre d'outils, un menu déroulant, une touche de raccourci, une fenêtre ancrable, etc. Constitue un nœud dans le volet **Personnalisations**.

▶ **Objet d'interface** : chaque composant d'un élément d'interface, par exemple un bouton de barre d'outils, un élément de menu déroulant, une touche de **raccourci**, une touche de remplacement temporaire, etc.

▶ **Nœud de l'arbre** : structure hiérarchique, dans la boîte de dialogue Personnaliser l'interface utilisateur, contenant les éléments d'interface et les objets d'interface pouvant être importés, exportés et personnalisés.

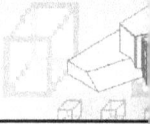

- ► **Espace de travail** : ensemble d'éléments d'interface utilisateur, avec leur contenu, leurs propriétés, états d'affichage et emplacements.

- ► **Fenêtre ancrable** : élément d'interface pouvant être ancré ou flottant dans la zone de dessin. Les fenêtres ancrables englobent la fenêtre de commande, les palettes d'outils, la palette Propriétés, etc.

- ► **ID élément** : identifiant unique d'un élément d'interface. Dans les versions antérieures, il s'appelait étiquette.

Bien que les techniques de personnalisation de base soient les mêmes que dans les versions précédentes du produit, l'environnement dans lequel vous personnalisez le produit a évolué.

Toutes les anciennes options de personnalisation sont encore disponibles. Vous pouvez toujours créer, modifier et supprimer des éléments d'interface. Il vous est encore possible de créer des fichiers de personnalisation partielle. Vous continuez d'utiliser des macros et des entrées avancées telles que des expressions DIESEL et des routines AutoLISP.

Toutefois, les tâches de personnalisation ne passent plus par la création ou la modification manuelle de fichiers texte MNU ou MNS. Elles s'effectuent désormais via l'interface du programme, dans la boîte de dialogue **Personnaliser l'interface utilisateur** (Customize User Interface).

Les fichiers de personnalisation

Dans les versions antérieures à AutoCAD 2006, vous personnalisiez l'interface utilisateur en modifiant un fichier MNU ou MNS dans un éditeur de texte ASCII tels que le Bloc-Notes. Le processus consistant à saisir et à vérifier manuellement les données de personnalisation dans le fichier texte pouvait s'avérer ennuyeux et générateur d'erreurs. Actuellement, grâce à la boîte de dialogue Personnaliser l'interface utilisateur (Customize User Interface), il vous suffit de faire glisser une commande vers un menu ou une barre d'outils ou de cliquer avec le bouton droit de la souris pour ajouter, supprimer ou modifier un élément d'interface utilisateur. La boîte de dialogue Personnaliser l'interface utilisateur (Customize User Interface) contient les propriétés des éléments, ainsi que la liste des options disponibles.

Les fichiers MNU et MNS utilisés par le passé ont été remplacés par un seul type de fichier, le fichier CUI au format XML.

Grâce au format XML du fichier CUI, il est possible de suivre les différentes personnalisations. Lorsque vous passez à une nouvelle version du programme, toutes vos personnalisations sont automatiquement intégrées dans la nouvelle version.

Le format XML prend en charge un fichier de personnalisation compatible avec les versions antérieures. Cela signifie que vous pouvez afficher un fichier CUI provenant d'une version postérieure dans la version antérieure sans perdre les données de personnalisation de la version postérieure. Toutefois, vous ne pouvez pas modifier le fichier CUI de la version postérieure dans la version antérieure.

Le tableau ci-dessous répertorie les anciens fichiers de menu qui accompagnaient le produit et indique les éléments correspondants dans AutoCAD 2006.

Correspondance entre les anciens fichiers de menu et les nouveaux fichiers CUI			
Fichier de menu	Description	Dans AutoCAD 2006	Description du changement
MNU	Fichier texte ASCII définissant la plupart des éléments de l'interface utilisateur. Le fichier MNU principal, acad.mnu, était automatiquement chargé au démarrage du produit. Les fichiers MNU partiels ne pouvaient pas être chargés ou déchargés.	CUI (IUP)	Fichier XML définissant la plupart des éléments d'interface. Le fichier CUI principal, acad.cui, est automatiquement chargé au démarrage du produit. Les fichiers CUI partiels peuvent être chargés ou déchargés en fonction de vos besoins au cours d'une session de dessin.
MNS	Fichier de menu source. Similaire au fichier texte ASCII MNU, mais sans commentaires ni mise en forme.	CUI (IUP)	Idem ci-dessus
MNC	Fichier texte ASCII compilé. Contenait des chaînes et des syntaxes de commande définissant la fonctionnalité et l'aspect des éléments d'interface utilisateur.	CUI (IUP)	Idem ci-dessus
MNL	Fichier de menu LISP. Contient des expressions AutoLISP utilisées par les éléments d'interface utilisateur.	MNL	Aucun changement
MNR	Fichier de ressources de menu. Contient les bitmaps utilisés par les éléments de l'interface utilisateur.	MNR	Aucun changement

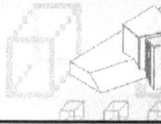

Comparaison de la structure du fichier texte de menu (.mnu) et du fichier CUI

Dans les versions précédentes, vous ajoutiez, modifiiez et supprimiez les informations de menu directement dans un fichier texte. Dans AutoCAD 2006, vous utilisez la boîte de dialogue Personnaliser l'interface utilisateur (Customize User Interface).

L'exemple de la figure 1.4 illustre le menu déroulant Fenêtre et la figure 1.5 sa description dans le fichier texte « acad.mnu ».

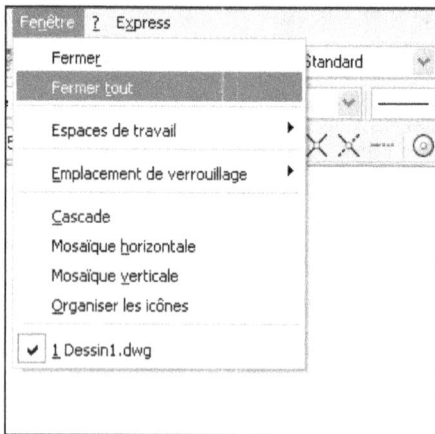

```
***POP10
**WINDOW
ID_MnWindow [Fe&nêtre]
ID_DWG_CLOSE [Ferme&r]^C^C_close
ID_WINDOW_CLOSEALL [&Fermer tout]^C^C_closeall
[--]
ID_WINDOW_CASCADE [&Cascade]^C^C_syswindows;_cascade
ID_WINDOW_TILE_HORZ [Mosaïque &horizontale]^C^C_syswindows;_hor
ID_WINDOW_TILE_VERT [Mosaïque &verticale]^C^C_syswindows;_vert
ID_WINDOW_ARRANGE [&Organiser les icônes]^C^C_syswindows;_arrange
```

Fig.1.5

Fig.1.4

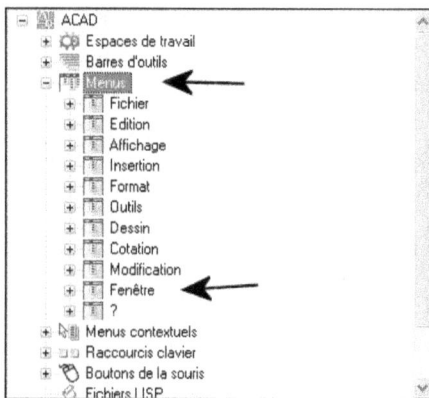

Fig.1.6

Par comparaison, le même menu est décrit dans la boîte de dialogue **Personnaliser l'interface utilisateur** (Customize User Interface) de la façon suivante :

Dans l'onglet **Personnaliser** (Customize), les menus déroulants apparaissent dans l'arborescence en haut à gauche. En cliquant sur **Menus**, la liste des menus déroulant s'affiche (fig.1.6).

En cliquant sur **Fenêtre** (Window), le volet **Propriétés** (Properties) du menu **Fenêtre** (Window) s'affiche à droite (fig.1.7).

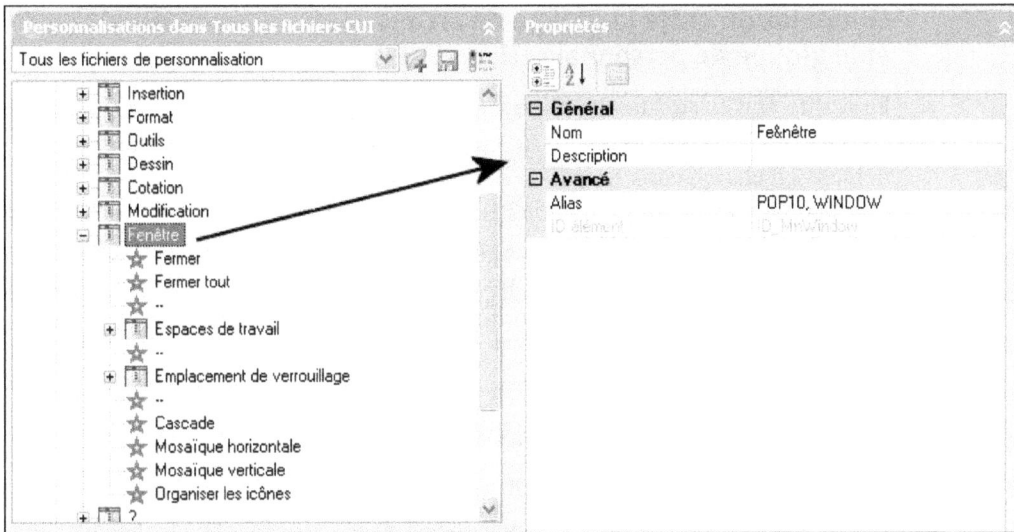

Fig.1.7

En cliquant sur la commande **Fermer tout** (Close All), les propriétés correspondantes s'affichent également à gauche (fig.1.8).

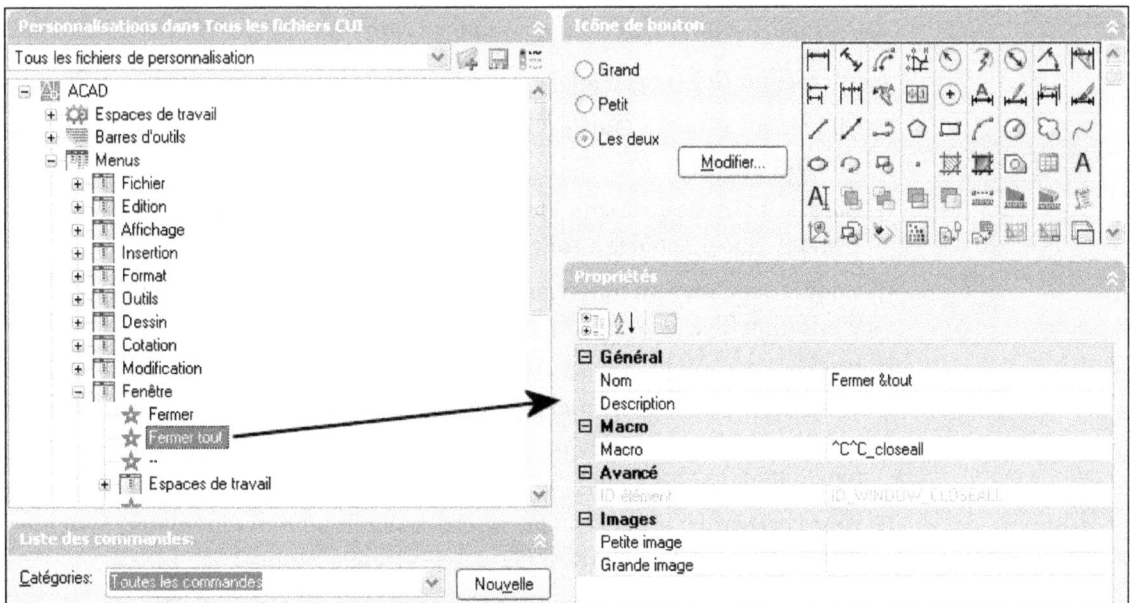

Fig.1.8

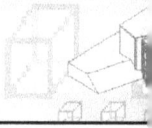

Comparaison entre le groupe de menus et le groupe de personnalisation

En réalité, il n'existe aucune différence entre un groupe de menus (terme utilisé dans les versions antérieures) et un groupe de personnalisation (version 2006). Le fichier CUI chargé dans AutoCAD doit avoir un nom de groupe de personnalisation unique pour éviter les conflits entre les fichiers de personnalisation du programme. Le fichier CUI principal, acad.cui par défaut, possède un groupe de personnalisation appelé ACAD. Vous pouvez charger un nombre illimité de fichiers de personnalisation dans le programme, si chacun porte un nom de groupe de personnalisation unique.

Création et chargement de fichiers CUI partiels

Vous pouvez créer, charger ou décharger des fichiers de personnalisation en fonction de vos besoins. Lorsque vous chargez et utilisez un fichier CUI partiel, vous pouvez créer et modifier la plupart des éléments d'interface (barres d'outils, menus, etc.) dans un fichier CUI distinct, sans avoir à importer les personnalisations dans votre fichier CUI principal.

L'ordre dans lequel les fichiers CUI partiels apparaissent dans l'arborescence détermine l'ordre dans lequel ils sont chargés dans le programme. Vous pouvez réorganiser la hiérarchie afin de modifier l'ordre de chargement.

Pour créer un fichier partiel, la procédure est la suivante :

1. Cliquez sur le menu **Outils** (Tools) puis **Personnaliser** (Customize) et **Menus** (Interface).

2. Dans la boîte de dialogue **Personnaliser l'interface utilisateur** (Customize User Interface), accédez à l'onglet **Transférer** (Transfer).

3. Cliquez sur **Créer un nouveau fichier de personnalisation** (Create a new customization file).

4. Effectuez les modifications souhaitées. Dans l'exemple de la figure 1.9, nous avons juste glissé les menus **Fichier**, **Dessin** et **Modification** de la fenêtre de gauche vers la section Menu à droite. Nous avons ensuite supprimé certaines fonctions dans chacun des menus.

5. Pour sauvegarder le nouveau menu, cliquez sur le bouton **Enregistrer le fichier de personnalisation courant** (Save the current customization file).

6. Sélectionnez le chemin et entrez un nom. Par exemple : C:\Documents and Settings\<nom du profil utilisateur>\Application Data\Autodesk\<nom du produit>\<numéro de version>\enu\support\<nom de fichier de personnalisation>.cui

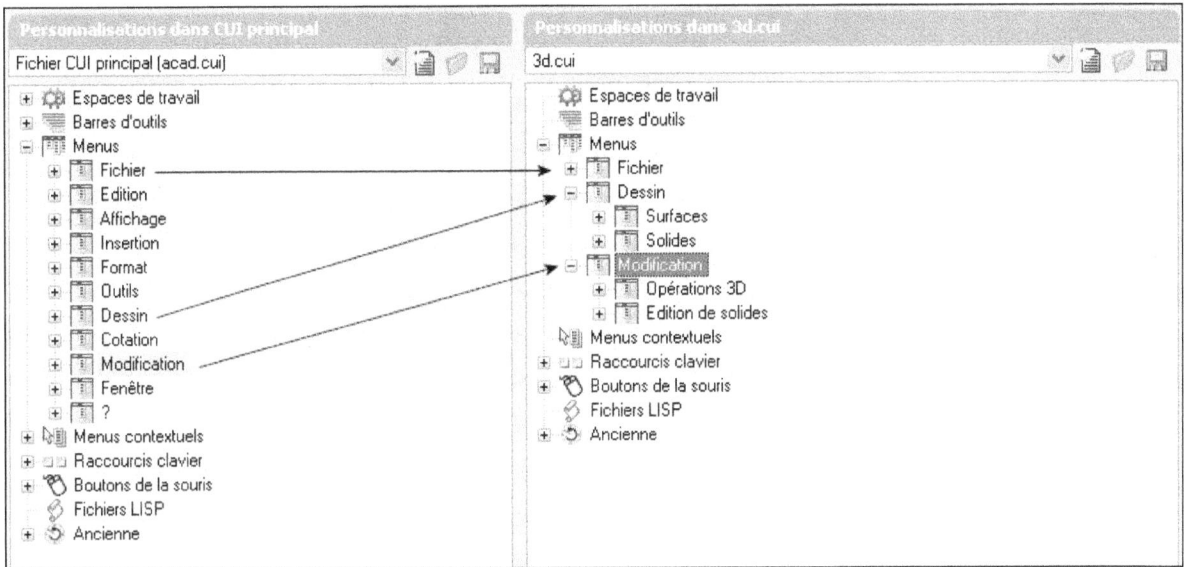

Fig.1.9

Pour charger ou décharger un fichier CUI partiel à l'aide de l'onglet Personnaliser :

☐ Cliquez sur le menu **Outils** (Tools) puis **Personnaliser** (Customize) et ensuite **Menus** (Interface).

☐ Dans la boîte de dialogue **Personnaliser l'interface utilisateur** (Customize User Interface), accédez à l'onglet **Personnaliser** (Customize), puis sélectionnez **Fichier CUI principal** (Main CUI File) dans la liste déroulante.

☐ A droite de la liste déroulante, cliquez sur le bouton **Charger le fichier de personnalisation partielle** (Load partial customization file).

☐ Dans la boîte de dialogue **Ouvrir** (Open), recherchez et cliquez sur le fichier CUI partiel que vous voulez ouvrir, puis cliquez sur **Ouvrir** (Open).

☐ Pour vérifier que le fichier a été chargé dans le fichier CUI principal, sélectionnez le fichier CUI principal dans la liste déroulante du volet **Personnalisations** (Customizations).

☐ Dans l'arborescence du fichier de personnalisation principal, cliquez sur le signe plus (+) situé à côté du nœud **Fichiers CUI partiels** (Partial CUI Files) pour le développer. Les fichiers CUI partiels éventuellement chargés dans le fichier CUI principal s'affichent.

☐ Cliquez sur **Appliquer** (Apply) pour afficher le menu partiel dans l'interface AutoCAD. (fig.1.10).

⑧ Pour décharger le fichier, cliquez avec le bouton droit sur le fichier CUI partiel que vous voulez décharger. Cliquez sur **Décharger le fichier CUI** (Unload CUI File). Le fichier est supprimé de la liste (fig.1.11).

⑨ Cliquez sur **OK** pour enregistrer les modifications et les visualiser dans le programme.

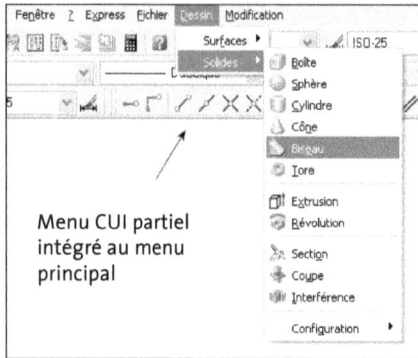

Menu CUI partiel intégré au menu principal

Fig.1.10

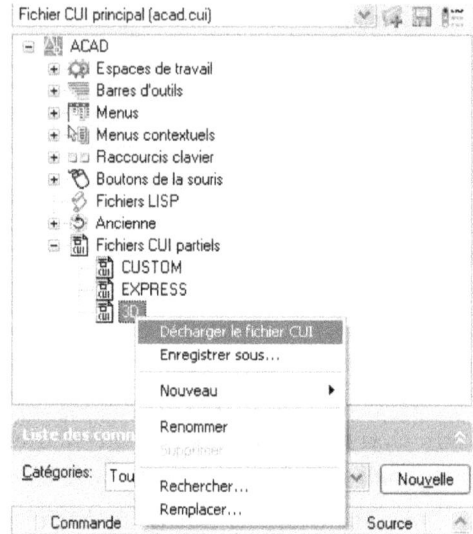

Fig.1.11

Création et chargement d'un fichier CUI d'entreprise

Généralement, un fichier CUI d'entreprise contient des informations de personnalisation partagées par plusieurs utilisateurs, mais il est géré par un responsable CAO. Les fichiers CUI d'entreprise facilitent les tâches de maintenance et de modification des données de personnalisation effectuées par la personne responsable des environnements de dessin.

La création d'un fichier CUI d'entreprise implique les tâches suivantes :

▶ **Création d'un fichier CUI d'entreprise à partir d'un fichier CUI existant** : en copiant le fichier de personnalisation principal, (acad.cui), vous partez du fichier qui contient l'ensemble des éléments d'interface dont vous avez besoin.

▶ **Désignation du nouveau fichier comme fichier CUI principal** : grâce à la boîte de dialogue Options, vous pouvez faire en sorte que le fichier d'entreprise créé soit le fichier de personnalisation principal.

▶ **Modification du contenu du fichier CUI d'entreprise** : dès que le fichier d'entreprise créé est désigné comme le fichier CUI principal, vous modifiez le nom du groupe de personnalisation et du contenu du fichier CUI selon vos besoins. Le fait de modifier le nom du groupe de personnalisation vous permet de charger plusieurs fichiers CUI dans le programme en une seule fois. Vous ne pouvez pas charger dans le programme des fichiers CUI avec le même nom de groupe de personnalisation.

▶ **Enregistrement du fichier d'entreprise dans un emplacement réseau partagé :** lorsque vous enregistrez le nouveau fichier d'entreprise dans un emplacement réseau partagé, tous les utilisateurs peuvent y accéder, mais ils ne peuvent pas le modifier.

▶ **Spécification de l'emplacement du fichier d'entreprise** : le programme désigne automatiquement un fichier d'entreprise en lecture seule lorsque vous spécifiez son emplacement dans la boîte de dialogue Options. La spécification de l'emplacement du fichier d'entreprise peut s'effectuer au niveau de chaque poste de travail ou via l'assistant Répartition.

Pour créer un fichier CUI à partir d'un fichier CUI existant, la procédure est la suivante :

1. Dans l'explorateur Windows, placez-vous à l'emplacement suivant :

   C:\Documents and Settings\<nom du profil utilisateur>\Application Data\Autodesk\<nom du produit>\<numéro de version>\enu\ support\<nom de fichier de personnalisation>.cui . Par exemple : acad.cui

2. Faites une copie du fichier CUI sélectionné et renommez-la (par exemple, enterprise.cui) ou placez-la à un autre emplacement (par exemple, dans l'emplacement réseau partagé où les utilisateurs pourront y accéder). Vous conservez ainsi le fichier CUI d'origine (vous pourrez le réutiliser ou le modifier par la suite).

Pour désigner un fichier CUI comme fichier CUI principal, la procédure est la suivante :

1. Cliquez sur le menu **Outils** (Tools) puis sur **Options**.

2. Dans l'onglet **Fichiers** (Files) de la boîte de dialogue **Options**, cliquez sur le signe plus (+) situé à côté de **Fichiers de personnalisation** (Customization Files) pour développer la liste.

3. Cliquez sur le signe plus (+) situé à côté de **Fichier de personnalisation principal** (Main customization file) pour ouvrir le fichier.

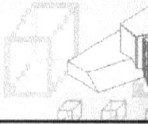

4 Cliquez sur le bouton **Parcourir** (Browse). Dans la boîte de dialogue **Sélectionner un fichier** (Select a file), recherchez l'emplacement du fichier de personnalisation principal. Par exemple : entreprise.cui (fig.1.12).

5 Cliquez sur **Ouvrir** (Open). Le fichier créé fait maintenant office de fichier CUI principal dans le programme.

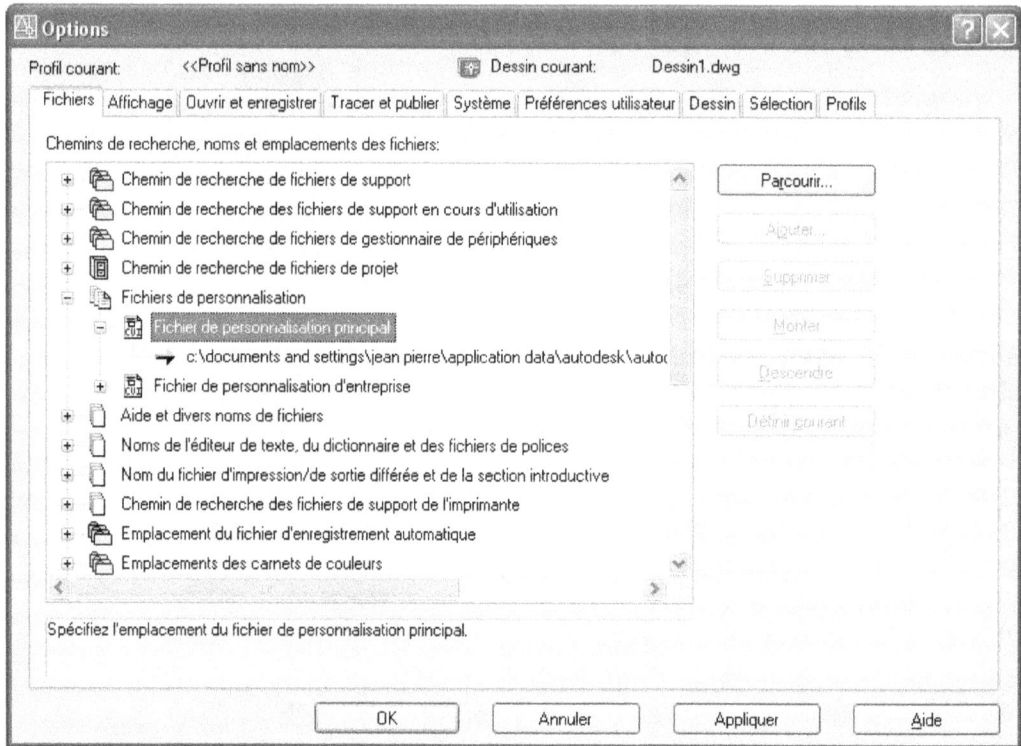

Fig.1.12

Pour modifier le fichier CUI d'entreprise, la procédure est la suivante :

1 Cliquez sur le menu **Outils** (Tools) puis **Personnaliser** (Customize) et **Menus** (Interface).

2 Dans le volet **Personnalisations** (Customizations), sélectionnez un fichier CUI dans la liste déroulante. Par exemple : Fichier cui principal (entreprise.cui).

3 Modifiez les éléments nécessaires. Par exemple le menu **Dessin** (Draw).

4 Cliquez sur **OK** lorsque vous avez fini de modifier le fichier CUI. Les modifications sont répercutées dans l'interface AutoCAD (fig.1.13).

Le menu modifié s'affiche

Fig.1.13

Pour définir un fichier CUI d'entreprise sur chaque poste, la procédure est la suivante :

1. Sur chaque poste de travail, dans AutoCAD, cliquez sur **Outils** (Tools) puis **Options**.

2. Dans l'onglet **Fichiers** (Files) de la boîte de dialogue **Options**, cliquez sur le signe plus (+) situé à côté de **Fichiers de personnalisation** (Customization Files) pour développer la liste.

3. Cliquez sur le signe plus à côté de **Fichier de personnalisation d'entreprise** (Enterprise customization file) pour ouvrir le fichier.

4. Cliquez sur le bouton **Parcourir** (Browse). Dans la boîte de dialogue **Sélectionner un fichier** (Select a file), recherchez l'emplacement du fichier de personnalisation d'entreprise. Cliquez sur **Ouvrir**. Le fichier CUI doit être enregistré dans un emplacement réseau partagé accessible aux utilisateurs.

5. Dans la boîte de dialogue **Options**, cliquez sur **OK**.

La personnalisation des menus déroulants (versions d'AutoCAD antérieures à 2006)

La personnalisation des menus est utile si l'on doit exécuter régulièrement une tâche spécifique à une application. Il est possible d'améliorer la productivité du travail avec AutoCAD en ajoutant une série de fonctions au menu existant. Ainsi, de nombreuses étapes constituant une tâche peuvent être lancées par une seule sélection de menu, automatisant une opération complexe.

Dans les versions antérieures à AutoCAD 2006, les menus sont définis dans différents fichiers de menu. On peut modifier un fichier de menu existant ou en créer un nouveau. Chaque menu peut contenir des macros. Celles-ci peuvent être de

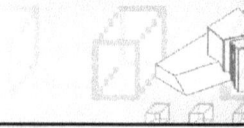

simples enregistrements de frappes de touches correspondant à une tâche ou des combinaisons complexes de commandes et de code de programmation AutoLISP ou DIESEL. Les macros plus complexes sont dotées d'une certaine aptitude décisionnelle. Une macro de menu est similaire à un script dans la mesure où elle émet une série de commandes. Toutefois, les scripts ne peuvent s'interrompre pour permettre une intervention de l'utilisateur.

Structure des menus AutoCAD

Les fichiers de menu définissent les particularités et l'aspect des « zones de menu », à savoir les différentes parties de l'interface AutoCAD fournissant accès et informations sur les fonctionnalités du programme. Les options de chaque zone de menu contiennent des chaînes de commande AutoCAD et une syntaxe de macro qui définissent l'action effectuée lorsque l'option de menu est sélectionnée. Les zones ci-après sont définies par des fichiers de menu.

- Menus bouton-curseur
- Menus déroulants et menus curseur
- Barres d'outils
- Menus d'images
- Menus écran
- Menus de tablette à numériser
- Chaînes d'aide et info-bulles
- Raccourcis clavier

Les menus d'AutoCAD sont inscrits dans une série de fichiers spécifiques :

- acad.mnu : fichier de base modifiable
- acad.mnc : fichier compilé
- acad.mnr : fichier ressource qui contient les données bitmap (images) utilisées par le menu
- acad.mns : fichier source qui reçoit entre autres les modifications apportées aux barres d'outils
- acad.mnt : fichier ressource de menu. Il est généré lorsque le fichier MNR n'est pas disponible, par exemple s'il est en lecture seulement
- acad.mnl : fichier de menu LISP. Il contient les expressions AutoLISP utilisées par le fichier de menu

Ces fichiers se trouvent dans le répertoire Support disponible à partir du chemin suivant : C:\Documents and Settings\Nom utilisateur\Application Data\Autodesk\ AutoCAD 200x\R16.0\fra\Support

Les modifications dans les barres d'outils sont enregistrées automatiquement dans le fichier acad.mns. Dès lors si l'on modifie une barre d'outils puis le fichier acad.mnu, les modifications apportées à la barre d'outils sont perdues. En effet, toute modification de acad.mnu engendre la génération d'un nouveau fichier acad.mns. Il convient donc de recopier la partie ∗∗∗Toolbars et ∗∗TB... de acad.mns vers acad.mnu pour conserver les modifications.

Les fichiers de menu sont divisés en sections associées aux zones spécifiques de l'interface AutoCAD. Selon sa fonction, chaque zone de menu peut être définie par une ou plusieurs sections. Chaque section contient des options de menu donnant des instructions sur l'aspect et la fonction des sélections de menu. Les options de menu comprennent les éléments suivants : une étiquette, un libellé (options affichées et présentées à l'écran) et une macro de menu. L'étiquette est une chaîne composée de caractères alphanumériques et de traits de soulignement (_) qui précède directement le libellé de l'option de menu. Cette chaîne identifie de manière unique une option dans un fichier de menu. Le libellé entre crochets ([]) définit les options affichées et présentées à l'écran.

Le fichier de menu ACAD.MNU comprend les sections suivantes :

∗∗∗MENUGROUP : nom du groupe de fichiers de menu.

∗∗∗BUTTONSn : menu bouton-curseur de la tablette à digitaliser.

∗∗∗AUXn : menu du périphérique de pointage système (en général la souris).

∗∗∗POPn : zones des menus déroulants et contextuels.

∗∗∗TOOLBARS : définitions des barres d'outils.

∗∗∗IMAGE : zone du menu d'images.

∗∗∗SCREEN : zone du menu écran.

∗∗∗TABLETn : zone du menu tablette.

∗∗∗HELPSTRINGS : texte affiché dans la barre d'état lorsqu'une option de menu déroulant ou de menu curseur est en surbrillance ou lorsque le curseur se trouve sur un bouton de la barre d'outils.

∗∗∗ACCELERATORS : définitions de raccourcis clavier.

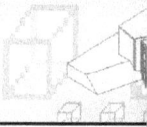

Chacun de ces menus comporte des sous-menus qui contiennent à leur tour les différentes commandes d'AutoCAD.

Chaque ligne du menu consiste en une commande, un paramètre ou une série de commandes et de paramètres.

Le menu de droite constitue l'ancien menu traditionnel d'AutoCAD, il existe dans toutes les versions du logiciel. Il fonctionne par menus, sous-menus et commandes. Il n'est cependant pas affiché directement dans AutoCAD. Il faut en effet l'activer en cliquant sur le champ **Afficher le menu écran** (Display screen menu) de l'onglet **Affichage** (Display) la boîte de dialogue **Options** disponible à partir du menu **Outils** (Tools).

Extrait du Menu SCREEN (version FR)

```
***SCREEN
**S
[AutoCAD ]^C^C^P(ai_rootmenus) ^P
[* * * * ]$S=ACAD.OSNAP
[FICHIER     ]$S=ACAD.01_FILE
[EDITION     ]$S=ACAD.02_EDIT
[VUE 1  ]$S=ACAD.03_VIEW1
[VUE 2  ]$S=ACAD.04_VIEW2
[INSERER  ]$S=ACAD.05_INSERT
[FORMAT  ]$S=ACAD.06_FORMAT
[OUTILS 1 ]$S=ACAD.07_TOOLS1
[OUTILS 2 ]$S=ACAD.08_TOOLS2
[DESSIN 1  ]$S=ACAD.09_DRAW1
[DESSIN 2  ]$S=ACAD.10_DRAW2
[COTATION]$S=ACAD.11_DIMENSION
[MODIF. 1 ]$S=ACAD.12_MODIFY1
[MODIF. 2 ]$S=ACAD.13_MODIFY2

[AIDE     ]$S=ACAD.14_HELP
```

La signification des principaux codes du menu

▶ ***NOM : ce label détermine le début d'un menu (ex :***SCREEN).

▶ **NOM : ce label détermine le début d'un sous-menu (ex : **09_DRAW1).
Chaque sous-menu doit avoir un nom différent.

▶ [DESSIN1] : les crochets permettent l'affichage à l'écran, dans la zone menu, d'une commande ou d'un sous-menu (ex : [DRAW1] permet l'appel du sous-menu 09_DRAW1). Le nombre de caractères qui seront visualisés à l'écran est limité à 8.

▶ \ : le caractère « \ » arrête le déroulement d'une commande pour accepter une entrée de données de la part de l'utilisateur (ex : [Effacer]^C^C_erase \).

▶ ; : le caractère « ; » correspond au Return (ex : [Effacer]erase \;). Une autre manière d'effectuer un Return est de laisser un espace blanc sur la ligne du menu.

▶ $S=sous-menu : permet de faire appel à un sous-menu. Les codes $S, $P, $I, $B, $T... représentent les sections du menu.

  ▪ Ainsi S représente le menu SCREEN, P le menu déroulant, I le menu à icônes, B le menu à boutons, T le menu tablette, A le menu auxiliaire.

  ▪ Le nom qui suit ce code est celui du sous-menu à afficher. Ainsi dans le cas de : [FILE   ]$S=ACAD.01_FILE il est fait appel au sous-menu ACAD.01_FILE.

▶ + : le caractère « + » permet de passer à la ligne suivante dans le cas où une instruction du menu ne tient pas sur une seule ligne (c'est-à-dire > 79 caractères). Il est ainsi possible d'enchaîner autant de lignes que nécessaire.

▶ ^C^C : permet d'arrêter toute commande en cours. Cela se trouve principalement dans les commandes à deux niveaux comme DIM. Le signe ^C correspond à Esc.

▶ ^O : permet de passer en mode ortho.

▶ ^P : permet de supprimer l'écho des commandes, c'est-à-dire l'affichage du contenu dans la zone « commande ».

▶ 01_FILE 3 : le chiffre 3 qui suit (avec un blanc) le nom du sous-menu indique le saut de lignes pour l'affichage du sous-menu à l'écran.

▶ * : le caractère « * » permet de répéter plusieurs fois la même commande.

Les macros de menus

Outre la simple insertion d'une commande dans une ligne du menu, il est également possible de définir une chaîne d'instructions encore dénommée « macro de menu ». Dans une macro de menu, chaque caractère est significatif, même les espaces. Le tableau ci-après répertorie les caractères spéciaux utilisés dans les macros de menu.

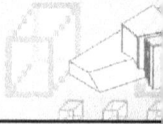

Caractère	Description
;	Génère la touche ENTREE.
^M	Génère la touche ENTREE.
^I	Génère la touche TAB.
[espace]	Entre un espace vierge entre des séquences de commandes dans un élément de menu, ce qui équivaut à appuyer sur ESPACE.
\	Marque une pause en vue d'une entrée utilisateur (ne peut pas être utilisé dans la section ACCELERATORS).
_	Traduit les commandes et options AutoCAD qu'il précède.
+	Poursuit l'exécution de la commande macro de menu jusqu'à la ligne suivante (s'il s'agit du dernier caractère).
=*	Affiche le menu déroulant, contextuel ou d'images du niveau le plus élevé.
*^C^C	Préfixe d'un élément répétitif.
$	Charge une section de menu ou introduit une expression de macro DIESEL conditionnelle ($M=).
^B	Active ou désactive l'accrochage (CTRL+B).
^C	Annule une commande (ECHAP).
^D	Active ou désactive les coordonnées (CTRL+D).
^E	Définit le plan isométrique suivant (CTRL+E).
^G	Active ou désactive la grille (CTRL+G).
^H	Génère la touche RETOUR ARRIERE.
^O	Active ou désactive le mode ortho.
^P	Active ou désactive MENUECHO.
^Q	Renvoie un écho de tous les messages, listes d'état et saisies vers l'imprimante (CTRL+Q).
^T	Active ou désactive la tablette (CTRL+T).
^V	Change de fenêtre courante.
^Z	Caractère nul qui supprime l'ajout automatique d'ESPACE à la fin d'un élément de menu.

Dans certains cas, il est utile d'accepter l'entrée utilisateur à partir du clavier ou du périphérique de pointage au milieu d'une macro de menu en plaçant une barre oblique inversée (\) à l'emplacement souhaité.

Exemple : `[Cercle-1]^c^ccercle \1`

La barre \ permet à l'utilisateur de prendre la main et de pointer le centre à l'écran et la valeur 1 génère automatiquement un cercle de rayon 1.

Les expressions AutoLISP

Il est aussi possible d' utiliser des variables et expressions AutoLISP dans les menus, pour générer des macros exécutant des tâches complexes. Pour que l'utilisation et l'efficacité d'AutoLISP soient maximales dans les macros de menu, il faut placer le code AutoLISP dans un fichier MNL distinct. Le fichier de menu et le code AutoLISP seront ainsi plus faciles à écrire et à mettre à jour. AutoCAD charge le fichier MNL lors du chargement d'un fichier de menu portant le même nom.

Une application utilisant des paramètres prédéfinis d'insertion de blocs peut avoir la forme suivante:

```
[ LARGEFEN]^C^C^P(setq LARGEFEN (getreal "Largeur de la fenêtre:" )) ^P

[ EPAISMUR]^C^C^P(setq EPAISMUR (getreal "Epaisseur du mur: ")) ^P

[Fenêtre  ]^C^C_INSERT fenêtre XScale !LARGEFEN  YScale !EPAISMUR
```

Ce code insère le bloc « fenêtre », en réglant l'échelle de son axe des X sur la largeur de la fenêtre courante et de son axe des Y sur l'épaisseur courante du mur. Dans cet exemple, les valeurs réelles sont issues des variables LARGEFEN et EPAISMUR d'AutoLISP définies par l'utilisateur. La rotation de la fenêtre dans le mur est librement définie par l'utilisateur.

Les menus déroulants et contextuels

Les menus déroulants et contextuels sont affichés en cascade (également connus sous les termes de menus hiérarchisés ou arborescents). Le menu contextuel permet d'accéder rapidement aux options fréquemment utilisées, comme les modes d'accrochage aux objets. Les options d'un menu déroulant ou contextuel sont similaires à celles des autres sections de menus. Les menus déroulants sont définis dans les sections de menu ∗∗∗POP1 à ∗∗∗POP499, tandis que les menus contextuels sont définis dans les sections de menu ∗∗∗POP0 (menu contextuel par défaut d'accrochage aux objets) et ∗∗∗POP500 à ∗∗∗POP999. Les menus contextuels de la plage supérieure sont également appelés menus contextuels. Un menu déroulant peut contenir jusqu'à 999 options. Un menu contextuel peut en contenir jusqu'à 499. Ces limites incluent tous les menus de la hiérarchie. Si les options de menu du fichier de menu dépassent ces limites, AutoCAD ignore les options excédentaires. En outre, un menu déroulant ou contextuel est tronqué s'il ne tient pas dans l'écran graphique.

Alors que les menus déroulants se déroulent toujours à partir de la barre de menus, un menu contextuel apparaît au niveau ou à proximité du réticule dans la zone graphique, la fenêtre de texte ou la ligne de commande, ou encore les zones de la barre d'outils (fig.1.14). La syntaxe des deux sections de menu POPn est identique, excepté que le titre du menu contextuel n'est pas inclus dans la barre de menus. Il n'apparaît pas du tout (mais il faut toujours entrer un titre factice). L'accès au menu contextuel s'effectue à l'aide de la commande $Po=* qui peut être lancée par un autre élément de menu (tel qu'un élément BUTTONSn) ou par un programme AutoLISP ou ObjectARX. Lorsque le menu contextuel est actif, la barre de menus n'est pas disponible.

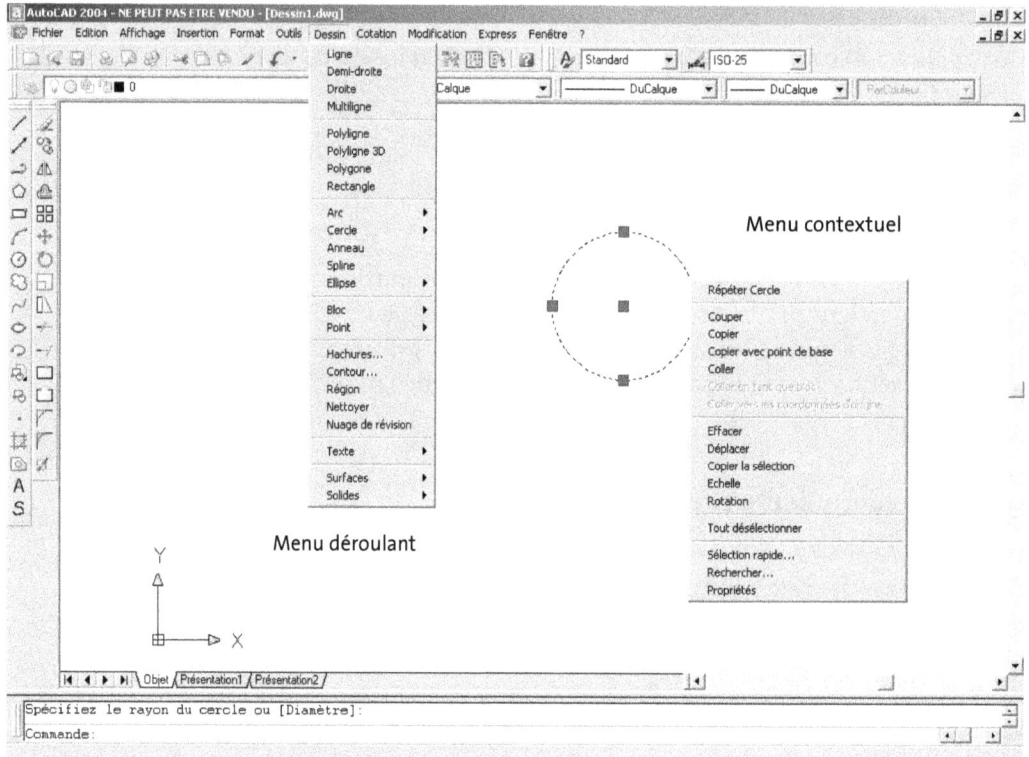

Fig.1.14

La création des menus déroulants

AutoCAD parcourt les sections POPn lors du chargement de chaque fichier de menu. Pour les sections POP1 à POP16, il construit une barre de menus contenant les titres de ces sections. Si aucune section POP1 à POP16 n'est définie, AutoCAD insère les menus Fichier (File) et Edition (Edit) par défaut. Toute section de menu supérieure à POP16 et inférieure à POP500 peut être insérée dans la barre de menus à l'aide de la commande MENULOAD (CHARGMNU).

L'exemple suivant illustre la syntaxe permettant de créer le menu déroulant POP7
(version FR) :

```
***POP7
**DRAW
ID_MnDraw     [&Dessin]
ID_Line       [Li&gne]^C^C_line
ID_Ray        [D&emi-droite]^C^C_ray
ID_Xline      [&Droite]^C^C_xline
ID_Mline      [&Multiligne]^C^C_mline
              [--]
ID_Pline      [Pol&yligne]^C^C_pline
ID_3dpoly     [Polyligne &3D]^C^C_3dpoly
ID_Polygon    [&Polygone]^C^C_polygon
ID_Rectang    [&Rectangle]^C^C_rectang
              [--]
ID_MnArc      [->&Arc]
ID_Arc3point  [Par &3 points]^C^C_arc
              [--]
ID_ArcStCeEn  [Départ, centre, &fin]^C^C_arc \_c
ID_ArcStCeAn  [Départ, centre, &angle]^C^C_arc \_c \_a
ID_ArcStCeLe  [Départ, centre, &longueur]^C^C_arc \_c \_l
              [--]
ID_ArcStEnAg  [Départ, fi&n, angle]^C^C_arc \_e \_a
ID_ArcStEnDi  [Départ, fin, &direction]^C^C_arc \_e \_d
ID_ArcStEnRa  [Départ, fin, &rayon]^C^C_arc \_e \_r
              [--]
ID_ArcCeStEn  [Centre, départ, f&in]^C^C_arc _c
ID_ArcCeStAn  [Centre, départ, an&gle]^C^C_arc _c \\_a
ID_ArcCeStLe  [Centre, départ, l&ongueur]^C^C_arc _c \\_l
              [--]
ID_ArcContin  [<-&Continuer]^C^C_arc ;
ID_MnCircle   [->&Cercle]
ID_CircleRad  [Centre, &rayon]^C^C_circle
ID_CircleDia  [Centre, &diamètre]^C^C_circle \_d
              [--]
ID_Circle2pt  [Par &2 points]^C^C_circle _2p
ID_Circle3pt  [Par &3 points]^C^C_circle _3p
              [--]
ID_CircleTTR  [2 &points de tangence, rayon]^C^C_circle _ttr
ID_CircleTTT  [<-3 points de &tangence]^C^C_circle _3p _tan \_tan
```

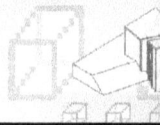

```
\_tan \
ID_Donut      [Annea&u]^C^C_donut
ID_Spline     [&Spline]^C^C_spline
ID_MnEllipse  [->E&llipse]
ID_EllipseCe  [&Centre]^C^C_ellipse _c
ID_EllipseAx  [&Axe, fin]^C^C_ellipse
                 [-]
ID_EllipseAr  [<-A&rc]^C^C_ellipse _a
                 [-]
ID_MnBlock    [->&Bloc]
ID_Bmake      [&Créer...]^C^C_block
                 [-]
ID_Base       [&Base]'_base
ID_Attdef     [<-&Définir les attributs...]^C^C_attdef
ID_MnPoint    [->Poi&nt]
ID_PointSing  [&Point unique]^C^C_point
ID_PointMult  [P&oint multiple]*^C^C_point
                 [-]
ID_Divide     [&Diviser]^C^C_divide
ID_Measure    [<-&Mesurer]^C^C_measure
                 [-]
ID_Bhatch     [&Hachures...]^C^C_bhatch
ID_Boundary   [Con&tour...]^C^C_boundary
ID_Region     [Rég&ion]^C^C_region
ID_Wipeout    [Netto&yer]^C^C_wipeout
ID_Revcloud   [Nuage de ré&vision]^C^C_revcloud
                 [-]
ID_MnText     [->Te&xte]
ID_Mtext        [Texte &multiligne...]^C^C_mtext
ID_Dtext        [<-&Ligne]^C^C_dtext
                 [-]
ID_MnSurface  [->Sur&faces]
ID_Solid      [Solide &2D]^C^C_solid
ID_3dface     [&Face 3D]^C^C_3dface
ID_3dsurface    [&Surfaces 3D...]$I=ACAD.image_3dobjects $I=ACAD.*
                 [-]
ID_Edge       [&Arête]^C^C_edge
ID_3dmesh     [&Maillage 3D]^C^C_3dmesh
                 [-]
```

```
ID_Revsurf      [Surface de &révolution]^C^C_revsurf
ID_Tabsurf      [Surface &extrudée]^C^C_tabsurf
ID_Rulesurf     [S&urface réglée]^C^C_rulesurf
ID_Edgesurf     [<-Surface &gauche]^C^C_edgesurf
ID_MnSolids     [->S&olides]
ID_Box          [&Boîte]^C^C_box
ID_Sphere       [&Sphère]^C^C_sphere
ID_Cylinder     [&Cylindre]^C^C_cylinder
ID_Cone         [Cô&ne]^C^C_cone
ID_Wedge        [Bis&eau]^C^C_wedge
ID_Torus        [&Tore]^C^C_torus
                [—]
ID_Extrude      [E&xtrusion]^C^C_extrude
ID_Revolve      [&Révolution]^C^C_revolve
                [—]
ID_Slice        [Secti&on]^C^C_slice
ID_Section      [Co&upe]^C^C_section
ID_Interfere    [&Interférence]^C^C_interfere
                [—]
ID_MnSetup      [->Confi&guration]
ID_Soldraw       [&Dessin]^C^C_soldraw
ID_Solview       [&Affichage]^C^C_solview
ID_Solprof       [<-<-&Profil]^C^C_solprof
```

Sur la première ligne après le libellé de section POP7, le libellé [&Dessin] provoque l'affichage du titre Dessin comme titre de la barre de menus et la lettre D est soulignée car il s'agit d'une touche d'accès rapide. Le libellé associé au titre de menu (ID_MnDraw) peut être utilisé pour activer ou désactiver le menu entier. Les titres de menus déroulants ne peuvent être associés à une macro de menu.

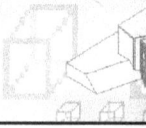

Les caractères spéciaux des menus déroulants et contextuels

Le tableau ci-dessous décrit les caractères ayant une fonction spéciale lorsqu'ils sont contenus dans le libellé d'un menu contextuel ou déroulant. Chaque caractère est décrit dans les sections qui suivent.

Caractère	Description
– –	Libellé se développant pour former une ligne de séparation dans les menus déroulants et contextuels (si utilisé sans autre caractère).
+	Continue la macro sur la ligne suivante (si dernier caractère).
–>	Préfixe de libellé indiquant que l'élément de menu contextuel ou déroulant a un sous-menu.
<–	Préfixe de libellé indiquant que l'option de menu contextuel ou déroulant est la dernière du sous-menu.
<–<–...	Préfixe de libellé indiquant que l'option du menu contextuel ou déroulant est la dernière du sous-menu et termine le menu parent (un <- est nécessaire pour quitter chaque menu parent).
$(	Active le libellé de l'option de menu contextuel ou déroulant pour l'évaluation d'une macro de chaîne DIESEL si $(sont les premiers caractères.
~	Préfixe de libellé rendant une option de menu indisponible.
!.	Préfixe de libellé marquant une option de menu à l'aide d'une coche.
&	Une esperluette placée directement avant un caractère indique que celui-ci est la touche d'accès rapide d'un libellé de menu déroulant ou contextuel. Par exemple, E&xemple s'affiche comme Exemple.
/c	Indique la touche d'accès rapide dans un libellé de menu contextuel ou déroulant. Par exemple, /xExemple s'affiche comme Exemple.
\t	Indique que tout le texte du libellé à droite de ces caractères est décalé vers le côté droit du menu.

Les seuls caractères non alphanumériques qui peuvent être utilisés comme premier caractère dans le nom d'un libellé de menu sont listés ci-dessus. Les caractères non alphanumériques qui ne figurent pas dans le tableau précédent sont réservés pour un usage ultérieur comme caractères spéciaux de menus.

Les sous-menus en cascade

Les menus curseur et déroulants utilisent des caractères spéciaux (comme ->, <- et <-<-...) pour gérer la hiérarchie des menus en cascade. Ces caractères désignent les sous-menus et leurs dernières options ; ils peuvent aussi arrêter tous les menus parents. Chaque chaîne de caractères spéciaux doit figurer en tête d'un libellé d'option.

Le caractère spécial -> indique que cette option possède un sous-menu, comme dans l'exemple suivant :

```
ID_MnArc        [->&Arc]
```

Si l'on déroule le menu Dessin et choisit l'option Arc, le sous-menu Arc s'affiche.

Les caractères spéciaux <-<-... indiquent que cette option est la dernière d'un sous-menu et de son menu parent, comme dans l'exemple suivant :

```
ID_MnArc        [->&Arc]

ID_ArcContin    [<-&Continuer]^C^C_arc ;
```

Exemple :

Ajouter un sous-menu « Mon Menu » au menu POP7 (fig.1.15) :

```
ID_MonMenu      [->&Mon Menu]

ID_Fonction1    [Fonction&1]^C^C_fonction1
                [--]
ID_Fonction2    [Fonction&2]^C^C_fonction2
                [--]
ID_Fonction3    [<-Fonction&3]^C^C_fonction3
```

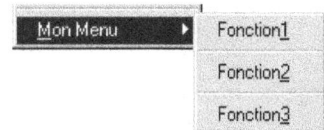

Fig.1.15

Les menus à images

Pour définir un menu d'images, il suffit d'insérer une section ∗∗∗IMAGE dans le fichier de menu. Ceci remplace la section ICON utilisée auparavant. AutoCAD affiche les clichés d'images par groupes de 20 avec une zone de liste déroulante contenant le nom des clichés ou tout autre texte associé. La longueur des sous-menus d'images n'est pas limitée. Ainsi, si un sous-menu contient plus de 20 clichés, AutoCAD propose les boutons Suivant et Précédent sur lesquels l'utilisateur peut cliquer pour parcourir les pages d'images.

La commande de macro $I= adresse le menu d'images. Avant de pouvoir afficher un menu d'images, il faut le charger. La syntaxe suivante charge un menu d'images :

```
$I=[groupe_menus.]nom_menu
```

La commande de macro $I=∗ affiche le menu d'images chargé. Par exemple, la macro suivante charge et affiche le menu d'images IMAGE_POLY dans le menu de base :

```
$I=image_poly $I=*
```

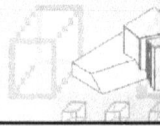

Procédure de création

1. Créer le dessin, dans l'éditeur graphique, de chaque option devant intervenir dans le menu icône. Ce dessin doit être le plus simple possible et sans surcharges.

2. Créer un cliché (slides) de chaque dessin avec la commande MSLIDE (MCLICHE). Chaque dessin doit occuper de préférence tout l'écran en évitant néanmoins de toucher les bords de celui-ci.

3. Créer un fichier ASCII avec la liste des clichés. Un par ligne. L'adresse du disque et les répertoires doivent être spécifiés si les slides ne sont pas dans le répertoire en cours.

4. Transformer le fichier ainsi créé en un fichier bibliothèque (.SLB) par le programme externe « SLIDELIB ».

5. Modifier le fichier ACAD.MNU (ou tout autre fichier .MNU propre à l'utilisateur) pour inclure le nouveau sous-menu des icônes.

L'exemple suivant illustre le menu Image pour la création d'objets 3D (fig.1.16) :

```
***POP7
**DRAW
ID_MnDraw      [&Dessin]
.....................................
.....................................


ID_MnSurface [->Sur&faces]
ID_Solid        [Solide &2D]^C^C_solid
ID_3dface       [&Face 3D]^C^C_3dface
ID_3dsurface    [&Surfaces 3D...]$I=ACAD.image_3dobjects $I=ACAD.*


***image
**image_3DObjects
[Objets 3D]
[acad(Box3d,Boîte3d)]^C^C_ai_box
[acad(Pyramid,Pyramide)]^C^C_ai_pyramid
[acad(Wedge,Biseau)]^C^C_ai_wedge
[acad(Dome,Dôme)]^C^C_ai_dome
[acad(Sphere,Sphère)]^C^C_ai_sphere
[acad(Cone,Cône)]^C^C_ai_cone
```

```
[acad(Torus,Tore)]^C^C_ai_torus
[acad(Dish,Cuvette)]^C^C_ai_dish
[acad(Mesh,Maille)]^C^C_ai_mesh
```

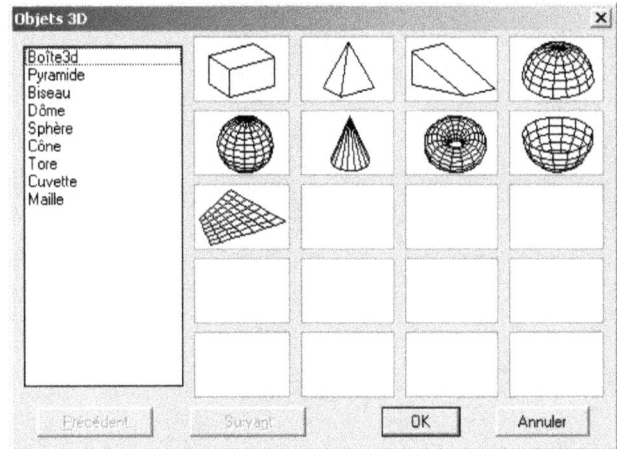

Fig.1.16

Le menu Tablette

Ce menu fonctionne de la même manière que le menu de droite. Il est structuré sous la forme d'une grille composée de lignes et de colonnes. Chaque case contient une option du menu.

Il existe quatre zones de menus sur la tablette. AutoCAD en utilise trois, réservant la première zone pour les commandes propres à l'utilisateur. Un extrait du menu TABLET est illustré ci-après :

```
***TABLET1
**TABLET1STD
[A-1]\
[A-2]\
[A-3]\
[A-4]\
[A-5]\
[A-6]\
[A-7]\
[A-8]\
[A-9]\
[A-10]\
[A-11]\
............
............
[I-24]\
[I-25]\
**ENDTAB1
//      TABLET2 menu.
//      Rows: J to R (9)
//      Columns: 11
//
```

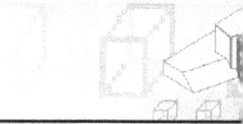

```
***TABLET2
**TABLET2STD
// Row J View
^C^C_regen
'_zoom _e
'_zoom _a
'_zoom _w
'_zoom _p
[Draw]\
^C^C_box
^C^C_mtext
^C^C_circle
^C^C_line
. . . . . . . . . . . . .
. . . . . . . . . . . . .
```

Procédure de création d'un menu Tablette

Il convient de compléter chacune des lignes du menu TABLET1 par une commande au choix de l'utilisateur. Ainsi, si l'on souhaite installer les éléments de bibliothèque : table1 et chaise1, il convient de :

▶ compléter la ligne [A-1] par ^C^C_-INSERT TABLE1

▶ compléter la ligne [A-2] par ^C^C_-INSERT CHAISE1

> **RAPPEL**
>
> Le signe « _ » permet d'utiliser la commande anglaise de la fonction Insérer
> et le signe « - » permet d'utiliser la zone de commande à la place du menu
> déroulant.

En pointant par la suite dans la case A1 de la tablette, le bloc TABLE1 apparaîtra
automatiquement à l'écran.

Quelques exemples de personnalisation de menus

Exemple 1 : Menu insertion de blocs

Créer un menu de droite, comprenant les noms de BLOCS pour les insérer directement dans le dessin. Ce menu peut être inclus dans le fichier ACAD.MNU (fichier
Menu d'AutoCAD) ou être totalement indépendant (cas de l'exemple).

Procédure

1. Créer les différents Blocs.

2. Transformer les blocs en blocs permanents par WBLOC(K).

3. Créer le fichier Menu (fig.1.17).

BUREAU.MNU par un éditeur de texte ou par la commande externe EDIT d'AutoCAD.

```
Fichier à modifier : BUREAU.MNU

***SCREEN
[Bureau1]^C^C-insérer  bureau1
[Bureau2]^C^C-insérer bureau2
[Chaise1]^C^C-insérer chaise1
[Chaise2]^C^C-insérer chaise2
[Chaise3]^C^C-insérer chaise3
[Chaise4]^C^C-insérer chaise4
[Table]^C^C-insérer table


[ACAD]^C^CMENU;ACAD;
```
Permet de retourner au menu général d'AutoCAD.

REMARQUE

Remplacer « insérer » par « insert » pour un menu en version anglaise.

4. Activer le menu par la commande MENU.

REMARQUE

En cas de modification d'un menu (autre que ACAD.MNU), il faut supprimer l'ancienne version du menu compilé (.MNC) pour permettre à AutoCAD de réactiver la nouvelle version du menu.

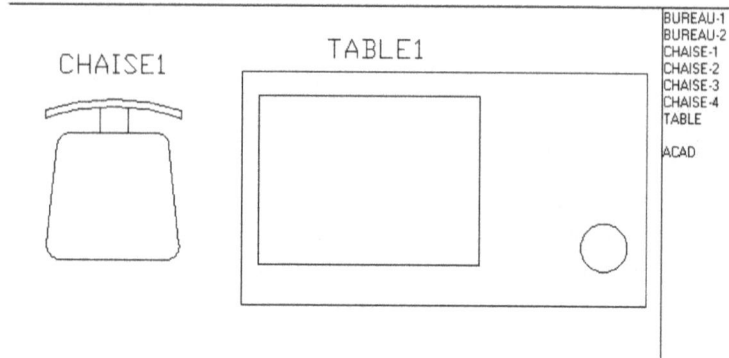

Fig.1.17

Exemple 2 : Menu Macro-commandes

Une macro-commande est une chaîne de commandes et de paramètres assemblés en une seule instruction dans le but de réduire la quantité d'instructions et donc le temps nécessaire pour accomplir une certaine opération.

La macro-commande est exécutée à partir d'une sélection dans un menu.

Ainsi dans le cas de l'insertion du bloc Table, il faut exécuter les instructions suivantes :

▶ menu Bloc(k)

▶ commande insérer (insert)

▶ nom du bloc : table

▶ le point d'insertion

▶ les facteurs d'échelle en x et y : 1

▶ l'angle de rotation : 45°

La même opération peut être réalisée directement par une macro-commande :

```
[Table]^c^c-insérer table;\1;1;45;
```

L'exemple de la cotation isométrique peut également se faire par une macro-commande (fig.1.18).

Procédure

1. Créer le menu dans un fichier, par exemple : COTI-SOUK.MNU (version UK)

```
[ISO]^c^c^cSNAP S I
[COT-ISO]^c^c^cDIM DIMSE1 ON DIMSE2 ON DIMTIH
OFF +
DIMTOH OFF $S=COTISO
[RETOUR]^c^c^cSNAP S S;;DIM DIMSE1 OFF DIMSE2
OFF DIMBLK . +
style STANDARD;^c^c^cMENU ACAD;

**COTISO 4
[GAUCHE]^c^cISOPLANE LEFT DIM DIMBLK FLEG
style ISOG ALIGNED;\\\; +
^c^c^cMOVE LAST;;@;\;;
[DROITE]^c^cISOPLANE RIGHT DIM DIMBLK FLED
style ISOD ALIGNED;\\\; +
^c^c^cMOVE LAST;;@;\;;
```

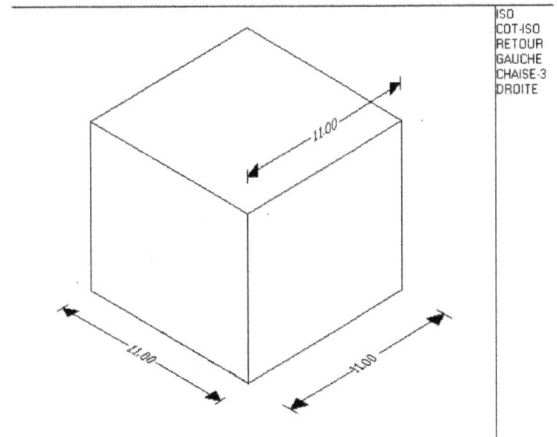

Fig.1.18

COTISOFR.MNU (version FR)

```
[ISO]^c^c^cRESOL S I
[COT-ISO]^c^c^cCOTATION COTS1E AC COTS2E AC COTTIH IN +
COTTEH IN $S=COTISO
[RETOUR]^c^c^cRESOL S S;;COTATION COTS1E IN COTS2E IN COTBLOC . +
style STANDARD;^c^c^cMENU ACAD;

**COTISO 4
[GAUCHE]^c^cISOMETR GAUCHE COTATION COTBLOC FLEG style ISOG +
ALI;\\\;^c^c^cDEPLACER DERNIER;;@;\;;
[DROITE]^c^cISOMETR DROITE COTATION COTBLOC FLED style ISOD +
ALI;\\\;^c^c^cDEPLACER DERNIER;;@;\;;
```

Signification des lignes du menu :

▶ [ISO]

Permet d'activer le style de résolution isométrique.

▶ [COT-ISO]

Activation du menu Cotation.

Modification des variables de cotation : COTS1E, COTS2E, COTTIH, COTTEH.

Appel du sous-menu COTISO.

▶ [RETOUR]

Remise du style de résolution standard.

Modification des variables de cotation.

Retour au menu ACAD.

▶ **COTISO 4

Sous-menu COTISO.

▶ [GAUCHE]

Activation du plan isométrique gauche.

Activation du menu Cotation.

Modification de la variable de cotation : COTBLOC.

Modification du style du texte de la cotation.

Cotation de type « aligné ».

Déplacement de la ligne de cotes.

▶ [DROITE]

Activation du plan isométrique de droite.

Activation du menu Cotation.

Modification de la variable de cotation : COTBLOC.

Modification du style du texte de la cotation.

Cotation de type « aligné ».

Déplacement de la ligne de cotes.

Dans le menu d'AutoCAD, il est possible de faire appel au menu COTISO (UK ou FR) en insérant la commande :

```
[COT-ISO]^C^CMENU COTISOUK;
```

Exemple 3 : Menu avec fichier Script

Pour automatiser l'emploi d'AutoCAD, il est également possible d'utiliser des fichiers SCRIPT, qui permettent d'exécuter automatiquement une succession de commandes. Il est également possible d'activer ce type de fichier depuis le menu.

Exemple : automatisation du dessin d'un cadre.

Ajouter dans le menu FORMAT du fichier ACAD.MNU :

```
[CADRE-A3]^C^Cscript;CADRE-A3;
```

qui permet d'activer le fichier Script : CADRE-A3.SCR. Ce fichier reprend, de manière automatique, la définition des limites et le dessin d'un cadre A3 :

```
LIMITES (ou LIMITS)
0,0
420,297
ZOOM TOUT (ou ALL)
RECTANGLE (ou RECTANG)
0,0
420,297
```

Exemple 4 : Menu avec icônes

Soit un menu à icônes reprenant une bibliothèque de symboles (Blocs) (fig.1.19).

Procédure

1. Créer les différents blocs et les sauver en Wblocs.

2. Créer un cliché (slide) par bloc.

3. Créer un fichier ASCII (ex : BIB.TXT) avec la liste des clichés, chacun avec l'adresse du disque (C,D,etc.) et le nom du répertoire :

```
c:\acad\table
c:\acad\chaise
c:\acad\armoire
c:\acad\bureau
c:\acad\fauteuil
```

4. Créer la bibliothèque des clichés :

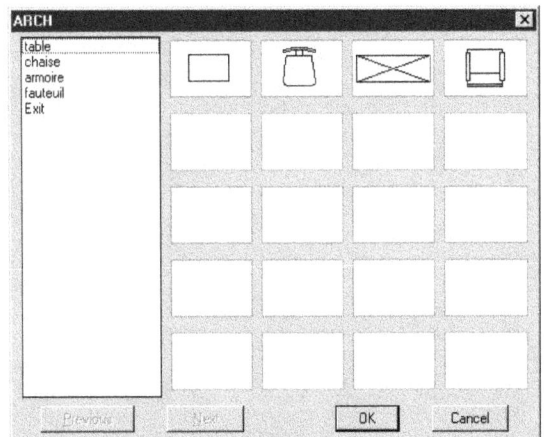

Fig.1.19

```
c>SLIDELIB ARCH <BIB.TXT
```

qui génère le fichier ARCH.SLB

La commande SLIDELIB est un programme livré avec AutoCAD (répertoire Support). Il doit s'exécuter en DOS.

5️⃣ Créer le menu des images « ARCH » dans la section « IMAGE » du fichier ACAD.MNU.

Chaque ligne de ce menu doit comporter :

- Le nom de la bibliothèque.

- Le nom du cliché entre parenthèses.

- La commande insert (insérer).

- Le nom du bloc correspondant au cliché.

```
***image
**image_arch
[ARCH]
[arch(table)]^C^C-insérer table;
[arch(chaise)]^C^C-insérer chaise;
[arch(armoire)]^C^C-insérer armoire;
[arch(bureau)]^C^C-insérer bureau;
[arch(fauteuil)]^C^C-insérer fauteuil;
[ Quitter]^C^C
```

6️⃣ Activer et visualiser le menu des icônes à l'écran. La référence peut être placée dans le menu déroulant ou dans le menu de droite :

```
POPxx
.........
[ARCH]
[ARCH]$I=image_arch $I=*
```

avec :

```
$I=image_arch: appel du menu image_arch
$I=* : affichage à l'écran du menu image_arch
```

La personnalisation des menus déroulants (versions d'AutoCAD à partir de 2006)

Depuis AutoCAD 2006, la personnalisation des menus déroulants s'est quelque peu modifiée grâce à la mise à disposition d'une interface de personnalisation. Si la façon de définir les commandes en elles-mêmes est similaire aux anciennes versions, les procédures de création et de sauvegarde sont modifiées.

La création d'un nouveau menu déroulant

La création d'un menu ne s'effectue plus dans les fichiers de types MNU, MNC, MNR et MNS, mais via une interface de personnalisation.

Pour créer un menu déroulant, la procédure est la suivante :

1. Cliquez sur le menu **Outils** (Tools) puis sur **Personnaliser** (Customize) et **Menus** (Interface).

2. Dans la boîte de dialogue **Personnaliser l'interface utilisateur** (Customize User Interface), accédez à l'onglet **Personnaliser** (Customize).

3. Cliquez avec le bouton droit sur **Menus** et sélectionnez **Nouveau** (New) puis **Menu**. Un nouveau menu (nommé Menu1) est placé au bas de l'arborescence des menus.

4. Effectuez l'une des opérations suivantes :
   - Remplacez le texte **Menu1** par le nom du menu.
   - Cliquez avec le bouton droit sur **Menu1**. Cliquez sur **Renommer**. Entrez le nom du nouveau menu. Par exemple : **3D** (fig.1.20).

5. Sélectionnez le nouveau menu dans l'arborescence et mettez à jour le volet **Propriétés** de la manière suivante :
   - Dans la zone **Description**, entrez la description du menu.
   - Dans la zone **Alias**, un alias est automatiquement affecté au nouveau menu, sur la base du nombre de menus déjà chargés. Par exemple, si l'alias POP12 est affecté, cela signifie que onze menus sont déjà chargés. Vous pouvez afficher ou modifier l'alias.

6. Dans le volet **Liste des commandes** (Command List), faites glisser la commande jusqu'à votre nouveau menu (fig.1.21).

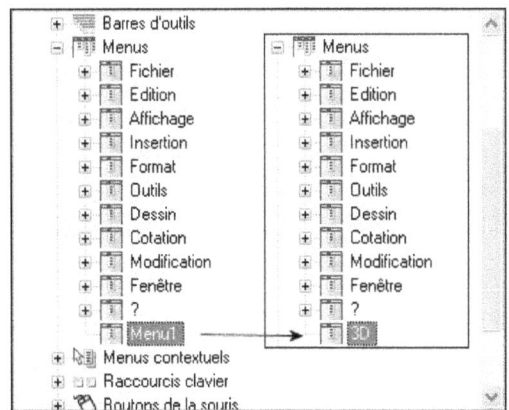

Fig.1.20

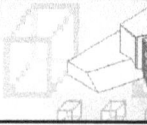

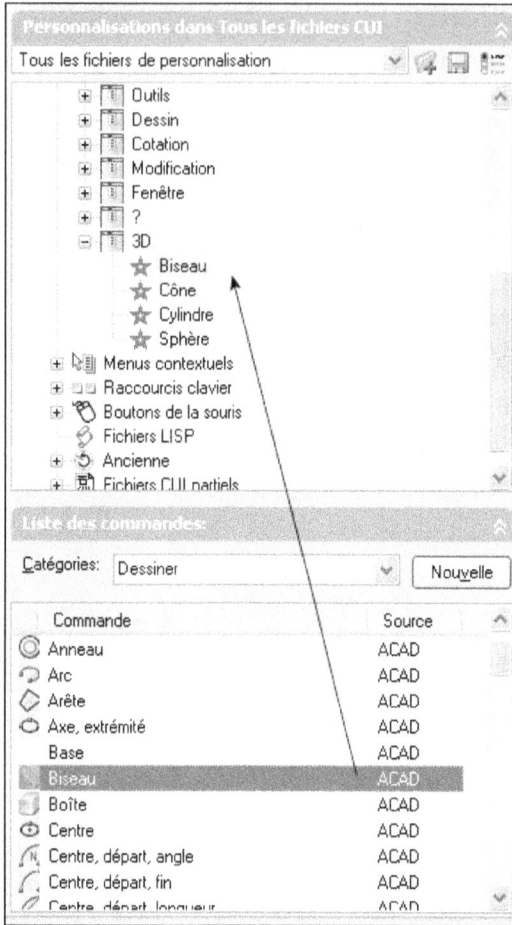

Fig.1.21

⑦ Cliquez sur OK lorsque vous avez fini d'ajouter des commandes. Le nouveau menu apparaît dans la barre des menus déroulants (fig.1.22).

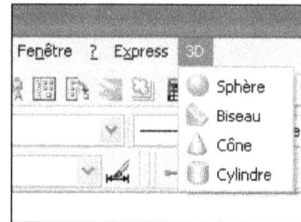

Fig.1.22

Pour ajouter une commande à un menu déroulant, la procédure est la suivante :

① Cliquez sur le menu **Outils** (Tools) puis sur **Personnaliser** (Customize) et sur **Menus**.

② Dans la boîte de dialogue **Personnaliser l'interface utilisateur** (Customize User Interface), accédez à l'onglet **Personnaliser** (Customize).

③ Cliquez sur le menu auquel vous voulez ajouter une commande.

④ Dans le volet **Liste des commandes** (Command List), faites glisser la commande que vous voulez ajouter jusqu'au menu souhaité.

⑤ Cliquez sur OK lorsque vous avez fini d'ajouter des commandes.

La création d'un menu en cascade

Un menu en cascade (ou sous-menu) est un menu déroulant qui est inclus dans un autre menu. Par exemple le menu Cercle est un sous-menu contenu dans le menu Dessin. La procédure de création de sous-menus est similaire à la procédure de création de menus.

Pour créer un sous-menu, la procédure est la suivante :

1. Cliquez sur le menu **Outils** (Tools) puis **Personnaliser** (Customize) et Menus.

2. Dans la boîte de dialogue **Personnaliser l'interface utilisateur** (Customize User Interface), accédez à l'onglet **Personnaliser** (Customize).

3. Cliquez sur le signe plus (+) situé à côté de Menus. Sélectionnez le menu dans lequel vous voulez ajouter un sous-menu.

4. Cliquez avec le bouton droit sur le menu. Cliquez sur **Nouveau** (New) puis **Sous-menus** (Sub-menu). Un nouveau sous-menu nommé « Menu1 » est placé sous le menu que vous avez sélectionné dans l'arborescence des sous-menus.

5. Effectuez l'une des opérations suivantes :
   - Remplacez le texte Menu1 par le nom du menu.
   - Cliquez avec le bouton droit sur **Menu1**. Cliquez sur **Renommer**. Entrez le nom du nouveau sous-menu. Par exemple : Modification.

6. Dans le volet **Propriétés** (Properties), effectuez les opérations suivantes :
   - Dans la zone Description, entrez la description du sous-menu.
   - Dans la zone Alias, entrez l'alias du sous-menu.

7. Dans le volet **Liste des commandes** (Command List), faites glisser la commande que vous voulez ajouter jusqu'à un emplacement situé sous le nom du sous-menu (fig.1.23).

8. Continuez d'ajouter des commandes jusqu'à ce que le sous-menu soit complet.

Fig.1.23

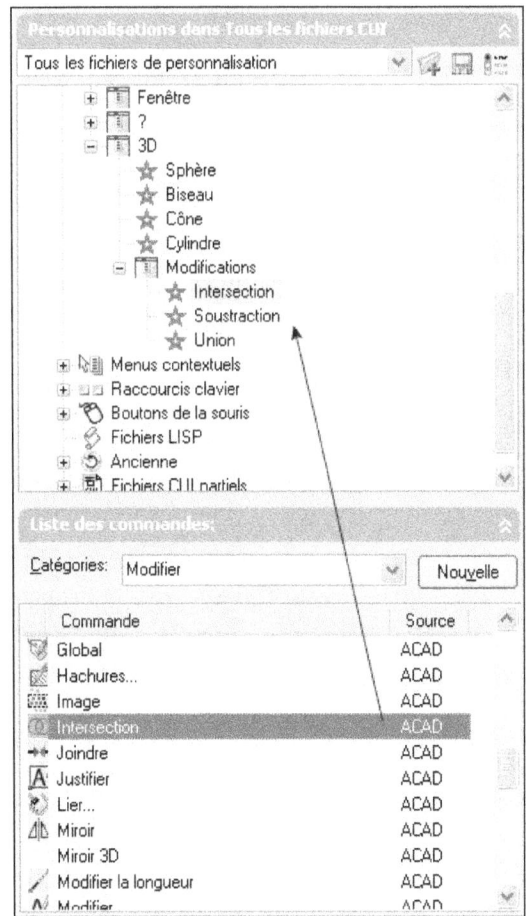

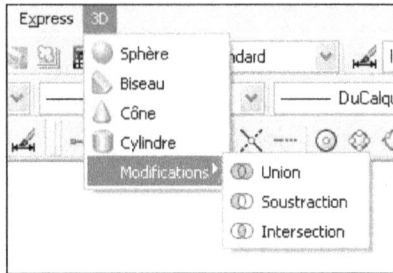

Fig.1.24

⑨ Cliquez sur OK. Le sous-menu est disponible dans l'interface AutoCAD (fig.1.24).

La création d'une nouvelle commande dans un menu déroulant

Vous pouvez créer une commande entièrement nouvelle ou modifier les propriétés d'une commande existante. Lorsque vous créez ou modifiez une commande, les propriétés que vous pouvez définir sont : le nom de la commande, sa description, la macro, l'ID élément (pour les nouvelles commandes uniquement) et les images (petites ou grandes).

Lorsque vous modifiez les propriétés d'une commande dans le volet Liste des commandes (Command List), la commande est mise à jour pour tous les éléments d'interface dans lesquels elle est référencée.

Pour créer une commande, la procédure est la suivante :

① Cliquez sur le menu **Outils** (Tools) puis sur **Personnaliser** (Customize) et **Menus**.

② Dans l'onglet **Personnaliser** (Customize) de la boîte de dialogue **Personnaliser l'interface utilisateur** (Customize User Interface), cliquez sur **Nouvelle** (New) dans le volet **Liste des commandes** (Command List). Une nouvelle commande (nommée Commande1) s'affiche dans les volets **Liste des commandes** (Command List) et **Propriétés** (Properties).

③ Dans le volet **Propriétés** (Properties), effectuez les opérations suivantes :

- Dans la zone **Nom** (Name), entrez le nom de la commande. Ce nom s'affichera sous forme d'info-bulle ou de nom de menu lorsque vous sélectionnerez la commande.

- Dans la zone **Description**, entrez la description de la commande. Cette description s'affichera dans la barre d'état lorsque le curseur survolera l'élément de menu ou le bouton de barre d'outils.

- Dans la zone **Macro**, entrez la macro de la commande. Par exemple, le tracé d'un polygone à 6 côtés et une extrusion solide. Cela donne : ^C^CPOLYGONE;6;\I;\EXTRUSION;D;;\o;

- Dans la zone **ID élément**, entrez l'ID d'élément de la commande. (Pour les nouvelles commandes uniquement. Vous ne pouvez pas modifier l'ID élément d'une commande existante.)

- Dans la zone **Image**, sélectionnez une icône existante ou chargez un fichier BMP au format 15 x 15 pixels.

4 Cliquer sur OK (fig.1.25). Le résultat est disponible dans AutoCAD (fig.1.26).

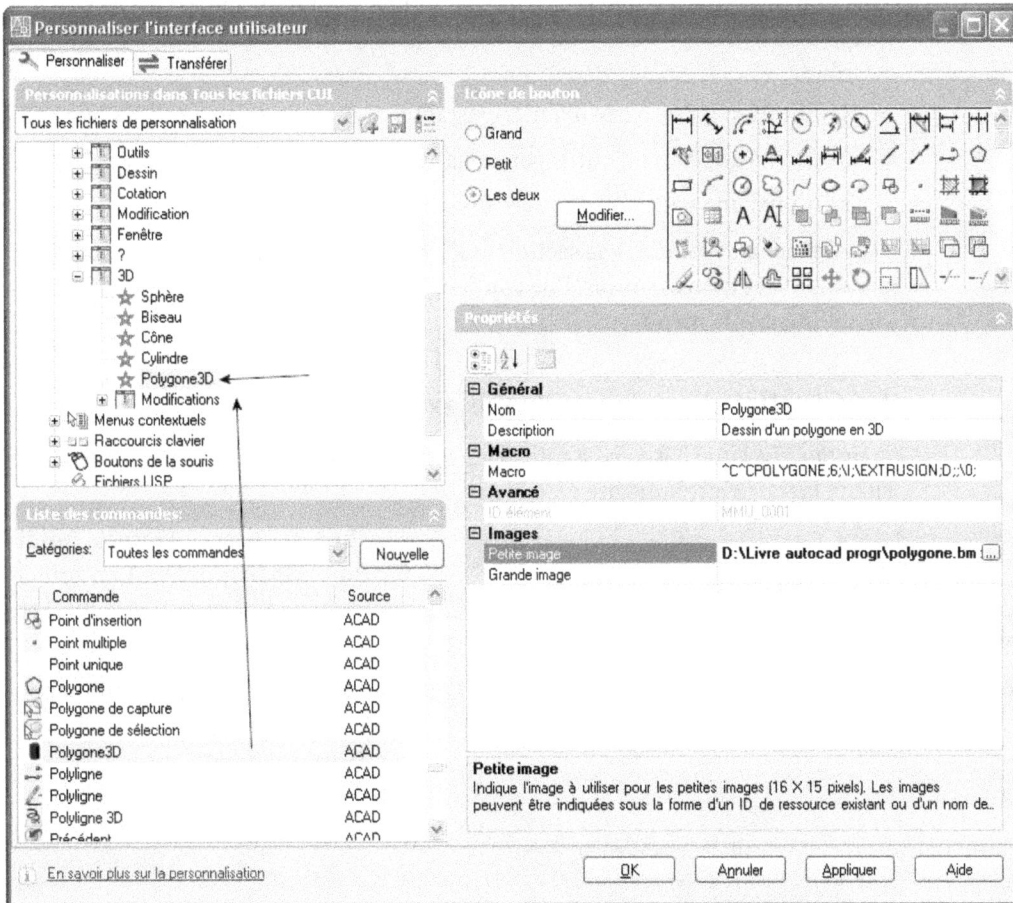

Fig.1.25

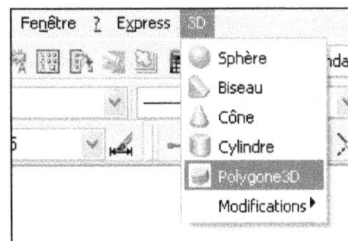

Fig.1.26

La personnalisation des barres d'outils (versions d'AutoCAD antérieures à 2006)

Principe

Une barre d'outils est une rangée d'icônes représentant chacune une commande spécifique. Par rapport aux menus déroulants, les barres d'outils permettent une sélection plus rapide d'une fonction déterminée. Il est donc important de pouvoir adapter les barres existantes ou d'en créer de nouvelles. Les opérations sont ainsi possibles :

► Modification d'une barre d'outils existante : ajouter ou supprimer des icônes.

► Création d'une barre d'outils personnalisée avec des icônes existantes.

► Création d'une barre d'outils avec des nouvelles icônes.

Dans le menu d'AutoCAD, la section ***TOOLBARS spécifie l'aspect et le contenu par défaut des barres d'outils. Elle contient un sous-menu pour chaque barre d'outils définie par le menu.

Modification d'une barre d'outils existante

Pour modifier une barre existante, par exemple **Modifier** (Modify), il convient de suivre la procédure suivante :

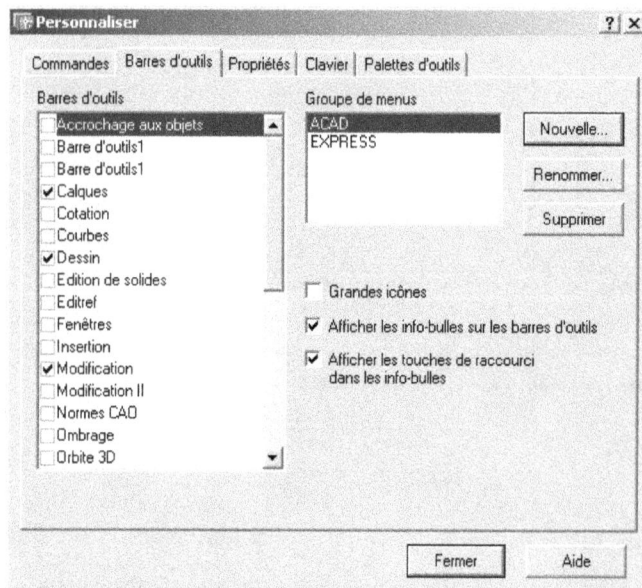

1. Afficher la barre d'outils **Modification** (Modify). Elle est en principe affichée à l'ouverture d'AutoCAD.

2. Avec le bouton droit de la souris, cliquer sur cette barre pour faire apparaître le menu contextuel. Sélectionner **Personnaliser** (Customize) pour afficher la boîte de dialogue correspondante (fig.1.27).

Fig.1.27

③ Cliquer sur l'onglet **Commandes** (Commands) (fig.1.28).

④ Sélectionner **Modification** (Modify) dans la liste déroulante **Catégories**. La boîte de dialogue **Personnaliser** (Customize) affiche les différentes icônes des fonctions de modification (fig.1.29).

⑤ Sélectionner par exemple l'icône **Editer polyligne** (Edit polyline). Cliquer sur l'icône et garder le bouton gauche de la souris enfoncé. Glisser ensuite l'icône jusqu'à la barre d'outils **Modification** (Modify). Placer ensuite celle-ci à l'endroit souhaité.

⑥ Cliquer sur le bouton **Fermer** (Close) de la boîte de dialogue **Personnaliser** (Customize). AutoCAD recompile ensuite automatiquement les fichiers de menus pour prendre en compte les modifications ainsi apportées.

Pour supprimer une icône d'une barre d'outils, il convient de suivre la procédure suivante :

① Afficher la barre d'outils à modifier.

② Cliquer avec le bouton droit de la souris sur cette barre et sélectionner **Personnaliser** (Customize) pour faire apparaître la boîte de dialogue correspondante.

③ Retourner à la barre d'outils à modifier et cliquer sur l'icône à supprimer. Maintenir le bouton gauche de la souris enfoncé puis faire glisser l'icône en dehors de la barre d'outils. AutoCAD fait disparaître ainsi l'icône de la barre d'outils.

④ Cliquer sur le bouton **Fermer** (Close) de la boîte de dialogue **Personnaliser** (Customize). AutoCAD recompile ensuite automatiquement les fichiers de menus pour prendre en compte la modification ainsi apportée.

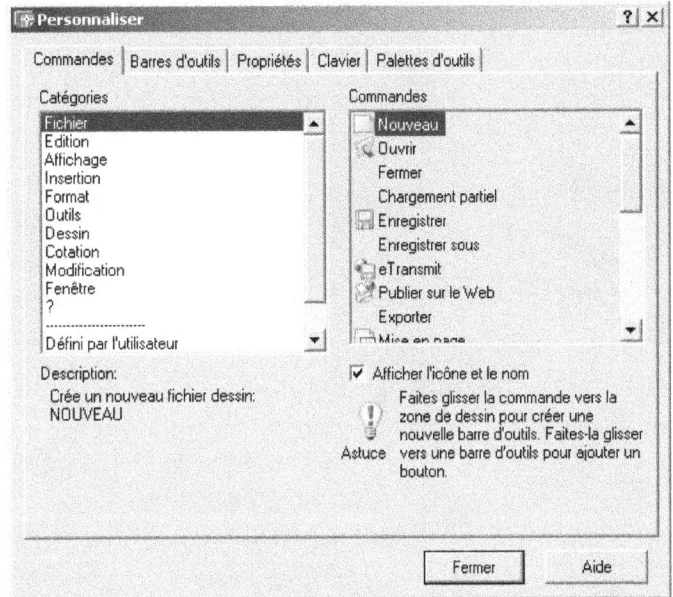

Fig.1.28

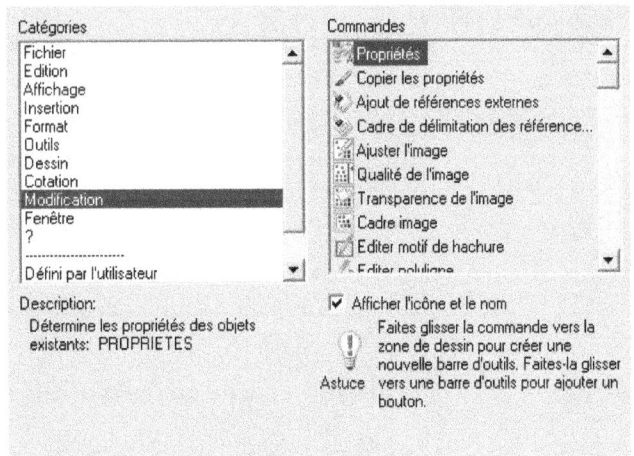

Fig.1.29

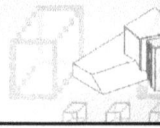

Création d'une barre d'outils personnalisée avec des icônes existantes

Pour créer une nouvelle barre d'outils à l'aide de fonctions existantes, il convient de suivre la procédure suivante :

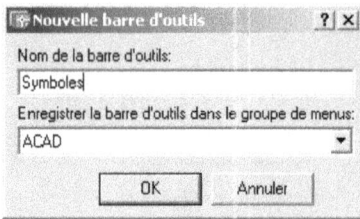

Fig.1.30

☐1 Cliquer avec le bouton droit de la souris sur une barre d'outils quelconque et sélectionner **Personnaliser** (Customize) pour faire apparaître la boîte de dialogue correspondante.

☐2 Dans l'onglet **Barres d'outils** (Toolbars), cliquer sur le bouton **Nouvelle** (New). La boîte de dialogue **Nouvelle barre d'outils** (New Toolbar) s'affiche à l'écran (fig.1.30).

☐3 Taper un nom dans la zone **Nom de la barre d'outils** (Toolbar Name). Par exemple : Symboles.

☐4 Cliquer sur OK pour créer la barre d'outils Symboles. Une barre d'outils vide s'affiche quelque part sur l'écran. Déplacer celle-ci près de la boîte de dialogue.

☐5 Cliquer sur l'onglet **Commandes** (Commands) de la boîte de dialogue **Personnaliser** (Customize).

☐6 Dans la liste déroulante **Catégories** (Categories), sélectionner le menu souhaité. Par exemple Dessin (Draw).

☐7 Cliquer sur l'icône souhaité à droite et glisser celle-ci dans la nouvelle barre d'outils. Il est ainsi possible de regrouper sur une seule barre d'outils les principales fonctions les plus couramment utilisées.

☐8 Pour terminer, cliquer sur le bouton **Fermer** (Close). AutoCAD enregistre la nouvelle barre d'outils et recompile ensuite automatiquement les fichiers de menus pour prendre en compte la modification ainsi apportée.

Création d'une barre d'outils avec des nouvelles icônes

Outre la création d'une nouvelle barre d'outils sur la base de fonctions existantes, il est aussi possible de créer de nouvelles fonctions et donc de nouvelles icônes. La procédure est la suivante :

☐1 Afficher la barre d'outils Symboles, créée précédemment.

☐2 Cliquer avec le bouton droit de la souris sur cette barre et sélectionner **Personnaliser** (Customize) pour faire apparaître la boîte de dialogue **Personnaliser** (Customize).

3. Activer l'onglet **Commandes** (Commands).

4. Dans la liste déroulante **Catégories** (Categories), sélectionner l'option **Défini par l'utilisateur** (User defined) pour faire apparaître à droite des icônes à personnaliser.

5. Glisser le premier bouton vide (peu visible) jusqu'à la barre d'outils Symboles.

6. Cliquer avec le bouton droit de la souris sur ce bouton vide et sélectionner **Propriétés** (Properties) dans le menu contextuel. La boîte de dialogue **Personnaliser** (Customize) s'affiche à l'écran avec l'onglet **Propriétés du bouton** (Button Properties) actif (fig.1.31).

7. Dans la zone **Nom** (Name), taper le nom de la nouvelle fonction. Exemple : TABLE, pour insérer un bloc Table. Entrer éventuellement un commentaire dans le champ Description.

8. Dans la zone Macro, taper -INSERER TABLE après le code ^C^C.

9. La zone Icône de bouton (Button Icone) permet soit de choisir une icône existante pour le bouton, soit d'en créer une nouvelle. Dans le cas présent, il convient de créer une icône symbolisant le bloc Table.

10. Cliquer sur le bouton **Editer** (Edit). La boîte de dialogue **Editeur de boutons** (Button Editor) s'affiche à l'écran (fig.1.32).

11. Utiliser les outils de dessin pour créer le graphisme de l'icône. En cliquant sur **Ouvrir** (Open), il est aussi possible d'importer un fichier d'image au format BMP. Il est conseillé d'importer des images au format maximum de 15 x 15 pixels.

12. Cliquer sur **Enregistrer** (Save) ou **Enregistrer sous** (Save As) lorsque le dessin est terminé.

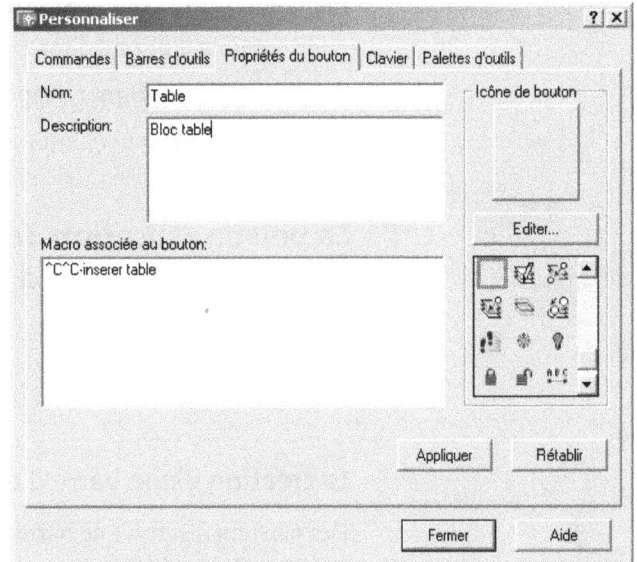

Fig.1.31

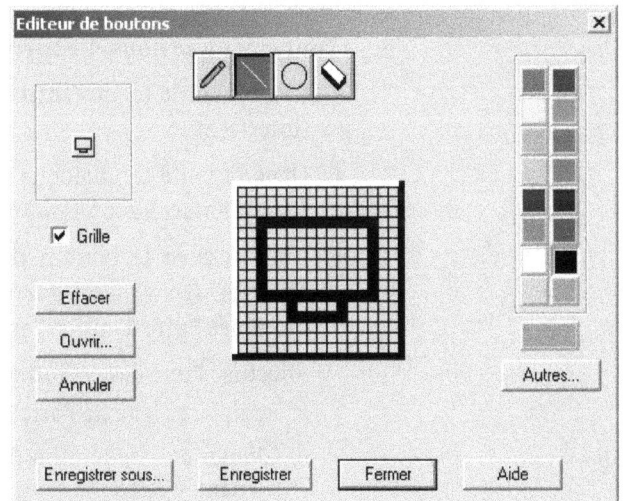

Fig.1.32

⌑ Cliquer sur le bouton **Fermer** (Close) pour fermer la boîte de dialogue Editeur de boutons (Button Editor).

⌑ Cliquer sur **Appliquer** (Apply) pour enregistrer les modifications.

⌑ Cliquer sur **Fermer** (Close) pour terminer.

La personnalisation des barres d'outils (versions d'AutoCAD à partir de 2006)

La personnalisation des barres d'outils permet de créer et de modifier des barres d'outils et des barres d'outils déroulantes, d'ajouter des commandes et des éléments de contrôle, et de créer ou de modifier des boutons de barre d'outils.

La création d'une barre d'outils

Des personnalisations de barres d'outils très simples peuvent améliorer l'efficacité de vos tâches de dessins quotidiennes. Par exemple, vous pouvez consolider les boutons que vous utilisez le plus et supprimer ou masquer ceux que vous n'utilisez jamais, ou encore modifier des propriétés simples de vos barres d'outils.

Pour créer une nouvelle barre d'outils, la procédure est la suivante :

⌑ Cliquez sur le menu **Outils** (Tools) puis **Personnaliser** (Customize) et **Menus** (Interface).

⌑ Dans la boîte de dialogue **Personnaliser l'interface utilisateur** (Customize User Interface), accédez à l'onglet **Personnaliser** (Customize).

⌑ Cliquez avec le bouton droit sur **Barres d'outils** (Toolbars). Cliquez sur Nouveau (New) puis **Barre d'outils** (Toolbar). Une nouvelle barre d'outils (nommée Barre d'outils1) est placée au bas de l'arborescence des barres d'outils.

⌑ Effectuez l'une des opérations suivantes :

  ▪ Remplacez le texte Barre d'outils1 par le nom de la nouvelle barre d'outils.

  ▪ Cliquez avec le bouton droit sur Barre d'outils1. Cliquez sur **Renommer** (Rename). Entrez le nom de la nouvelle barre d'outils. Par exemple : 3D.

⌑ Sélectionnez la nouvelle barre d'outils dans l'arborescence et mettez à jour le volet **Propriétés** (Properties) :

  ▪ Dans la zone Description, entrez la description de la barre d'outils.

  ▪ Dans la zone **Activé par défaut** (On By Default), cliquez sur **Masquer** (Hide) ou **Afficher** (Show). Si vous choisissez **Afficher** (Show), cette barre d'outils sera affichée dans tous les espaces de travail.

- Dans la zone **Orientation**, cliquez sur **Flottant** (Floating), **Haut** (Top), **Bas** (Bottom), **Gauche** (Left) ou **Droite** (Right).

- Entrez un nombre dans la zone Emplacement X par défaut (Default X Location). Par exemple : 200. C'est la distance X en pixels de la position par défaut de la barre d'outils (fig.1.33).

- Entrez un nombre dans la zone Emplacement Y par défaut (Default Y Location). Par exemple : 200. C'est la distance Y en pixels de la position par défaut de la barre d'outils.

- Dans la zone **Rangées** (Rows), entrez le nombre de rangées s'il s'agit d'une barre d'outils non ancrée.

- Dans la zone **Alias**, entrez l'alias de la barre d'outils.

6. Dans le volet **Liste des commandes** (Command List), faites glisser la commande que vous voulez ajouter jusqu'à un emplacement situé sous le nom de la barre d'outils.

7. Lorsque vous avez fini d'ajouter des commandes à la nouvelle barre d'outils, cliquez sur OK ou continuez la personnalisation (fig.1.34).

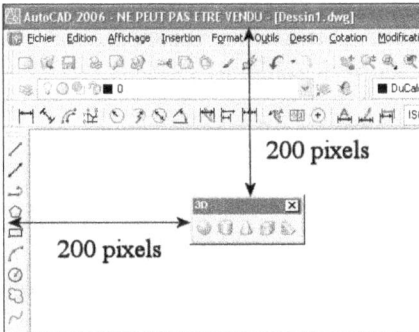

Fig.1.33

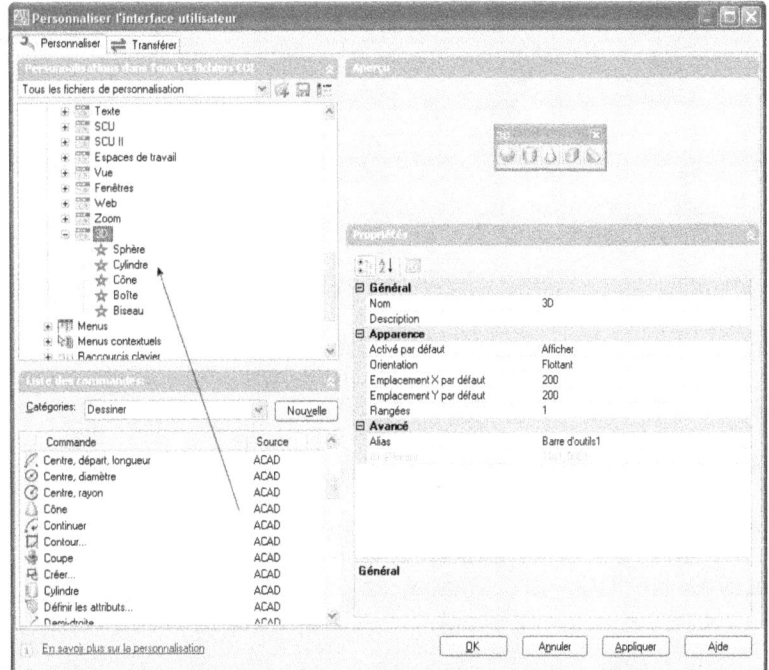

Fig.1.34

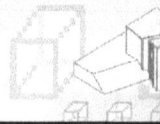

La création d'une barre d'outils déroulante

Une barre d'outils déroulante permet de regrouper au sein d'une seule icône l'ensemble des fonctions d'une barre d'outils classique. Vous pouvez ainsi créer une barre d'outils avec toutes les options de la commande Cercle et la rendre déroulante dans la barre d'outils Dessin.

Pour créer une barre d'outils déroulante à partir d'une autre barre d'outils :

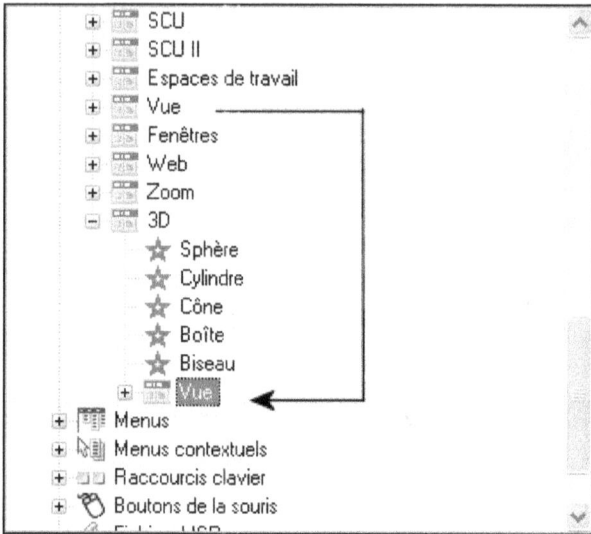

Fig.1.35

[1] Cliquez sur le menu **Outils** (Tools) puis **Personnaliser** (Customize) et enfin **Menus** (Interface).

[2] Dans la boîte de dialogue **Personnaliser l'interface utilisateur** (Customize User Interface), accédez à l'onglet **Personnaliser** (Customize).

[3] Cliquez sur le signe plus (+) situé à côté du nœud **Barres d'outils** (Toolbars) pour le développer.

[4] Cliquez sur le signe plus (+) situé à côté de la barre d'outils à laquelle vous voulez ajouter une barre d'outils déroulante.

[5] Recherchez la barre d'outils que vous voulez ajouter sous forme d'icône déroulante. Par exemple : **Vue** (View).

[6] Faites-la glisser vers un emplacement de la barre d'outils étendue (fig.1.35).

[7] Cliquez sur OK.

Pour créer une barre d'outils déroulante entièrement nouvelle, la procédure est la suivante :

[1] Cliquez sur le menu **Outils** (Tools) puis **Personnaliser** (Customize) et **Menus**.

[2] Dans la boîte de dialogue **Personnaliser l'interface utilisateur** (Customize User Interface), accédez à l'onglet **Personnaliser** (Customize).

[3] Cliquez sur le signe plus (+) situé à côté du nœud Barres d'outils pour le développer.

[4] Cliquez avec le bouton droit sur la barre d'outils à laquelle vous voulez ajouter une barre d'outils déroulante. Cliquez sur Nouveau (New) puis sur Icône déroulante (Flyout). Une nouvelle barre d'outils déroulante (nommée Barre d'outils1) est placée sous la barre d'outils que vos avez sélectionnée.

⑤ Cliquez avec le bouton droit sur Barre d'outils1. Cliquez sur **Renommer** (Rename). Entrez le nom de la nouvelle barre d'outils.

⑥ Dans le volet **Liste des commandes** (Command List), faites glisser la commande que vous voulez ajouter jusqu'à un emplacement situé sous le nom de l'icône déroulante (fig.1.36).

⑦ Lorsque vous avez fini d'ajouter des commandes à la nouvelle icône déroulante, cliquez sur OK.

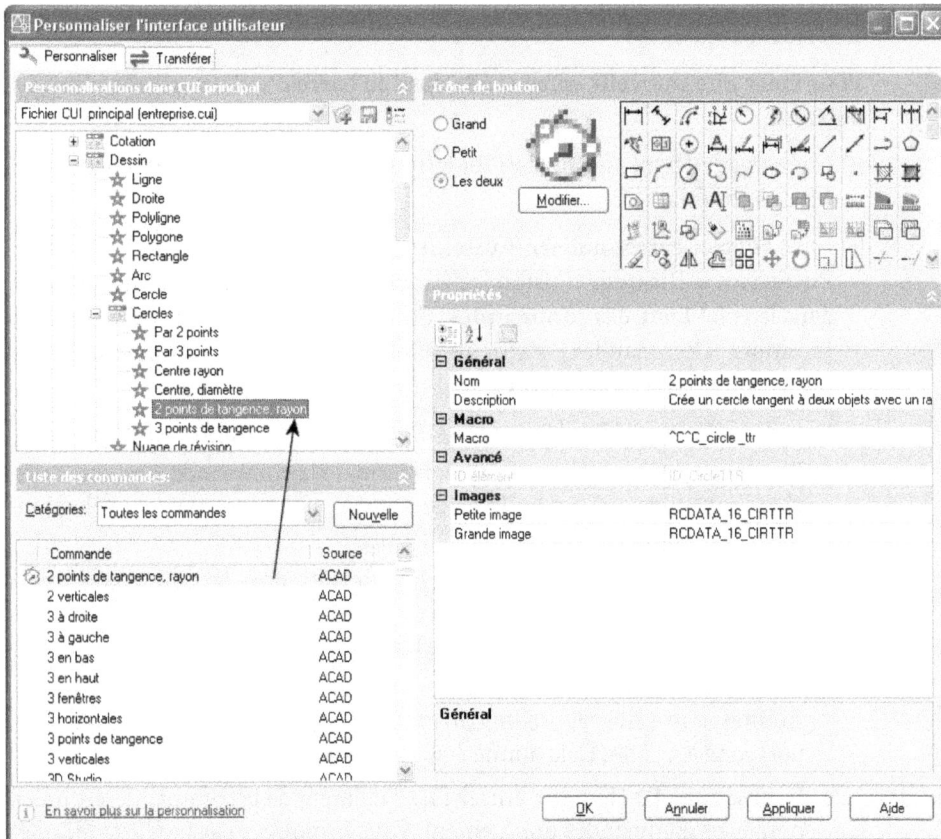

Fig.1.36

La création et la modification des boutons de barre d'outils

Une fois que vous avez créé une barre d'outils, vous pouvez soit ajouter des boutons fournis par Autodesk, soit modifier ou créer des boutons.

Autodesk fournit des icônes de bouton standard pour les boutons de lancement des commandes. Vous avez la possibilité de créer des images de bouton personnalisées

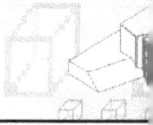

pour vos macros. Pour ce faire, vous pouvez modifier des images de bouton existantes ou en créer. Les icônes de bouton sont enregistrées dans des fichiers BMP. Les fichiers BMP doivent être enregistrés dans le même dossier que le fichier CUI qui le référence.

Les bitmaps définis par l'utilisateur peuvent être utilisés à la place des noms de ressources petite image et grande image dans les boutons et commandes déroulantes.

La taille des petites images doit être de 16 x 16 pixels. La taille des grandes images doit être de 32 x 32 pixels. Les images qui ne présentent pas ces formats sont ajustées en conséquence.

Pour créer une nouvelle commande dans la barre d'outils, la procédure est la suivante :

1. Cliquez sur le menu **Outils** (Tools) puis sur **Personnaliser** (Customize) et **Menus** (Interface).

2. Dans l'onglet **Personnaliser** (Customize) de la boîte de dialogue **Personnaliser l'interface utilisateur** (Customize User Interface), cliquez sur **Nouvelle** (New) dans le volet **Liste des commandes** (Command List). Une nouvelle commande (nommée Commande1) s'affiche dans les volets **Liste des commandes** (Command List) et **Propriétés** (Properties).

3. Dans le volet **Propriétés** (Properties), effectuez les opérations suivantes :

   - Dans la zone **Nom** (Name), entrez le nom de la commande. Ce nom s'affichera sous forme d'info-bulle ou de nom de menu lorsque vous sélectionnerez la commande. Par exemple : Triangle.

   - Dans la zone **Description**, entrez la description de la commande. Cette description s'affichera dans la barre d'état lorsque le curseur survolera l'élément de menu ou le bouton de barre d'outils.

   - Dans la zone **Macro**, entrez la macro de la commande. Les différentes possibilités sont celles abordées dans la partie 3. Par exemple, le tracé d'un polygone à 5 côtés. Cela donne : ^C^CPOLYGONE;3;\I

   - Dans la zone **ID élément**, entrez l'ID d'élément de la commande. (Pour les nouvelles commandes uniquement. Vous ne pouvez pas modifier l'ID élément d'une commande existante.)

   - Dans la zone **Images**, sélectionnez une icône existante ou chargez un fichier BMP au format 16 x 16 pixels (voir point suivant).

4. Cliquez sur OK (fig.1.37). Le résultat est disponible dans AutoCAD.

Fig.1.37

Pour modifier ou créer une icône de bouton, la procédure est la suivante :

☐1 Dans le volet **Liste des commandes** (Command List) de la boîte de dialogue **Personnaliser l'interface utilisateur** (Customize User Interface), cliquez sur une commande pour afficher le volet **Icône de bouton** (Button Image) dans l'angle supérieur droit. Par exemple la commande précédente : Triangle.

☐2 Dans le volet **Icône de bouton** (Button Image), cliquez sur un bouton dont l'apparence est proche de ce que vous souhaitez créer. Par exemple : Polygone (fig.1.38). Cliquez sur **Modifier** (Edit).

Fig.1.38

☐3 Dans l'**Editeur de boutons** (Button Editor), utilisez les boutons Crayon, Ligne, Cercle et Gomme pour créer ou modifier l'image du bouton. Pour utiliser une couleur, sélectionnez-la dans la palette ou cliquez sur **Autres** (More) pour ouvrir l'onglet **Couleurs vraies** (True Color) de la boîte de dialogue **Sélectionner une couleur** (Select color) (fig.1.39).

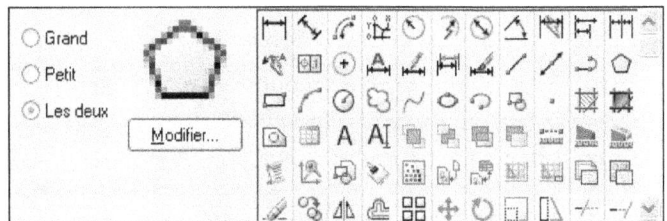

- **Bouton Crayon** : permet de tracer un pixel à la fois en utilisant la couleur sélectionnée. Vous pouvez aussi faire glisser le périphérique de pointage pour éditer plusieurs pixels en une seule opération.

- **Bouton Ligne** : permet de créer des lignes dans la couleur sélectionnée. Cliquez et maintenez le bouton enfoncé pour définir la première extrémité de la ligne. Faites glisser le périphérique de pointage pour dessiner la ligne. Relâchez le bouton pour terminer la ligne. Exemple : dessin du triangle (fig.1.40).

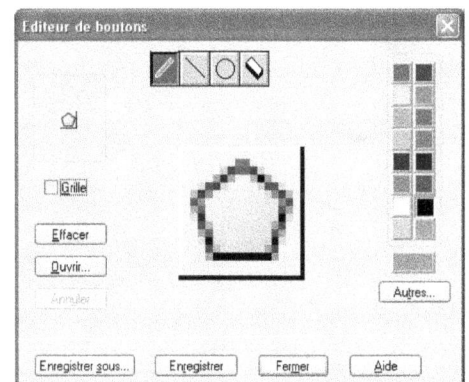

Fig.1.39

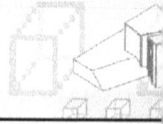

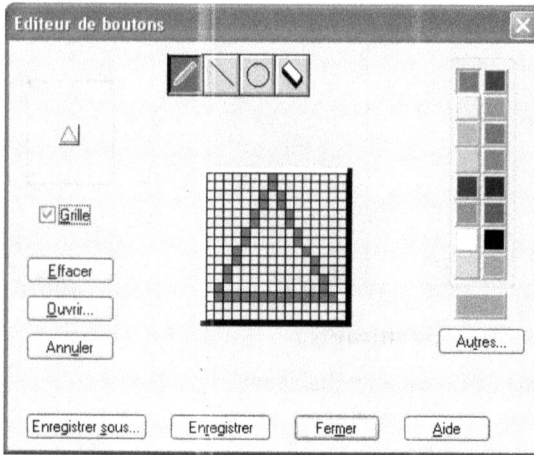

Fig.1.40

- **Bouton Cercle** : permet de créer des cercles dans la couleur sélectionnée. Cliquez et maintenez le bouton enfoncé pour définir le centre du cercle. Faites glisser le périphérique de pointage pour définir le rayon. Relâchez le bouton pour terminer le cercle.

- **Bouton Gomme :** permet de supprimer des pixels.

4. Cliquez sur **Enregistrer** (Save) pour enregistrer le bouton personnalisé sous forme de fichier BMP. Si vous souhaitez utiliser un nom différent, cliquez sur le bouton **Enregistrer sous** (Save As). Enregistrez la nouvelle icône de bouton à l'emplacement suivant :

```
C:\Documents and Settings\<nom du profil utilisateur>\Application
Data\Autodesk\<product name>\<numéro de version>\enu\support
```

5. Sélectionnez la commande et la nouvelle icône. Glissez ensuite la commande dans la bonne barre d'outils.

6. Cliquez sur OK. La fonction est à présent intégrée dans la barre d'outils **Dessin** (Draw) (fig.1.41).

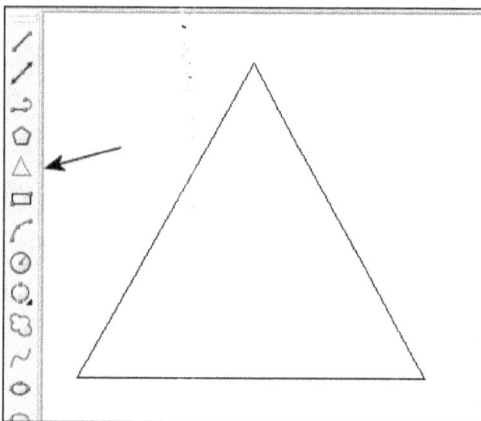

Fig.1.41

L'utilisation de contrôles de barre d'outils

Les contrôles de barre d'outils sont des listes déroulantes d'options de barre d'outils que vous pouvez choisir à partir d'une barre d'outils. Par exemple, la barre d'outils Calques contient des contrôles qui permettent de définir des paramètres de calque. Dans la boîte de dialogue Personnaliser l'interface utilisateur, vous pouvez ajouter, supprimer et déplacer les contrôles dans les barres d'outils.

Le tableau de la page suivante répertorie les contrôles des barres d'outils de la boîte de dialogue Personnaliser l'interface utilisateur et leurs définitions.

Eléments de contrôle des barres d'outils	
Elément de contrôle	**Description**
Contrôle des styles de cote	Liste déroulante contenant les caractéristiques du style de cote courant.
Contrôle des calques	Liste déroulante contenant les contrôles des calques courants du dessin.
Contrôle du type de ligne	Liste déroulante contenant les caractéristiques du type de ligne courant.
Contrôle de l'épaisseur de ligne	Liste déroulante contenant les caractéristiques de l'épaisseur de ligne courante.
Contrôle de la couleur	Liste déroulante contenant les caractéristiques de la couleur courante.
Contrôle des styles de tracé	Liste déroulante contenant les caractéristiques du style de tracé courant.
Contrôle du nom de bloc de référence	Affiche le nom de la xréf courante en mode d'édition.
Contrôle du SCU	Liste déroulante contenant les caractéristiques du SCU courant.
Contrôle de la vue	Liste déroulante contenant les caractéristiques des vues 3D standard courantes.
Contrôle de l'échelle de la fenêtre	Liste déroulante contenant les caractéristiques de l'échelle de la fenêtre dans les présentations.
Contrôle Annuler le petit bouton	Bouton de barre d'outils standard permettant d'annuler l'action précédente.
Contrôle Rétablir le petit bouton	Bouton de barre d'outils standard permettant de répéter l'action précédente.
Contrôle de style de texte	Liste déroulante permettant de définir le style de texte courant.
Contrôle du style de tableau	Liste déroulante permettant de définir le style de tableau courant.
Contrôle de la vue existante	Liste déroulante permettant d'afficher la vue existante.
Contrôle des espaces de travail	Liste déroulante permettant de définir l'espace de travail courant.

Pour ajouter un contrôle à une barre d'outils, la procédure est la suivante :

1 Cliquez sur le menu **Outils** (Tools) puis sur **Personnaliser** (Customize) et sur **Menus** (Interface).

2 Dans la boîte de dialogue Personnaliser l'interface utilisateur (Customize User Interface), accédez à l'onglet Personnaliser (Customize).

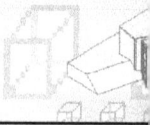

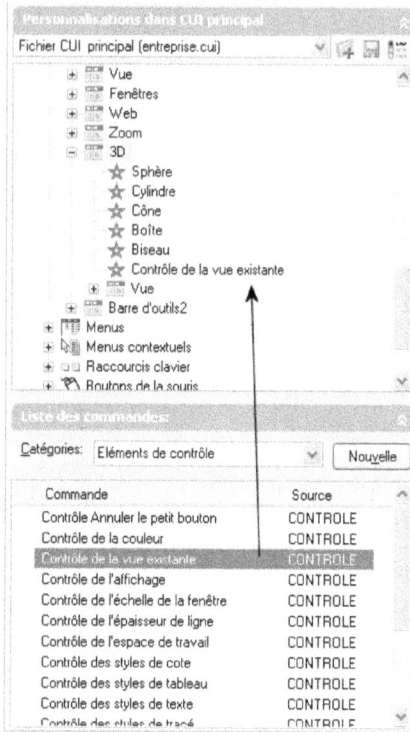

Fig.1.42

3. Cliquez ur le signe plus (+) situé à côté de la barre d'outils à laquelle vous voulez ajouter un contrôle.

4. Dans la liste **Catégories** du volet **Liste des commandes** (Command List), cliquez sur **Eléments de contrôle** (Control elements). Le volet Liste des commandes n'affiche plus que les éléments de contrôle.

5. Dans la liste sélectionnez le contrôle et faites-le glisser dans le volet de personnalisations jusqu'à l'emplacement où vous voulez l'ajouter dans la barre d'outils (fig.1.42-1.43).

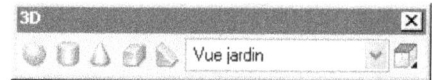

6. Cliquez sur OK.

Fig.1.43

Menu mosaïque

Un menu de mosaïque d'images fournit une image sélectionnable à la place du texte. Vous pouvez créer, modifier ou ajouter des mosaïques d'images et des clichés de mosaïque d'images.

Une boîte de dialogue de mosaïque d'images s'affiche ; elle contient des images affichées par groupes de 20 et, à gauche, une zone de liste déroulante contenant les noms des fichiers cliché associés ou le texte connexe. Si une page de la boîte de dialogue de mosaïque d'images contient plus de 20 images, les clichés supplémentaires sont ajoutés sur une nouvelle page. Les boutons Suivant et Précédent sont activés pour permettre à l'utilisateur de parcourir les pages d'images.

Pour créer un menu mosaïque les étapes sont les suivantes :

1. Dessiner l'objet à représenter. Cela peut être une entité AutoCAD ou un bloc par exemple (fig.1.44).

2. Affichez l'objet plein écran pour en faire un cliché.

3. Utilisez la commande MCLICHE pour réaliser un cliché de l'objet.

4. Sauvegardez le cliché dans la bibliothèque des clichés à l'aide de la commande SLIDELIB.

5. Créez le menu mosaïque par l'outil de personnalisation.

6. Intégrez l'appel à ce menu via une commande d'un menu déroulant ou d'une barre d'outils.

Cas pratique

Prenons comme exemple la création d'un mobilier de bureau (fig.1.44).

La création des clichés

1. Effectuez un cliché de chaque objet (par exemple : chaise1, chaise2, chaise3, chaise4).

2. Utilisez la commande SLIDELIB pour créer la bibliothèque (fig.1.45) :

```
Commande : SHELL ⏎
Commande SE : SLIDELIB MOBILIER ⏎
Entrez l'adresse des clichés
C:\slides\chaise1⏎
C:\slides\chaise2⏎
C:\slides\chaise3⏎
C:\slides\chaise4⏎
```

Fig.1.44

| ⏎ = Enter |

Le fichier Mobilier.slb se trouve en principe dans le répertoire Mes documents.

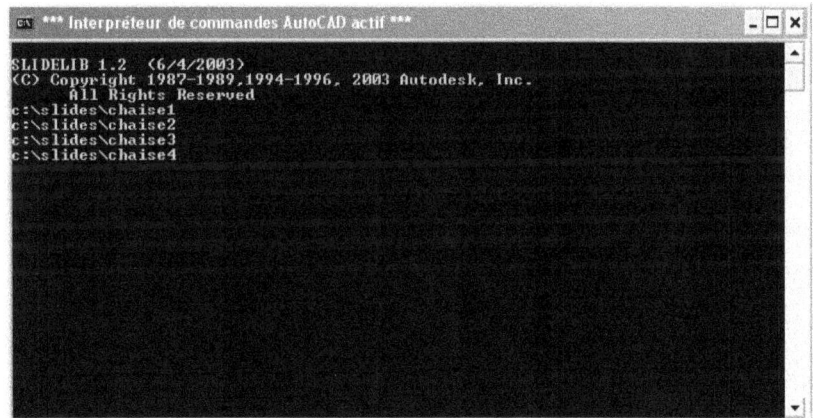

Fig.1.45

La création du menu mosaïque

1. Cliquez sur le menu **Outils** (Tools) puis sur **Personnaliser** (Customize) et sur **Menus** (Interface).

2. Dans la boîte de dialogue Personnaliser l'interface utilisateur ((Customize User Interface), accédez à l'onglet **Personnaliser** (Customize).

3. Cliquez sur le signe plus (+) situé à côté de **Ancienne** (Legacy) pour développer la liste.

4. Dans la liste **Ancienne** (Legacy), cliquez avec le bouton droit sur **Menu de mosaïque d'image** (Image tile menus). Cliquez sur **Nouveau menu de mosaïque d'image** (New Image tile menu).

Un nouveau menu de mosaïque d'images (nommée Menu de mosaïque d'images1) est placée au bas de l'arborescence des menus de mosaïque d'images.

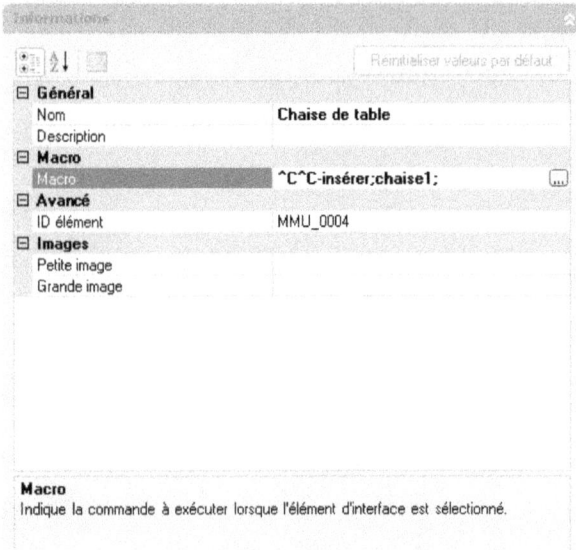

Fig.1.46

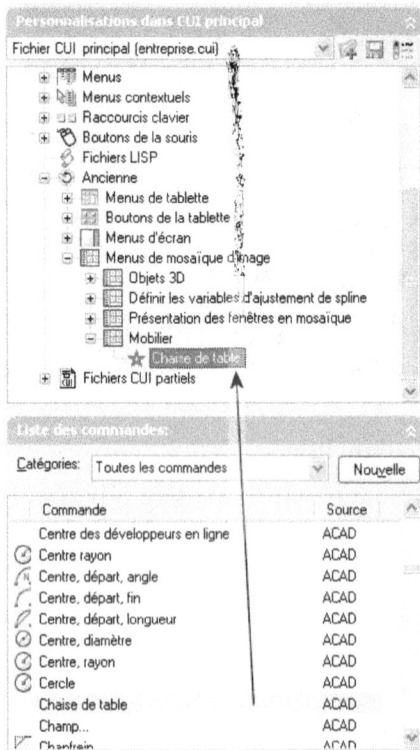

5. Effectuez l'une des opérations suivantes :

   a. Remplacez le texte Menu de mosaïque d'image1 par le nom du menu.

   b. Cliquez avec le bouton droit sur Menu de mosaïque d'image1. Cliquez sur **Renommer** (Rename). Entrez ensuite le nom du nouveau menu de mosaïque d'images. Par exemple : Mobilier.

6. Dans le volet Liste des commandes (Command list), créez une nouvelle commande pour chaque Bloc avec comme macro : ^c^c-insérer ; le nom du bloc (fig.1.46).

7. Dans le volet Liste des commandes (Command list), faites glisser chaque nouvelle commande vers le nouveau menu de mosaïque d'images (fig.1.47).

8. Dans le volet Propriétés, entrez les propriétés du nouveau cliché de mosaïque d'images : entrez le nom de la bibliothèque de clichés (mobilier.slb) et le nom de chaque cliché (chaise1, chaise2…) (fig.1.48).

9. Pour rendre ce menu mosaïque accessible il faut créer une commande d'appel et l'insérer dans un autre menu (fig.1.49).

La macro est la suivante :
$I=mobilier $I=*.

$I= mobilier : permet d'appeler le menu mosaïque « mobilier ».

$I=* : permet d'afficher le menu mosaïque et d'activer les composantes du menu.

10. Placez l'appel de ce menu mosaïque dans un autre menu ou barre d'outils. Par exemple, le menu Insérer (Insert).

11. Cliquez sur OK lorsque vous avez terminé.

12. Testez le nouveau menu (fig.1.50).

Fig.1.47

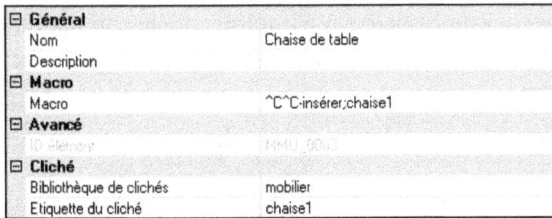

Fig.1.48

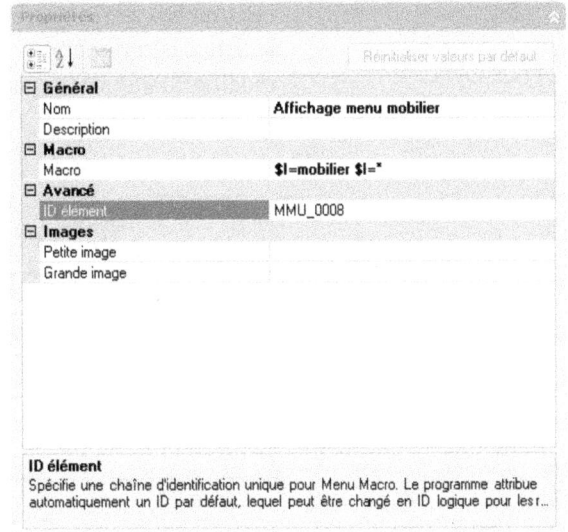

Fig.1.49

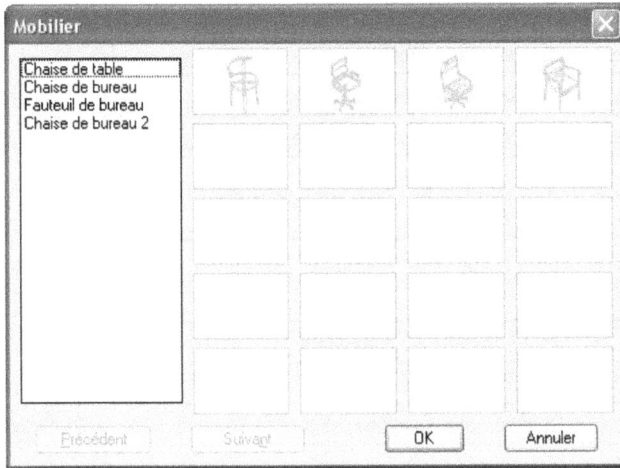

Fig.1.50

Personnalisation des raccourcis clavier

Vous pouvez affecter des touches de raccourci (également appelées touches d'accès rapide) à des commandes utilisées fréquemment et des touches de remplacement temporaire pour exécuter une commande ou modifier un paramètre lorsqu'une touche est utilisée.

Les touches de raccourci sont des touches et des combinaisons de touches utilisées pour lancer des commandes. Par exemple, vous pouvez appuyer sur CTRL + O pour ouvrir un fichier et sur CTRL + S pour enregistrer un fichier (ce qui a le même effet que les commandes Ouvrir et Enregistrer du menu Fichier).

Les touches de remplacement temporaire sont des touches qui permettent d'activer ou de désactiver temporairement l'une des aides au dessin qui sont définies dans la boîte de dialogue Paramètres de dessin (par exemple, mode Ortho, accrochages aux objets ou mode Polaire).

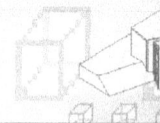

Les touches de raccourci peuvent être associées à n'importe quelle commande de la liste des commandes. Vous pouvez créer de nouvelles touches de raccourci ou modifier les touches existantes.

Le tableau suivant présente les actions par défaut des touches de raccourci.

Touche de raccourci	Fonction
CTRL+0	Active/désactive l'option Effacer écran.
CTRL+1	Active/désactive la palette Propriétés.
CTRL+2	Active/désactive DesignCenter.
CTRL+3	Active/désactive la fenêtre Palettes d'outils.
CTRL+4	Active/désactive le gestionnaire du jeu de feuilles.
CTRL+5	Active/désactive la palette d'infos.
CTRL+6	Active/désactive le gestionnaire de connexion BD.
CTRL+7	Active/désactive le gestionnaire des jeux d'annotations.
CTRL+8	Active/désactive la calculatrice CalcRapide.
CTRL+9	Active/désactive la fenêtre de commande.
CTRL+A	Sélectionne des objets dans le dessin.
CTRL+B	Active/désactive le mode Résolution.
CTRL+C	Copie des objets vers le Presse-papiers.
CTRL+D	Active/désactive l'affichage des coordonnées.
CTRL+E	Passe en revue les plans isométriques.
CTRL+F	Active/désactive le mode d'accrochage aux objets.
CTRL+G	Affiche/masque la grille.
CTRL+H	Active/désactive la commande PICKSTYLE.
CTRL+J	Répète la dernière commande.
CTRL+L	Active/désactive le mode Ortho.
CTRL+M	Répète la dernière commande.
CTRL+N	Crée un dessin.
CTRL+O	Ouvre un dessin existant.
CTRL+P	Imprime le dessin courant.
CTRL+R	Passe en revue les fenêtres de présentation.
CTRL+S	Enregistre le dessin courant.

Touche de raccourci	Fonction (suite)
CTRL+T	Active/désactive le mode Tablette.
CTRL+V	Colle les données du Presse-papiers.
CTRL+X	Coupe les objets sélectionnés vers le Presse-papiers.
CTRL+Y	Annule l'action Annuler précédente.
CTRL+Z	Annule la dernière action.
CTRL+[	Annule la commande en cours.
CTRL+\	Annule la commande en cours.
F1	Affiche l'aide.
F2	Active/désactive la fenêtre de texte.
F3	Active/désactive le mode d'accrochage aux objets.
F4	Active/désactive le mode Tablette.
F5	Active/désactive le plan isométrique.
F6	Active/désactive l'affichage des coordonnées.
F7	Affiche/masque la grille.
F8	Active/désactive le mode Ortho.
F9	Active/désactive le mode Résolution.
F10	Active/désactive le repérage polaire.
F11	Active/désactive le repérage par accrochage aux objets.
F12	Active/désactive la saisie dynamique.

Pour créer une touche de raccourci, la procédure est la suivante :

1. Cliquez sur le menu **Outils** (Tools) puis sur **Personnaliser** (Customize) et sur **Menus**.

2. Dans la boîte de dialogue **Personnaliser l'interface utilisateur** (Customize User Interface), accédez à l'onglet **Personnaliser** (Customize).

3. Cliquez sur le signe plus (+) situé à côté de **Raccourcis clavier** (Keyboard Shortcuts) pour développer le nœud.

4. Cliquez sur le signe plus (+) situé à côté de **Touches de raccourci** (Shortcut Keys) pour développer le nœud. Toutes les commandes ayant un raccourci clavier apparaissent dans ce dossier et dans la zone Raccourcis à droite.

5. Dans le volet **Liste des commandes** (Command list), faites glisser la commande dont vous voulez créer un raccourci jusqu'à un emplacement situé sous le nœud **Touches de raccourci** (Shortcut Keys). Par exemple : Editer polyligne (fig.1.51). Les propriétés de la nouvelle touche de raccourci créée s'affichent dans le volet **Propriétés** (Properties).

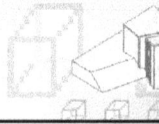

⑥ Dans la zone **Touche**(s) (Key(s)) du volet **Propriétés** (Properties), cliquez sur le bouton [...] pour ouvrir la boîte de dialogue **Touches de raccourci** (Shortcut Keys).

⑦ Dans la boîte de dialogue **Touches de raccourci** (Shortcut Keys), maintenez enfoncée une touche de modification (CTRL ou MAJ) dans la zone **Appuyez sur une nouvelle touche de raccourci** (Press new shortcut key), puis appuyez sur une lettre, un chiffre ou une touche de fonction. Les touches de modification valides sont les suivantes :

- Les touches de fonction (Fn) sans touche de modification
- CTRL+lettre, CTRL+chiffre, CTRL+touche de fonction
- CTRL+ALT+lettre, CTRL+Alt+chiffre, CTRL+ALT+touche de fonction
- MAJ+CTRL+lettre, MAJ+CTRL+chiffre, MAJ+CTRL+touche de fonction
- MAJ+CTRL+ALT+lettre,   MAJ+CTRL+ALT+chiffre,   MAJ+CTRL+ALT+ touche de fonction

Par exemple : CTRL+I (fig.1.52-1.53).

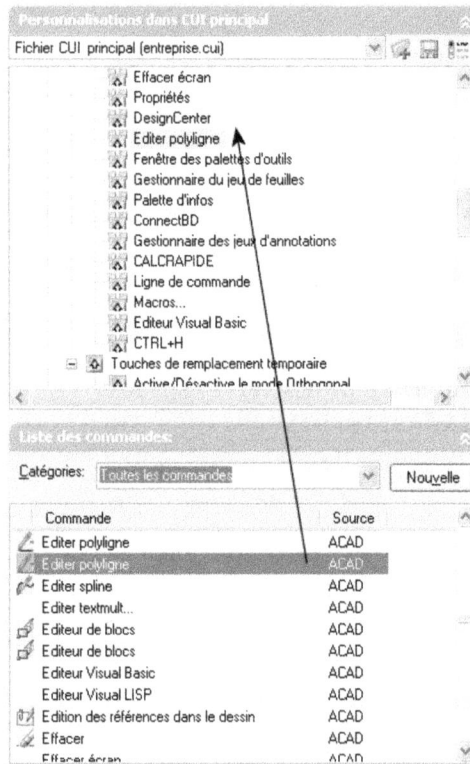

Fig.1.51

Fig.1.52

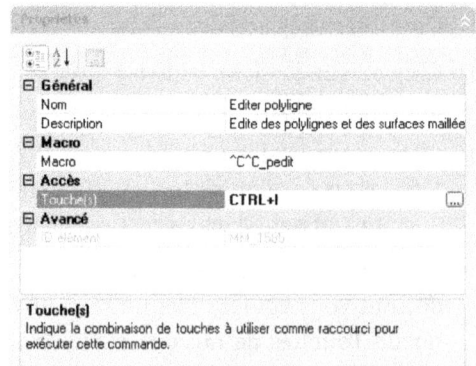

Fig.1.53

⑧ Cliquez sur Assigner (Assign) pour confirmer.

⑨ Cliquez sur OK pour affecter la touche de raccourci et fermer la boîte de dialogue **Touches de raccourci** (Shortcut Keys).

⑩ Dans la boîte de dialogue **Personnaliser l'interface utilisateur** (Customize User Interface), cliquez sur OK.

Pour créer une touche de remplacement temporaire, la procédure est la suivante :

① Cliquez sur le menu **Outils** (Tools) puis sur **Personnaliser** (Customize) et sur **Menus** (Interface).

② Dans la boîte de dialogue Personnaliser l'interface utilisateur ((Customize User Interface), accédez à l'onglet **Personnaliser** (Customize).

③ Cliquez sur le signe plus (+) situé à côté de **Raccourcis clavier** (Keyboard Shortcuts) pour développer le nœud.

④ Cliquez sur le signe plus (+) situé à côté de **Touches de remplacement temporaire** (Temporary Override Keys) pour développer le nœud.

⑤ Pour comprendre la procédure, nous allons sélectionner un raccourci existant, par exemple : « Correction d'accrochage aux objets : Au centre ». Il permet grâce à la combinaison des touches Maj+C d'activer provisoirement uniquement l'accrochage **Centre** et de désactiver les autres types (fig.1.54). Le paramétrage est indiqué dans la section **Propriétés** (Properties), où il est possible de voir la macro utilisée (fig.1.55).

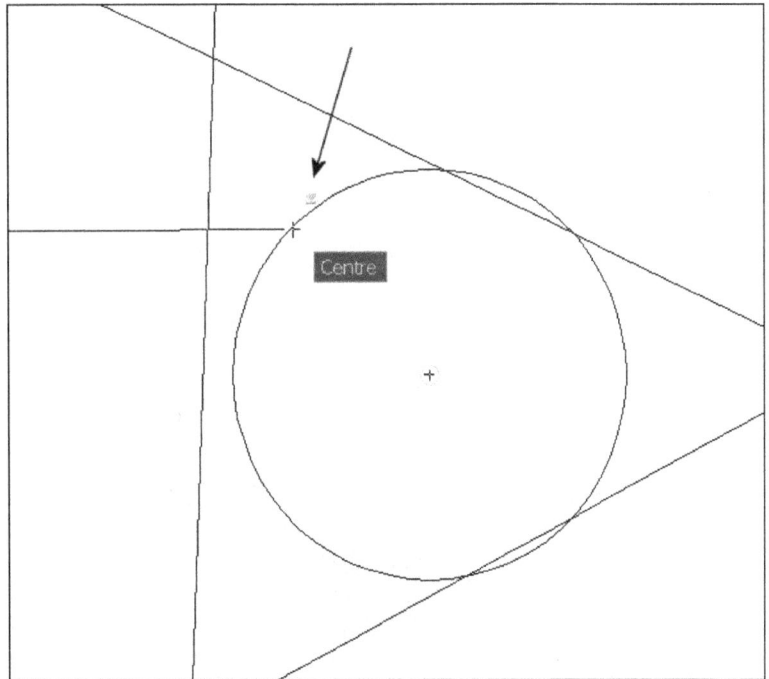

Fig.1.54

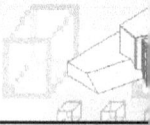

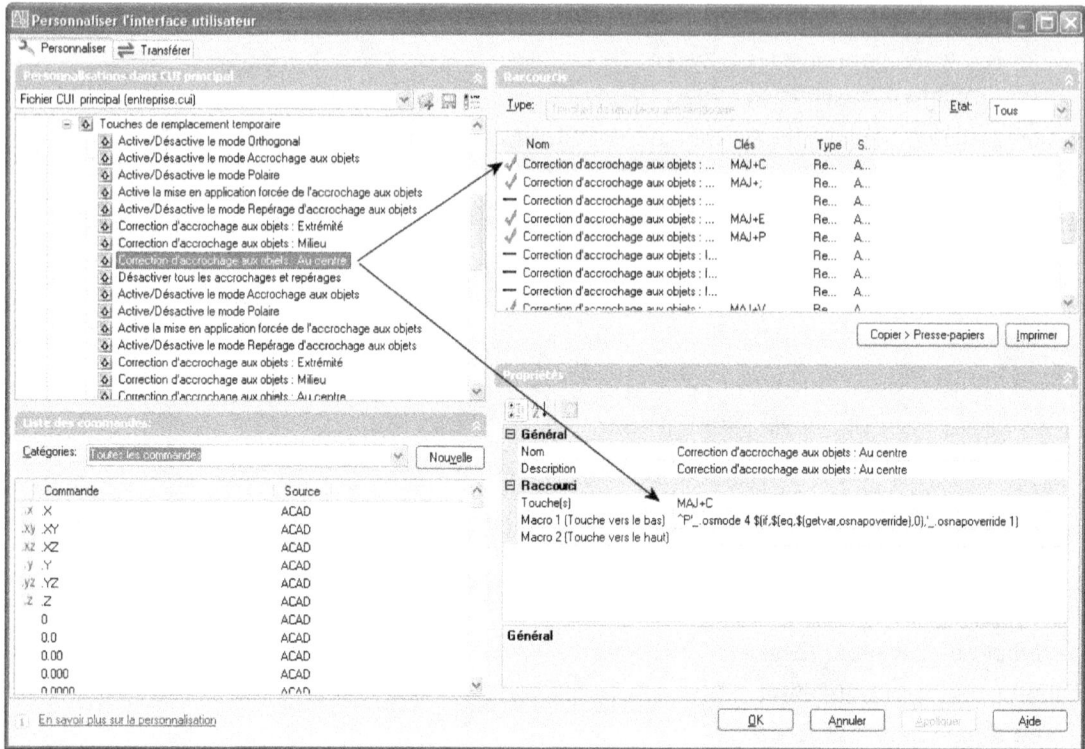

Fig.1.55

6. Cliquez avec le bouton droit sur **Touches de remplacement temporaire** (Temporary Override Keys). Cliquez sur **Nouveau** (New) puis **Remplacement temporaire** (Temporary Override). Une nouvelle touche de remplacement temporaire (nommée Remplacement temporaire1) est placée au bas de l'arborescence des touches de remplacement temporaire.

7. Effectuez l'une des opérations suivantes :

- Remplacez le texte Remplacement temporaire1 par le nom du remplacement temporaire.

- Cliquez avec le bouton droit sur Remplacement temporaire1. Cliquez sur Renommer (Rename). Entrez le nom du nouveau remplacement temporaire. Par exemple : ligne d'axe. On souhaite temporairement tracer un objet avec le type de ligne Axes.

8. Sélectionnez le nouveau remplacement temporaire dans l'arborescence et mettez à jour le volet **Propriétés** (Properties) :

- Dans la zone **Description**, entrez la description du remplacement temporaire : ligne d'axe.

- Dans la zone **Macro 1 (Touche vers le bas)**, entrez une macro à exécuter lorsque la touche de remplacement temporaire est utilisée. Par exemple :

```
^P'celtype;axes;
```

- Dans la zone **Touche(s)** (Key(s)), cliquez sur le bouton [...] pour ouvrir la boîte de dialogue **Touches de raccourci** (Shortcut Keys). Appuyez sur une touche dans la zone **Appuyez sur une nouvelle touche de raccourci** (Press new shortcut key). Les touches de modification valides sont les touches de fonction : (touches Fn) sans touche de modification, MAJ+lettre, MAJ+ chiffre ou MAJ+touche de fonction. Par exemple : MAJ+W (fig.1.56).

- Si aucune attribution n'est associée à la touche que vous sélectionnez, cliquez sur Assigner (Assign), puis sur OK.

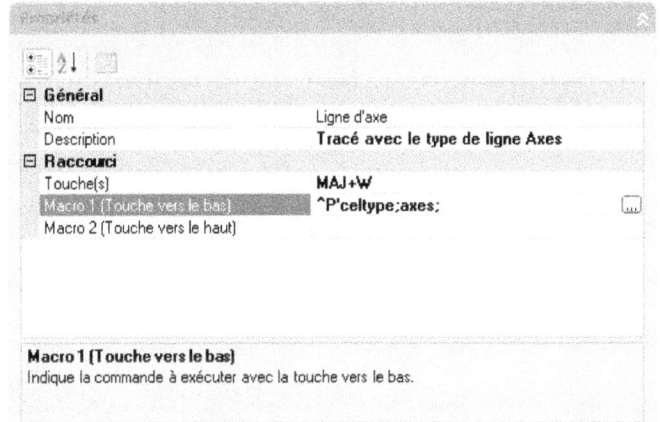

Fig.1.56

- Dans la zone **Macro 2 (Touche vers le haut)**, entrez une macro à exécuter lorsque la touche de remplacement temporaire est relâchée. Lorsqu' aucune valeur n'est définie, le fait de relâcher la touche rétablit l'état antérieur de l'application (avant utilisation du remplacement temporaire). Laissez donc en blanc dans le cas de notre exemple.

9. Cliquez sur OK.

10. Testez la procédure : prendre la commande ligne, pointer l'origine, appuyer sur Maj+W, la ligne est tracée avec le type de ligne Axes, relâcher les touches, les lignes suivantes sont en continu (fig.1.57).

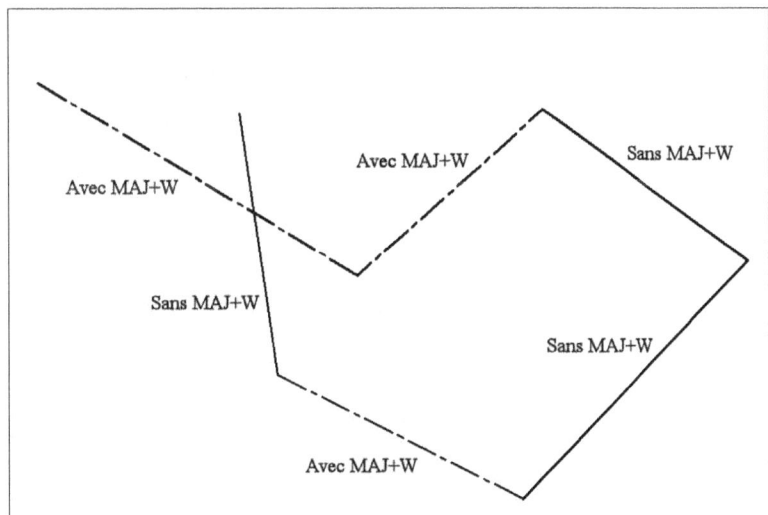

Fig.1.57

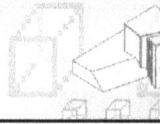

Pour imprimer la liste des touches de raccourci ou des touches de remplacement temporaire, la procédure est la suivante :

[1] Cliquez sur le menu **Outils** (Tools) puis sur **Personnaliser** (Customize) et sur **Menus**.

[2] Dans la boîte de dialogue Personnaliser l'interface utilisateur ((Customize User Interface), accédez à l'onglet **Personnaliser** (Customize).

[3] Cliquez sur le signe plus (+) situé à côté de **Raccourcis clavier** (Keyboard Shortcuts) pour développer le nœud.

[4] Dans le volet **Raccourcis** (Shortcuts), filtrez les raccourcis clavier selon leur type et leur état afin de les imprimer (fig.1.58).

  ▪ Dans la liste **Type**, sélectionnez le type de raccourcis clavier à afficher dans la liste. Vous pouvez choisir **Toutes les touches** (All Keys), **Touches de raccourci** (Accelerators) ou **Touches de remplacement temporaire** (Temporary Override Keys).

  ▪ Dans la liste **Etat** (Status), sélectionnez l'état de raccourci clavier à afficher dans la liste. Vous pouvez choisir **Tous** (All), **Actif** (Active), **Inactif** (Inactive) ou **Non attribué** (Unassigned).

[5] Dans le volet **Raccourci** (Shortcuts), cliquez sur **Imprimer** (Print).

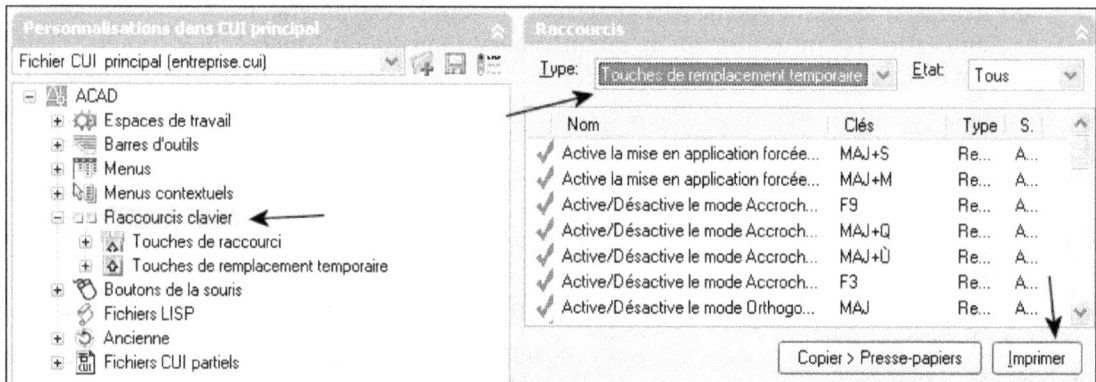

Fig.1.58

Les fichiers CUI partiels

Les fichiers CUI partiels sont chargés au-dessus du fichier CUI principal. Ils vous permettent de créer et de modifier la plupart des éléments de l'interface (barres d'outils, menus, etc.) provenant d'un fichier externe sans devoir importer les personnalisations dans le fichier CUI principal.

Pour charger un fichier CUI partiel la procédure est la suivante :

① Cliquez sur le menu **Outils** (Tools) puis sur **Personnaliser** (Customize) et sur **Menus**.

② Dans la boîte de dialogue Personnaliser l'interface utilisateur (Customize User Interface), accédez à l'onglet **Personnaliser** (Customize).

③ Sélectionnez **Fichier CUI principal** (Main CUI File) dans la liste déroulante. A droite de la liste déroulante, cliquez sur le bouton **Charger le fichier de personnalisation partielle** (Load partial customization file).

④ Dans la boîte de dialogue **Ouvrir** (Open), recherchez et cliquez sur le fichier CUI partiel que vous voulez ouvrir, puis cliquez sur **Ouvrir** (Open).

> ### *REMARQUE*
>
> Si le fichier CUI partiel que vous essayez de charger possède le même nom de groupe de personnalisation que le fichier CUI principal, changez le nom du groupe de personnalisation. Ouvrez le fichier CUI dans la boîte de dialogue Personnaliser (Customize), sélectionnez le nom de fichier et cliquez avec le bouton droit de la souris dessus pour le renommer.

⑤ Pour vérifier que le fichier a été chargé dans le fichier CUI principal, sélectionnez le fichier CUI principal dans la liste déroulante du volet Personnalisations.

⑥ Dans l'arborescence du fichier de personnalisation principal, cliquez sur le signe plus (+) situé à côté du noeud **Fichiers CUI partiels** (Partial CUI file) pour le développer. Les fichiers CUI partiels éventuellement chargés dans le fichier CUI principal s'affichent (fig.1.59-1.60).

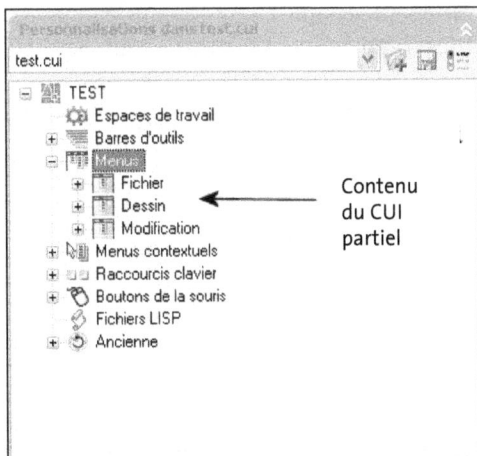

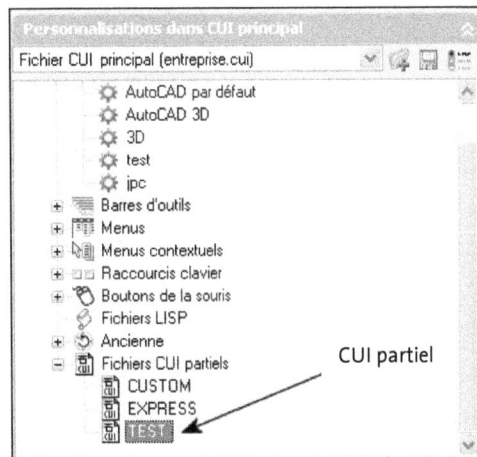

Fig.1.59-60

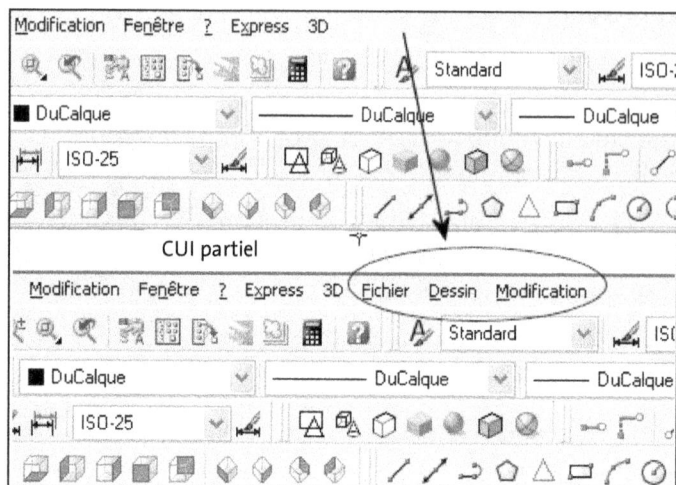

Fig.1.61

[7] Cliquez sur OK pour enregistrer les modifications et les visualiser dans le programme (fig.1.61).

La migration et le transfert de personnalisation

Vous pouvez migrer des fichiers MNU ou MNS personnalisés provenant de versions antérieures d'AutoCAD à l'aide de la boîte de dialogue Personnaliser l'interface utilisateur (Customize User interface). Le programme transfère l'ensemble des données contenues dans le fichier MNU ou MNS dans un fichier CUI sans modifier le fichier de menu initial. Le nouveau fichier CUI est un fichier XML doté du même nom que votre fichier de menu initial, mais avec une extension .cui.

Vous pouvez également transférer des informations de personnalisation entre les fichiers. Par exemple, vous pouvez transférer des barres d'outils d'un fichier CUI partiel vers le fichier CUI principal pour pouvoir afficher les informations de barre d'outils dans le programme.

Il se peut que les symboles sur les boutons n'apparaissent plus après qu'une barre d'outils ou un menu a été transféré d'un fichier CUI partiel. Si ces images sont chargées d'un fichier, celui-ci doit résider dans le même répertoire que le fichier CUI. Si ces images qui n'apparaissent pas proviennent d'une DLL, résolvez le problème avec l'auteur de la DLL.

De plus, vous pouvez déplacer des personnalisations du fichier CUI principal vers des fichiers CUI partiels ou entre deux fichiers CUI partiels.

Si un espace de travail ou une barre d'outils en cours de transfert contient des barres d'outils déroulantes qui font référence à un autre menu ou à une autre barre d'outils (déroulante ou pas) situé(e) dans le fichier CUI source, les informations adéquates sur cet élément d'interface sont également transférées. Si, par exemple, vous transférez la barre d'outils Dessin, qui fait référence à la barre d'outils Insertion, cette dernière est également transférée.

Le fichier CUI conserve la trace des personnalisations que vous effectuez. Les données de personnalisation sont consignées et conservées d'une version à l'autre, ce qui vous permet de charger un fichier CUI dans une autre version sans perdre de données et sans modifier les données IUP existantes.

Pour transférer des personnalisations antérieures, la procédure est la suivante :

☐1 Cliquez sur le menu **Outils** (Tools) puis sur **Personnaliser** (Customize) et ensuite **Importer les personnalisations** (Import Customization).

☐2 Dans le volet de droite de l'onglet **Transférer** (Transfer) de la boîte de dialogue **Personnaliser l'interface utilisateur** (Customize User Interface), cliquez sur la fonction **Ouvrir** (Open) dans la liste déroulante, pour ouvrir le fichier de personnalisation.

☐3 Dans la boîte de dialogue **Ouvrir** (Open), sélectionnez le type de fichier (MNU, MNS...) à partir duquel on veut exporter des personnalisations. Par exemple : Fichiers de menu.

☐4 Sélectionnez le fichier à ouvrir. Par exemple : Design.mnu. Le fichier est converti automatiquement en Design.cui.

☐5 Dans le volet de gauche, cliquez sur le signe plus (+) situé à côté d'un élément d'interface pour le développer (par exemple : Menus). Développer le nœud correspondant dans le volet de droite.

☐6 Glissez un élément d'interface du panneau de droite vers l'emplacement approprié dans le panneau de gauche. Il est possible de faire glisser des menus vers des menus, des barres d'outils vers des barres d'outils, etc. Par exemple : Solide 3D (fig.1.62).

☐7 Enregistrez le fichier de personnalisation ainsi modifié.

☐8 Cliquez sur OK. Le menu ajouté est à présent disponible dans l'interface d'AutoCAD.

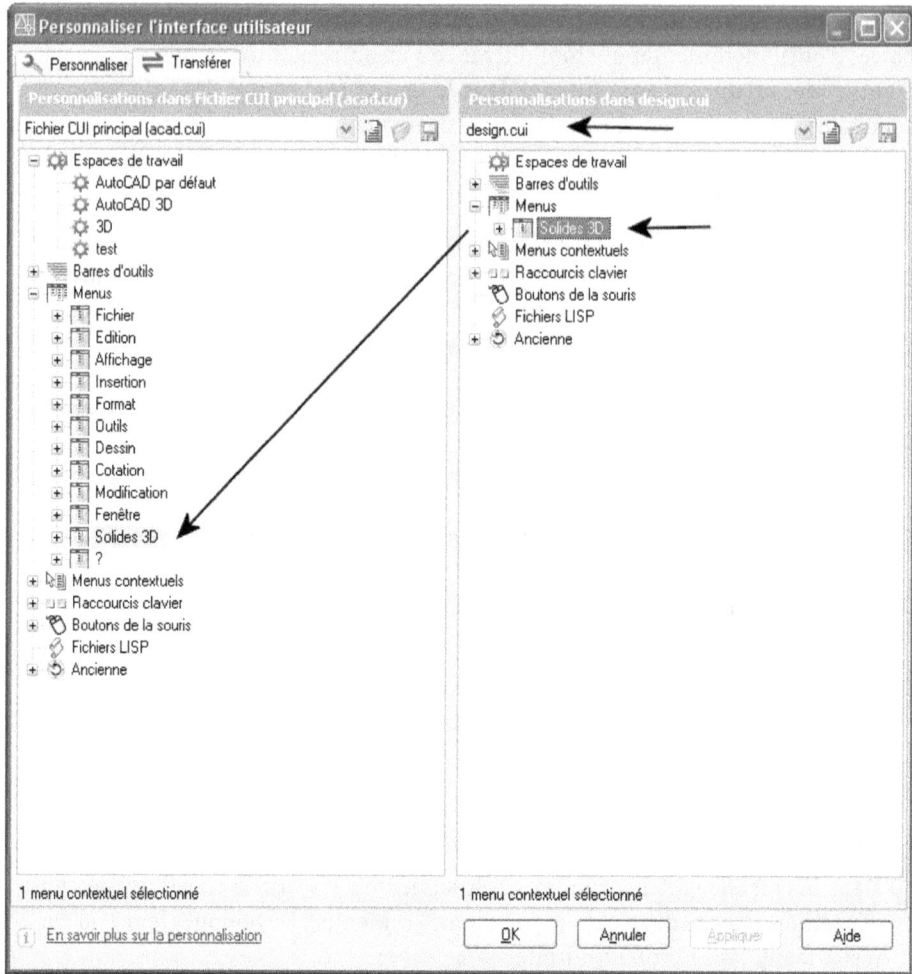

Fig.1.62

La personnalisation des palettes d'outils

Les palettes d'outils

Les palettes d'outils sont des zones à onglets dans la fenêtre Palettes d'outils, qui permettent d'organiser, de partager et de placer des blocs, des hachures et des commandes (ligne, cercle, cotation...).

Il peut ainsi être utile de placer sur la palette les blocs et les hachures les plus couramment utilisés. Pour ajouter un bloc ou une hachure dans un dessin, il suffit de le faire glisser de la palette d'outils vers le dessin.

Les blocs et les hachures se trouvant sur une palette d'outils sont appelés outils ; plusieurs propriétés d'outil (échelle, rotation et calque, par exemple) peuvent être définies individuellement pour chaque outil.

Les blocs placés avec cette méthode doivent souvent subir une rotation ou être mis à l'échelle par la suite. Lorsque l'on fait glisser un bloc d'une palette d'outils vers un dessin, il est mis à l'échelle automatiquement en fonction du rapport des unités défini dans le bloc et dans le dessin courant. Par exemple, si le dessin utilise les mètres comme unités et qu'un bloc est défini en centimètres, le rapport des unités est 1 m/100 cm. Lorsque vous faites glisser le bloc dans le dessin, il est inséré avec une échelle de 1/100 (fig.1.63).

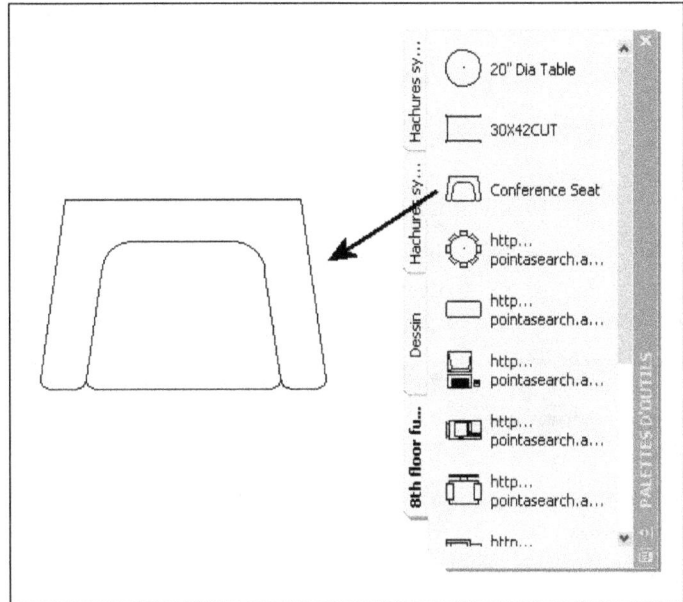

Fig.1.63

Il est possible de modifier les propriétés d'insertion ou les propriétés de motif de n'importe quel outil d'une palette. Par exemple, on peut modifier l'échelle d'insertion d'un bloc ou l'angle d'un motif de hachures. Pour modifier les propriétés d'un outil, il faut cliquer avec le bouton droit de la souris sur l'outil, puis cliquer sur **Propriétés** (Properties) dans le menu contextuel. Il est ensuite possible de modifier les propriétés dans la boîte de dialogue **Propriétés de l'outil** (Tool Properties). Cette boîte de dialogue contient deux catégories de propriétés : la catégorie des propriétés d'insertion ou de motif, et la catégorie des propriétés générales (fig.1.64).

▶ **Propriétés d'insertion ou de motif** : contrôlent les propriétés propres à un objet telles que l'échelle, la rotation et l'angle.

▶ **Propriétés générales** : contrôlent les paramètres de propriété du dessin courant tels que le calque, la couleur, le type de ligne, etc.

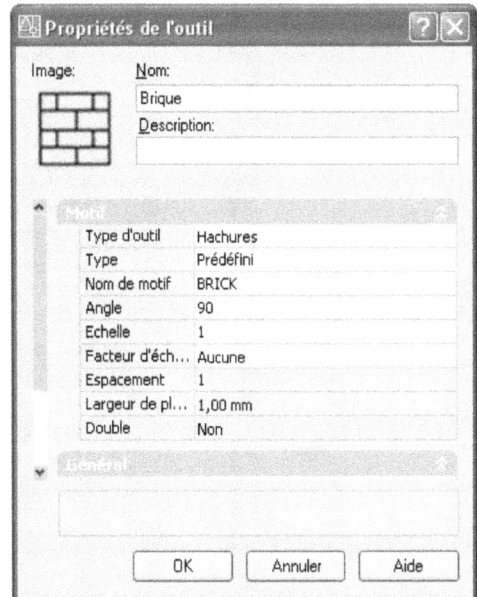

Fig.1.64

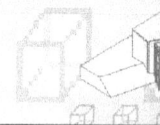

Dans certains cas, on peut affecter des propriétés propres à un outil. Par exemple, on peut placer automatiquement une hachure sur un calque prédéfini, indépendamment du paramètre de calque courant. Cette fonction permet de gagner du temps et de réduire les risques d'erreur en définissant automatiquement des propriétés lorsque l'on crée certains objets. La boîte de dialogue Propriétés de l'outil (Tool Properties) contient des champs pour chaque propriété éventuelle que l'on définit. Le remplacement des propriétés de calque a une incidence sur la couleur, le type de ligne, l'épaisseur de ligne, le style de tracé et le tracé. Le remplacement des propriétés de calque est résolu de la façon suivante :

▶ Si un calque fait défaut sur le dessin, il est créé automatiquement.

▶ Si un calque est désactivé ou gelé, le bloc ou la hachure est créé sur le calque courant.

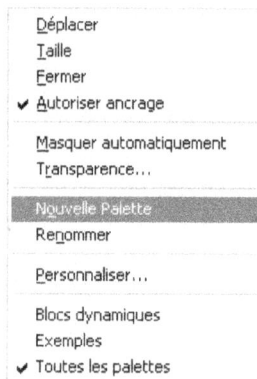

Fig.1.65

Il est possible de créer de nouvelles palettes d'outils en utilisant le bouton **Propriétés** (Properties) situé tout au-dessous sur la barre de titre de la fenêtre Palettes d'outils puis en cliquant sur l'option **Nouvelle Palette** (New Tool Palette) (fig.1.65). Pour ajouter ensuite des outils à une palette d'outils il convient d'utiliser l'une des méthodes suivantes :

▶ Glisser des dessins, des blocs et des hachures du DesignCenter vers la palette d'outils (fig.1.66). Les dessins que l'on ajoute à une palette d'outils sont insérés en tant que blocs lorsqu'on les fait glisser ensuite vers le dessin.

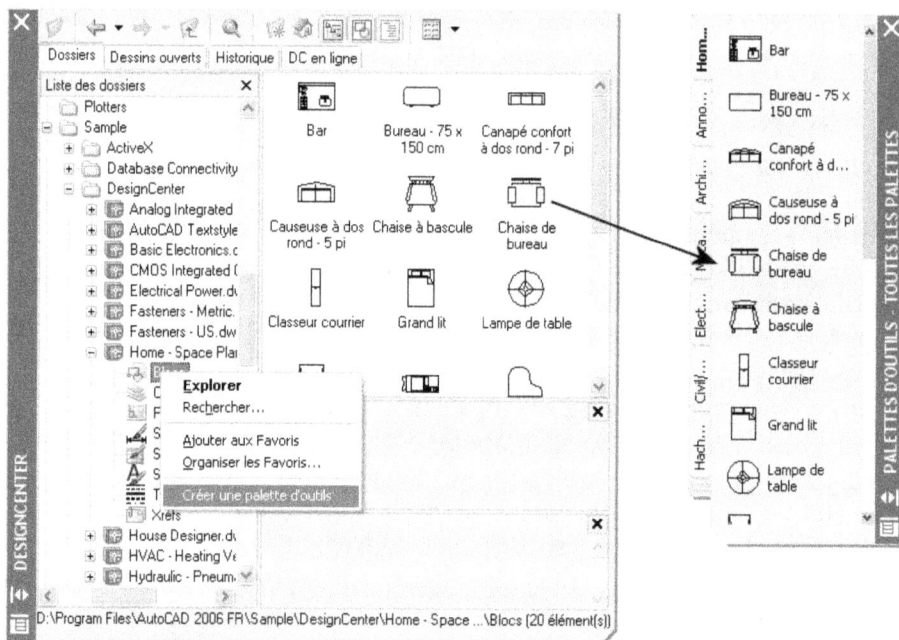

Fig.1.66

▶ On peut créer directement un onglet de palette d'outils complet en cliquant avec le bouton droit de la souris sur un dossier, un fichier de dessin ou un bloc dans l'arborescence DesignCenter. Il faut cliquer ensuite sur **Créer une palette d'outils** (Create Tool Palette) dans le menu contextuel.

▶ Sélectionner un bloc ou une entité de dessin dans le dessin en cours et le glisser simplement dans la palette (fig.1.67).

▶ Il est également possible de glisser une commande d'une barre d'outils vers la palette. Pour cela il suffit d'effectuer un clic droit dans une zone vide de la palette, de sélectionner l'option **Personnaliser** dans le menu contextuel, puis de glisser la commande de la barre d'outils vers la palette (fig.1.68). La boîte de dialogue **Personnaliser** doit être ouverte mais n'est pas utilisée.

▶ Utiliser les fonctions Couper, Copier et Coller pour déplacer ou copier des outils d'une palette d'outils à une autre.

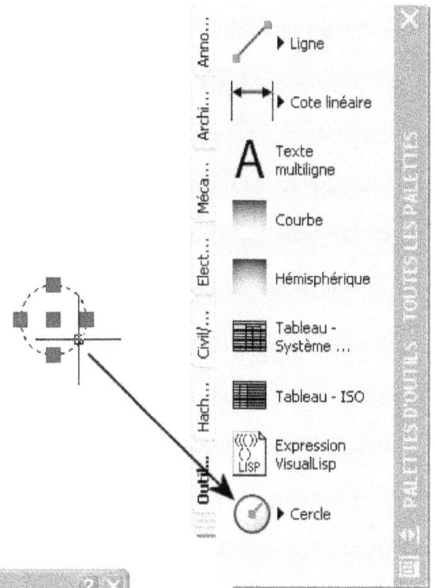

Fig.1.67

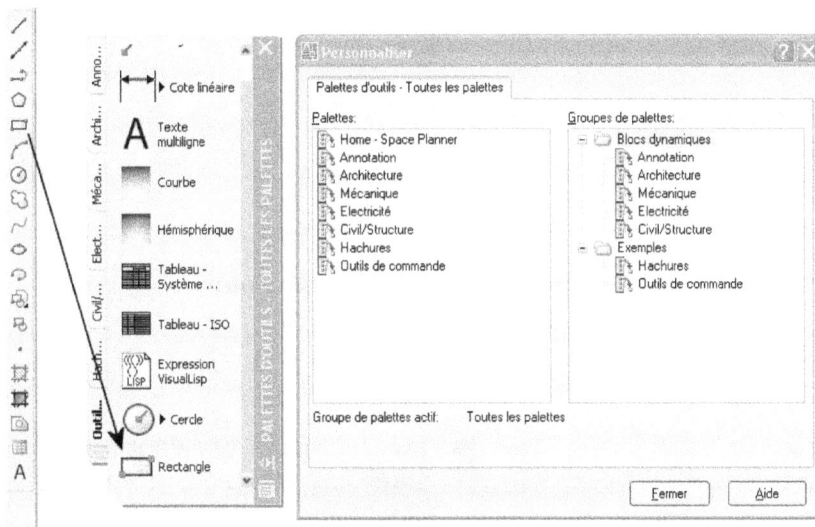

Fig.1.68

L'aspect des palettes d'outils peut être modifiée de plusieurs façons :

▶ **Masquer automatiquement** : on peut afficher ou masquer automatiquement la fenêtre Palettes d'outils en plaçant le curseur sur sa barre de titre.

▶ **Transparence** : on peut rendre la fenêtre Palettes d'outils transparente pour visualiser les objets qui se trouvent au-dessous.

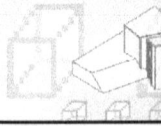

▸ **Vues** : on peut modifier le style d'affichage et la taille des icônes d'une palette d'outils.

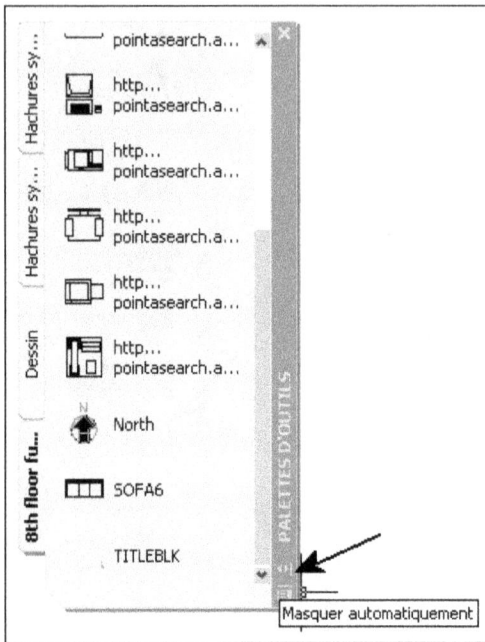

Fig.1.69

On peut ancrer la fenêtre Palettes d'outils sur le bord droit ou gauche de la fenêtre de l'application. Il suffit d'appuyer sur la touche CTRL pour éviter l'ancrage lorsque l'on déplace la fenêtre Palettes d'outils.

Pour activer ou désactiver le masquage et l'affichage automatiques de la fenêtre Palettes d'outils :

1 Cliquer sur le bouton **Masquer automatiquement** (Auto-hide) situé en bas de la barre de titre de la fenêtre Palettes d'outils (fig.1.69).

REMARQUE

Le masquage et l'affichage automatiques sont disponibles uniquement lorsque la fenêtre Palettes d'outils n'est pas ancrée.

Pour modifier la transparence de la fenêtre Palettes d'outils :

1 Cliquer avec le bouton droit de la souris sur la barre de titre de la fenêtre **Palettes d'outils**, puis cliquer sur **Transparence** (Transparency) dans le menu qui apparaît.

2 Dans la boîte de dialogue **Transparence** (Transparency), ajuster le niveau de transparence de la fenêtre Palettes d'outils. Cliquer sur OK (fig.1.70).

REMARQUE

La fonction Transparence est disponible uniquement lorsque la fenêtre Palettes d'outils n'est pas ancrée.

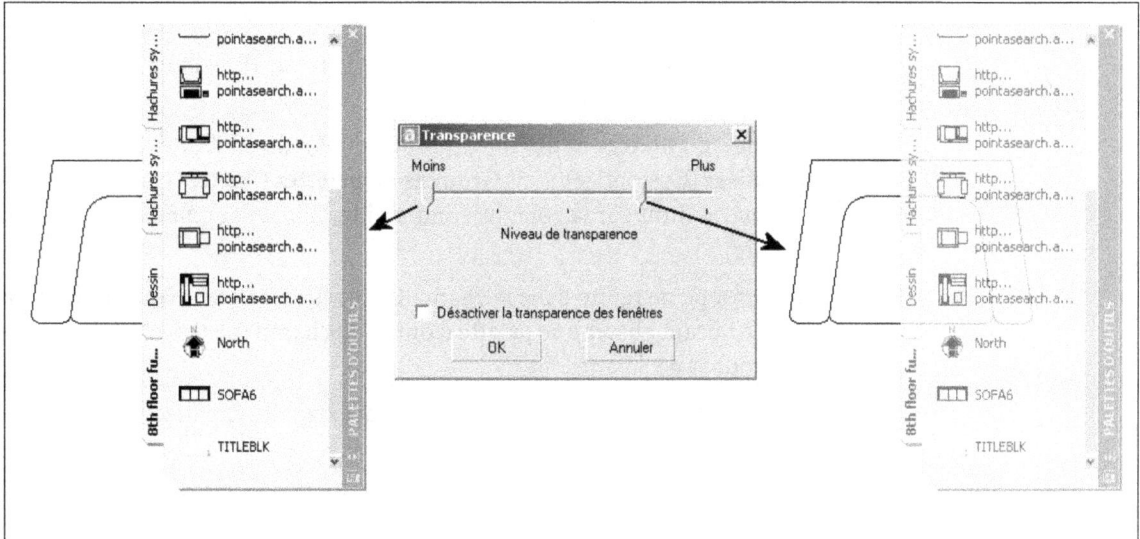

Fig.1.70

Pour modifier le style d'affichage des icônes dans la fenêtre Palettes d'outils :

☐ Cliquer avec le bouton droit de la souris sur la zone vide de la fenêtre Palettes d'outils, puis cliquer sur **Options d'affichage** (View Options) dans le menu qui apparaît.

☐ Dans la boîte de dialogue **Options d'affichage** (View Options), cliquer sur l'option d'affichage d'icône que l'on souhaite définir. On peut également modifier la taille des icônes (fig.1.71).

☐ Sélectionner **Palette d'outils courante** (Current Tool Palette) ou **Toutes les Palettes d'outils** (All Tool Palettes) dans la liste située sous **Appliquer à** (Apply to). Cliquer sur **OK**.

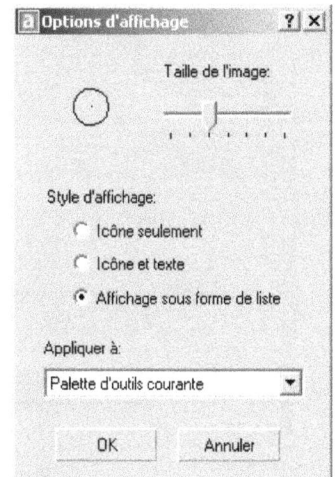

Fig.1.71

La création de groupes de palettes

Il peut être utile d'organiser les palettes d'outils en groupes et de sélectionner ensuite le groupe qui doit s'afficher. Par exemple, si plusieurs palettes d'outils contiennent des motifs de hachures, vous pouvez créer un groupe nommé Motifs de hachures. Vous pouvez alors ajouter toutes les palettes d'outils qui contiennent des motifs de hachures au groupe Motifs de hachures. Lorsque vous définissez ce groupe comme étant le groupe actif, seules les palettes d'outils qu'il contient s'affichent.

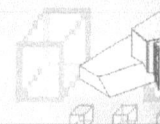

Pour créer un groupe de palettes d'outils, la procédure est la suivante :

☐ Cliquer avec le bouton droit de la souris sur la barre de titre d'une palette d'outils. Cliquer sur **Personnaliser** (Customize).

☐ Dans l'onglet **Palettes d'outils** (Tool Palettes) de la boîte de dialogue **Personnaliser** (Customize), sous **Groupes de palettes** (Palette Groups), cliquer avec le bouton droit sur la zone inférieure vide. Cliquer sur **Nouveau groupe** (New group).

Si aucun groupe ne figure dans le champ Groupes de palettes, vous pouvez en créer un en faisant glisser une palette d'outils du champ Palettes d'outils vers le champ Groupes de palettes.

☐ Entrer le nom du groupe de palettes d'outils. Par exemple : Architecture (fig.1.72).

☐ Cliquer sur **Fermer** (Close).

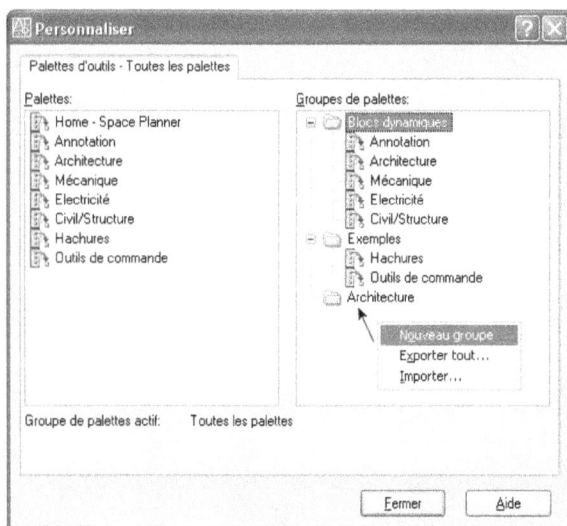

Fig.1.72

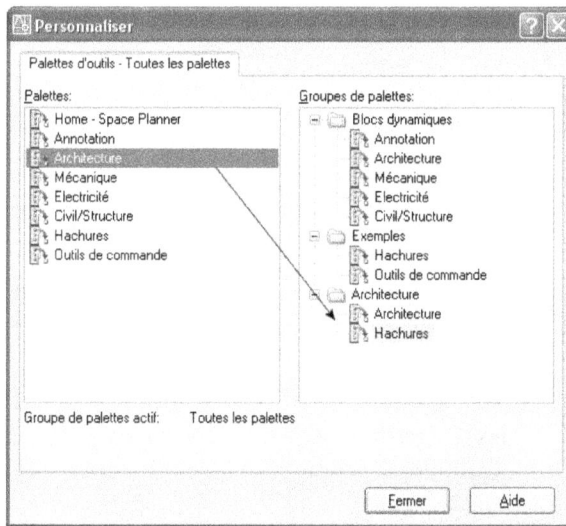

Fig.1.73

Pour ajouter une palette d'outils à un groupe de palettes d'outils, la procédure est la suivante :

☐ Cliquer avec le bouton droit de la souris sur la barre de titre d'une palette d'outils. Cliquer sur **Personnaliser** (Customize).

☐ Dans l'onglet **Palettes d'outils** (Tool Palettes) de la boîte de dialogue **Personnaliser** (Customize), faites glisser une palette de la zone **Palettes d'outils** (Palettes) vers un groupe de la zone **Groupes de palettes** (Palette Groups) (fig.1.73).

☐ Cliquer sur **Fermer** (Close).

Pour supprimer une palette d'outils d'un groupe de palettes d'outils, la procédure est la suivante :

☐ Cliquer avec le bouton droit de la souris sur la barre de titre d'une palette d'outils. Cliquer sur **Personnaliser** (Customize).

☐ Dans l'onglet **Palettes d'outils** (Tool Palettes) de la boîte de dialogue **Personnaliser** (Customize), sous **Groupes de palettes** (Palettes Groups), cliquer avec le bouton droit de la souris sur le nom de la palette d'outils que vous voulez supprimer. Cliquer sur **Supprimer** (Remove).

Vous pouvez également faire glisser la palette d'outils dans le champ Palettes d'outils pour le supprimer d'un groupe.

☐ Cliquez sur **Fermer** (Close).

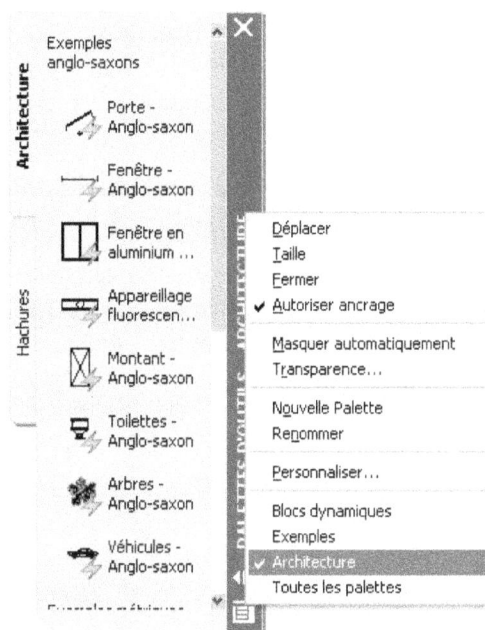

Fig.1.74

Pour afficher un groupe de palettes d'outils, la procédure est la suivante :

☐ Cliquer avec le bouton droit de la souris sur la barre de titre d'une palette d'outils.

☐ Cliquer sur le nom du groupe de palettes d'outils à afficher (fig.1.74).

Pour afficher toutes les palettes d'outils, la procédure est la suivante :

☐ Cliquer avec le bouton droit de la souris sur la barre de titre d'une palette d'outils.

☐ Cliquer sur l'option **Toutes les palettes** (All palettes).

Enregistrer et partager une palette d'outils

Il est possible d'enregistrer et de partager une palette d'outils en l'exportant ou en l'important en tant que fichier de palette d'outils. Il suffit pour cela d'effectuer un clic droit sur la palette concernée dans boîte de dialogue **Personnaliser** (Customize) puis de sélectionner **Importer** (Import) ou **Exporter** (Export). Les fichiers de palette d'outils possèdent l'extension .xtp (fig.1.75).

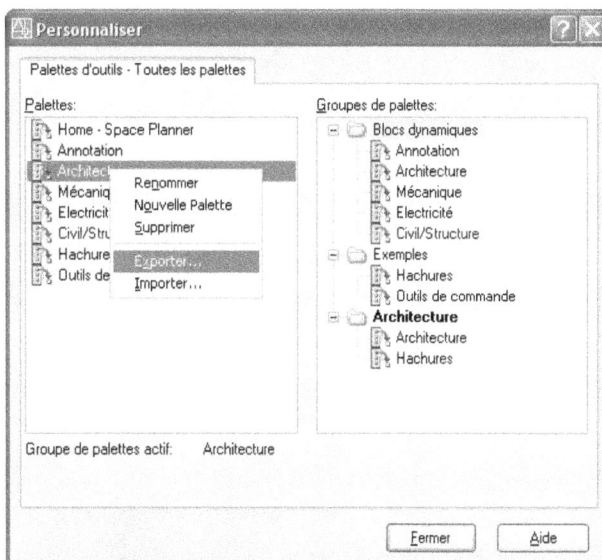

Fig.1.75

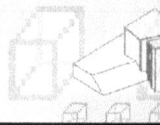

Les palettes d'outils peuvent uniquement être utilisées dans la version d'AutoCAD de création. Par exemple, vous ne pouvez pas utiliser dans AutoCAD 2005 une palette d'outils créée dans AutoCAD 2006.

La gestion de palettes d'outils multiples

Si vous avez plusieurs palettes d'outils il est aussi possible de créer plusieurs répertoires de palettes et d'accéder à chacune d'elles à l'aide de la variable système TOOLPALETTEPATH. A titre d'exemple, nous allons créer une nouvelle palette d'outils dénommée Architecture que nous allons placer dans le répertoire ...\ToolPalettes\Architecture.

Pour créer une nouvelle palette d'outils la procédure est la suivante :

1️⃣ Créez le sous-répertoire Architecture dans le répertoire Toolpalettes. Le chemin est le suivant : "C:\Documents and Settings\votre profil\Application Data\Autodesk\AutoCAD 2006\R16.2\fra/Support\ToolPalette\architecture".

2️⃣ Dans AutoCAD, cliquez sur le menu **Outils** (Tools) puis sur **Options**.

3️⃣ Dans l'onglet **Fichiers** (Files), sélectionnez **Emplacement des fichiers de palettes d'outils** (Tool Palettes File Locations) puis cliquez sur le chemin existant (fig.1.76).

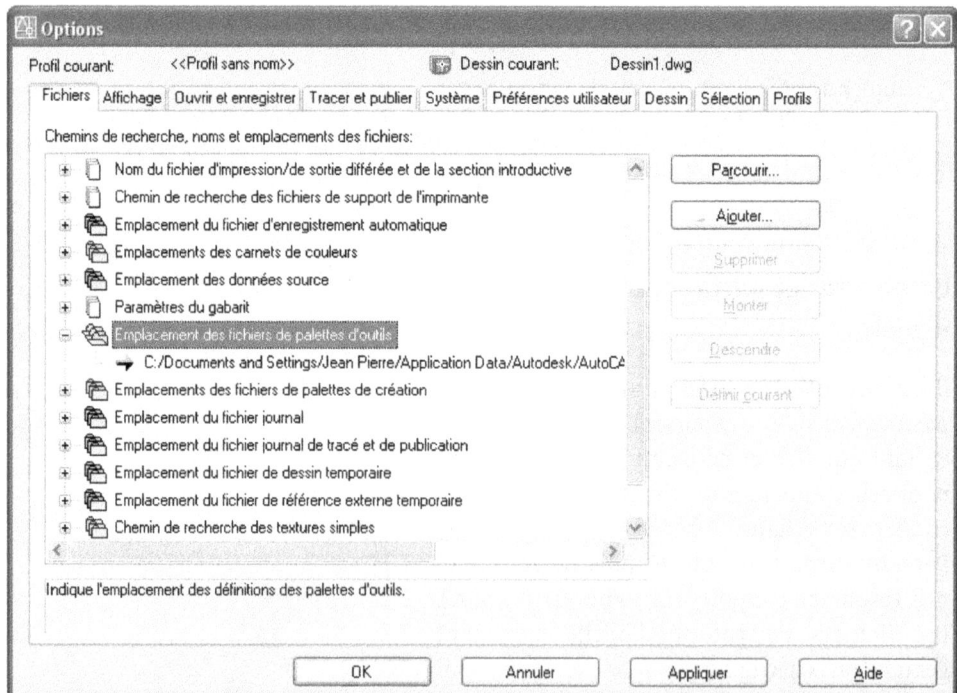

Fig.1.76

④ Cliquez sur **Parcourir** (Browse) et sélectionnez le répertoire défini au point 1.

⑤ Cliquez sur OK. Une nouvelle palette d'outils vide est créée (fig.1.77).

⑥ Vous pouvez créer des nouvelles palettes et y ajouter du contenu. (fig.1.78).

Pour passer d'une palette à l'autre, l'idéal est de créer une barre d'outils avec un bouton par palette d'outils. La procédure est la suivante :

① Créez une nouvelle barre d'outils dénommée Palettes.

② Créez un bouton par palette. Par exemple le bouton ARCH pour activer la palette d'outils Architecture et le bouton ACAD pour activer la palette standard (fig.1.79).

③ Cliquez sur le bouton situé à droite de Macro dans la zone **Propriétés** (Properties) (fig.1.80).

④ Pour le bouton ARCH, entrez la macro suivante dans la boîte de dialogue **Editeur de chaînes longues** (Long string editor) (fig.1.81) :

```
^C^C*_TOOLPALETTEPATH "C:/Documents and Settings/votre
login/ApplicatioFn Data/Autodesk/AutoCAD
2006/R16.2/fra/Support/ToolPalette/architecture"
```

⑤ Cliquez sur OK.

⑥ Faites de même pour le bouton ACAD qui permet d'afficher la palette d'outils par défaut.

⑦ Testez la barre d'outils (fig.1.82).

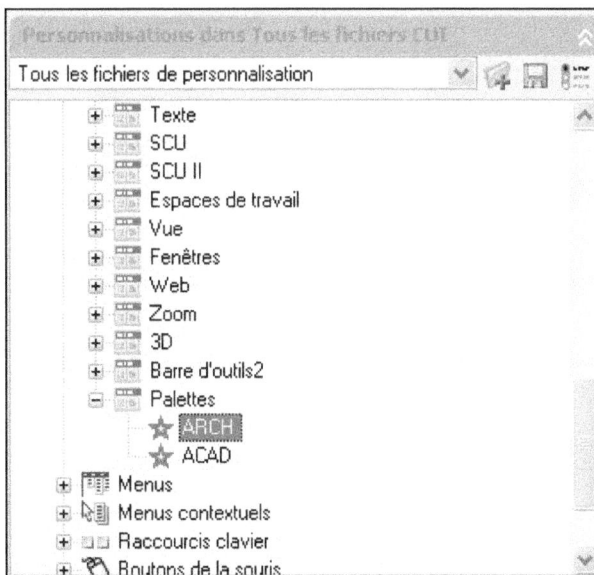

Fig.1.77

Fig.1.79

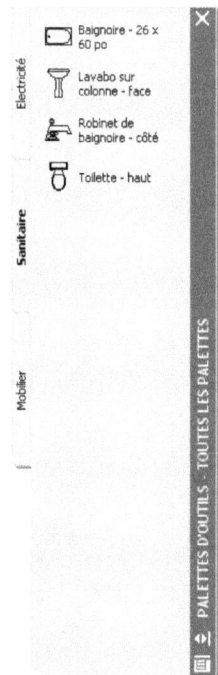

Fig.1.78

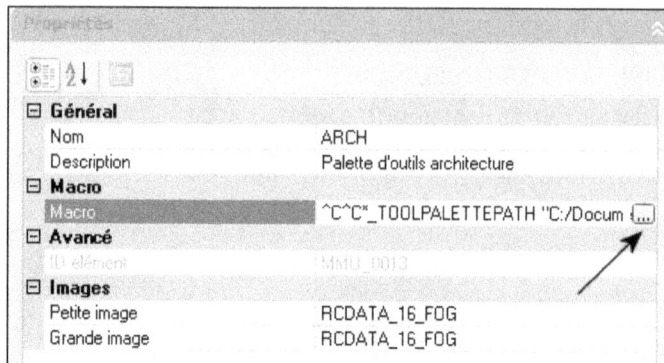

Fig.1.80

Fig.1.81

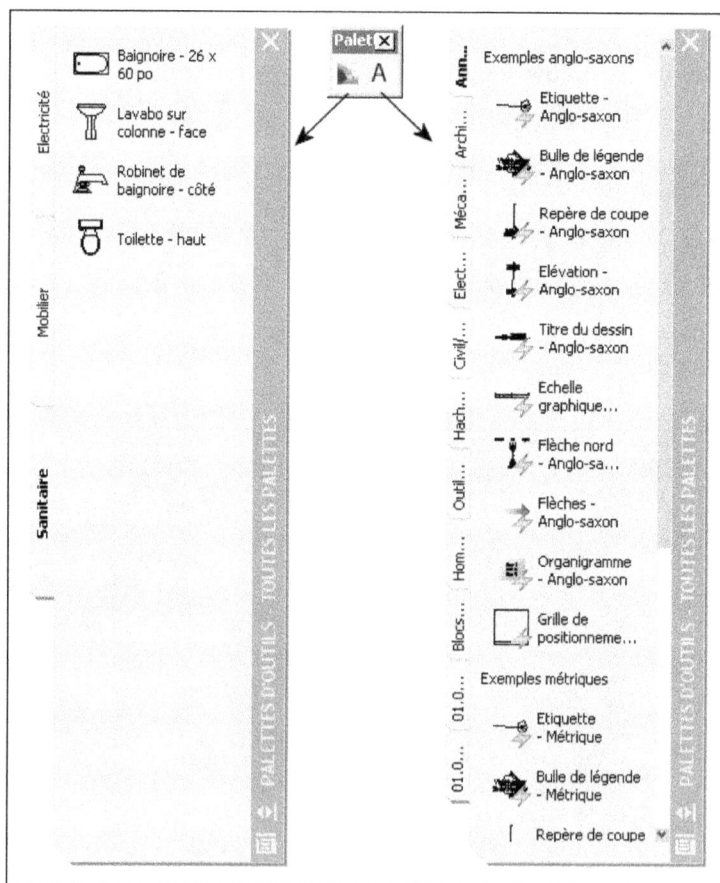

Fig.1.82

La création ou la modification d'un espace de travail

Depuis AutoCAD 2006, il est très facile de créer et d'enregistrer des espaces de travail optimisés ne contenant que les barres d'outils, palettes d'outils et menus que l'on utilise le plus souvent pour réaliser des tâches spécifiques. Il est ensuite possible de passer rapidement d'un espace de travail à un autre en fonction des tâches à effectuer.

La méthode la plus simple, pour créer ou modifier un espace de travail, consiste à définir les barres d'outils et les fenêtres ancrables les mieux adaptées à une tâche de dessin, puis à enregistrer cette configuration sous forme d'espace de travail dans le programme. Cet espace de travail est accessible chaque fois que l'on souhaite dessiner dans cet environnement.

Pour rappel, les fenêtres ancrables sont des fenêtres que l'on peut ancrer ou non dans une zone de dessin. Il est possible de définir la taille, l'emplacement ou l'aspect d'une fenêtre ancrable en modifiant ses propriétés dans le volet Contenu de l'espace de travail de la boîte de dialogue Personnaliser l'interface utilisateur. Les fenêtre ancrables sont les suivantes :

▶ Fenêtre de commande

▶ Propriétés (palette)

▶ DesignCenter

▶ Palette d'outils (fenêtre)

▶ Palette d'infos

▶ Gestionnaire de connexion BD

▶ Gestionnaire des jeux d'annotations

▶ Calculatrice CalcRapide

Pour créer un espace de travail via la boîte de dialogue Personnaliser l'interface utilisateur, la procédure est la suivante :

1. Cliquer sur le menu **Outils** (Tools) puis sur **Personnaliser** (Customize) et ensuite sur **Menus**.

2. Dans l'onglet **Personnaliser** (Customize) de la boîte de dialogue **Personnaliser l'interface utilisateur** (Customizations User Interface), accéder au volet **Personnalisations dans ‹nom de fichier›** (Customizations in ‹file name›), puis cliquer avec le bouton droit sur le noeud **Espaces de travail** (Workspaces) et sélectionner **Nouveau** (New) puis **Espace de travail** (Workspace).

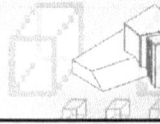

Le nouvel espace de travail est placé au bas de l'arborescence des espaces de travail et porte le nom par défaut « Espace de travail1 » (fig.1.83).

③ Effectuer l'une des opérations suivantes :

- Remplacer le texte Espace de travail par le nom de l'espace de travail souhaité. Par exemple : AutoCAD 3D.

- Cliquer avec le bouton droit sur Espace de travail. Cliquer sur **Renommer** (Rename). Entrer ensuite le nom du nouvel espace de travail.

④ Dans le volet **Contenu de l'espace de travail** (Workspace), cliquer sur **Personnaliser l'espace de travail** (Customize Workspace).

⑤ Dans le volet **Personnalisations dans ‹nom de fichier›** (Customizations in ‹file name›), cliquer sur le signe plus (+) situé à côté du nœud Barres d'outils, Menus ou Fichiers CUI partiels pour le développer.

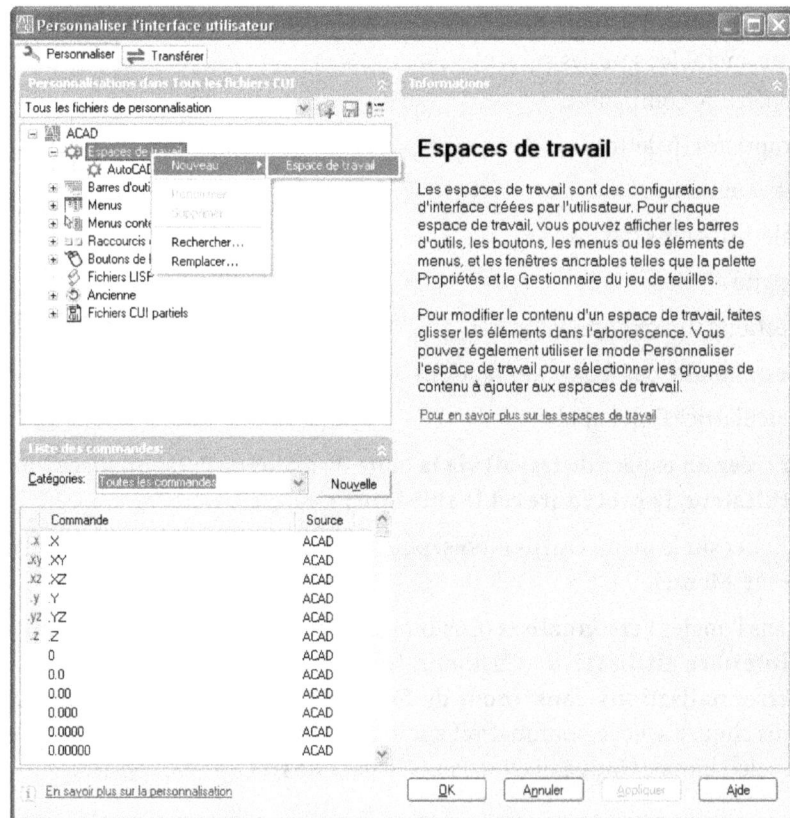

Fig.1.83

6 Cliquer sur la case à cocher située en regard de chaque menu, barre d'outils ou fichier CUI partiel que l'on souhaite ajouter à l'espace de travail (fig.1.84).

Dans le volet Contenu de l'espace de travail, les éléments sélectionnés pour être ajoutés à l'espace de travail apparaissent.

7 Dans le volet **Contenu de l'espace de travail** (Workspace Contents), cliquer sur **Terminé** (Finish).

8 Cliquer sur OK.

Pour créer un espace de travail à partir de la configuration de l'interface en cours, la procédure est la suivante :

1 Placer toutes barres d'outils et les fenêtres ancrables aux endroits souhaités.

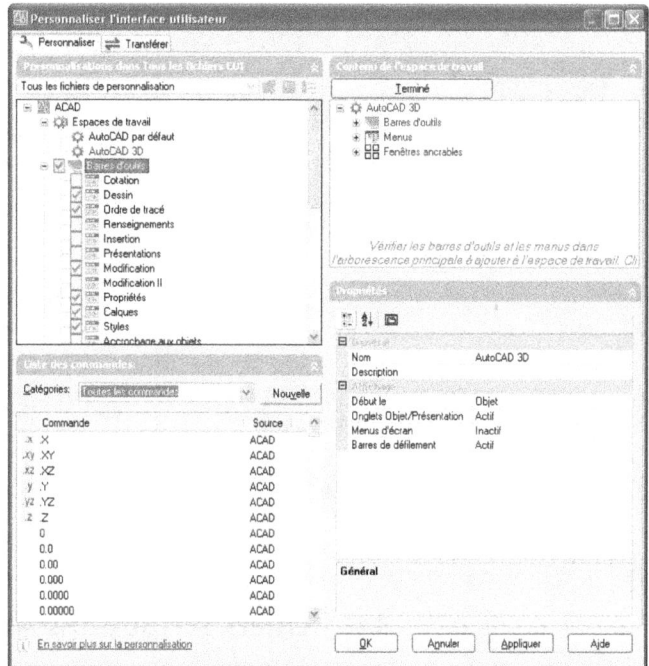

Fig.1.84

2 Dans la barre d'outils **Espaces de travail** (Workspaces) sélectionner l'option **Enregistrer espace courant sous...** (Save Current As).

3 Dans la boîte de dialogue **Enregistrer l'espace de travail** (Save Workspace) entrer un nom dans le champ **Nom** (Name), puis cliquer sur **Enregistrer** (Save) (fig.1.85).

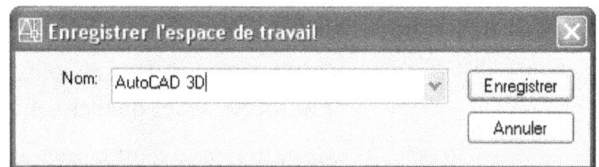

Fig.1.85

Pour définir un espace de travail comme espace de travail courant, la procédure est la suivante :

1 Cliquer dans la liste déroulante de la barre d'outils **Espaces de travail** (Workspaces).

2 Sélectionner l'espace de travail souhaité.

3 Le nouvel environnement s'affiche à l'écran.

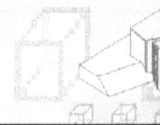

Fig.1.86

Pour enregistrer automatiquement les modifications de l'interface dans l'espace de travail en cours, la procédure est la suivante :

☐ Cliquer sur le bouton **Paramètres de l'espace de travail** (Workspace settings) de la barre d'outils **Espaces de travail** (Workspaces).

☐ Dans la boîte de dialogue **Paramètres de l'espace de travail** (Workspace settings), cocher le champ **Enregistrer automatiquement les modifications** (Automatically save workspace changes).

☐ Cliquer sur OK pour terminer (fig.1.86).

Les fichiers script dans AutoCAD

Le fichier script

Un fichier script est un moyen offert par AutoCAD pour automatiser l'exécution d'une série de tâches. Il est réalisé à l'aide d'un éditeur de texte de type Bloc note. Chacune des commandes doit être écrite sur une ligne différente. Pour réaliser un fichier script il, faut au préalable bien connaître les commandes et les options d'AutoCAD telles quelles sont utilisées via le clavier et la zone de commande.

Chaque espace d'un fichier script est important, car ESPACE est accepté comme commande ou caractère de fin d'un champ de données. Pour rédiger une séquence appropriée de réponses dans un fichier script, vous devez maîtriser l'ordre des invites.

Un script peut contenir n'importe quelle commande exécutable, sauf celles qui affichent une boîte de dialogue. Des versions de ligne de commande sont fournies pour de nombreuses commandes de boîte de dialogue.

Les fichiers script peuvent contenir des commentaires. Une ligne commençant par un point-virgule (;) est considérée comme un commentaire et est ignorée lors du traitement du fichier script. La dernière ligne du fichier doit être vierge.

Un fichier script a une extension .scr. Pour le lancer, il suffit d'utiliser la fonction SCRIPT.

La commande SCRIPT

Pour activer un fichier script AutoCAD possède la commande SCRIPT qui permet d'exécuter une série de commandes incluses dans un fichier script.

La procédure est la suivante :

1. Sélectionnez le menu **Outils** (Tools) puis l'option **Script** (Run Script) ou taper la commande SCRIPT au clavier.

2. Sélectionnez le nom du fichier Script dans la boîte de dialogue **Sélectionner un fichier script** (Select script file).

Options

▸ **Rscript :** cette option permet de relancer automatiquement et en continu l'exécution d'un fichier SCRIPT. Ce qui peut être intéressant pour réaliser un fichier de démonstration.

▸ **Resumer** (Resume) : l'arrêt du déroulement de la commande SCRIPT se fait par Esc ou par la barre d'espacement. L'option RESUME permet de repartir ensuite.

▸ **Délai** (Delay) : il est possible de mettre des pauses dans le déroulement du fichier par la commande DELAI (Delay). Un délai de 1.000 millisecondes correspond à une seconde.

Exemple

L'exemple qui suit permet d'afficher en continu les trois clichés créés auparavant, avec un délai entre chaque cliché de 3.000 millisecondes. Les commandes pour la version anglaise sont entre parenthèses.

```
AFFCLICH (VSLIDE)
VUE1
DELAI (DELAY) 3000
AFFCLICH (VSLIDE)
VUE2
DELAI (DELAY) 3000
AFFCLICH (VSLIDE)
VUE3
DELAI (DELAY) 3000
RSCRIPT
```

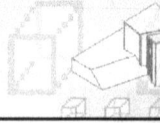

Fig.1.87

Automatisation de procédures

Un fichier script permet également d'automatiser des procédures dans AutoCAD. Il peut aussi être inclus dans un menu d'AutoCAD ou lancé à partir d'un bouton. L'exemple qui suit illustre la création d'une horloge (fig.1.87) :

Utilisation d'AutoCAD via la ligne de commande

► Commande : -couleur

► Entrez la couleur par défaut de l'objet [coUleursvraies/carnet de cOuleurs] ‹DUCALQUE› : 1

► Commande : anneau

► Spécifiez le diamètre interne de l'anneau ‹0.500› : 10

► Spécifiez le diamètre externe de l'anneau ‹1.000› : 10.5

► Spécifiez le centre de l'anneau ou ‹Quitter› : 10,10

► Spécifiez le centre de l'anneau ou ‹Quitter› :

► Commande : -couleur

► Entrez la couleur par défaut de l'objet [coUleursvraies/carnet de cOuleurs] ‹1 (rouge)› : 7

► Commande : pline

► Commande inconnue « PLINE ». Appuyez sur F1 pour obtenir de l'aide.

► Commande : polylign

► Spécifiez le point de départ : 10,13.5

► La largeur courante est de 0.000.

► Spécifiez le point suivant ou [Arc/Demi-larg/LOngueur/annUler/LArgeur] : la

► Spécifiez la largeur de départ ‹0.000› : 0.25

► Spécifiez la largeur de fin ‹0.250› : 0.25

► Spécifiez le point suivant ou [Arc/Demi-larg/LOngueur/annUler/LArgeur] : @0.25‹270

► Spécifiez le point suivant ou [Arc/Clore/Demi-larg/LOngueur/annUler/LArgeur] :

► Commande : -réseau

► Choix des objets : dernier

► 1 trouvé(s)

- ▶ Choix des objets :
- ▶ Entrez le type de réseau [Rectangulaire/Polaire] ‹R› : p
- ▶ Spécifiez le centre du réseau ou [Base] : 10,10
- ▶ Entrez le nombre de copies dans le réseau : 12
- ▶ Spécifiez l'angle à décrire (+=trigo, -=horaire) ‹360› : 360
- ▶ Rotation des objets en réseau? [Oui/Non] ‹O› : oui
- ▶ Commande : -couleur

- ▶ Entrez la couleur par défaut de l'objet [coUleursvraies/carnet de cOuleurs] ‹7 (blanc)› : 2
- ▶ Commande : polylign
- ▶ Spécifiez le point de départ : 10,10
- ▶ La largeur courante est de 0.250.
- ▶ Spécifiez le point suivant ou [Arc/Demi-larg/LOngueur/annUler/LArgeur] : la
- ▶ Spécifiez la largeur de départ ‹0.250› : 0.5
- ▶ Spécifier la largeur de fin ‹0.500› : 0
- ▶ Spécifiez le point suivant ou [Arc/Demi-larg/LOngueur/annUler/LArgeur] : @3.5‹0
- ▶ Spécifiez le point suivant ou [Arc/Clore/Demi-larg/LOngueur/annUler/LArgeur] :
- ▶ Commande : -couleur
- ▶ Entrez la couleur par défaut de l'objet [coUleursvraies/carnet de cOuleurs] ‹2 (jaune)› : 3
- ▶ Commande : polylign
- ▶ Spécifiez le point de départ : 10,10
- ▶ La largeur courante est de 0.000.
- ▶ Spécifiez le point suivant ou [Arc/Demi-larg/LOngueur/annUler/LArgeur] : la
- ▶ Spécifiez la largeur de départ ‹0.000› : 0.35
- ▶ Spécifier la largeur de fin ‹0.350› : 0
- ▶ Spécifiez le point suivant ou [Arc/Demi-larg/LOngueur/annUler/LArgeur] : @3‹90
- ▶ Spécifiez le point suivant ou [Arc/Clore/Demi-larg/LOngueur/annUler/LArgeur] :

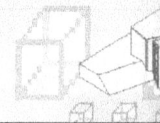

Transcription dans un fichier script (Version française)

```
-couleur
1
anneau
8
8.5
10,10
  Ligne vide pour Entrée
-couleur
7
polylign
10,13.5
la
0.25
0.25
@0.25<270
  Ligne vide pour Entrée
-réseau
dernier
  Ligne vide pour Entrée
p
10,10
12
360
oui
-couleur
2
polylign
10,10
la
0.5
0
@3.5<0
  Ligne vide pour Entrée
-couleur
3
polylign
10,10
la
0.35
0
@3<90
```

Pour simuler l'avancement des aiguilles, il est possible de créer un autre fichier script, par exemple Rotation.scr :

```
rotation
dernier
  Ligne vide pour Entrée
10,10
-2
rotation
c
8,8
12,12
sup
dernier
  Ligne vide pour Entrée
10,10
-5
rscript
```

Il convient ensuite d'ajouter ce fichier à la fin du fichier horloge.scr et de terminer par la commande rscript pour relancer automatiquement et en continu l'exécution de ce fichier.

```
.......  .  .
.......  .  .
0.35
0
@3<90
  Ligne vide pour Entrée
script
rotation.scr
```

REMARQUE

Le signe « - » avant certaines commandes permet d'exécuter celles-ci dans la zone des commandes plutôt que via les boîtes de dialogue.

CHAPITRE 2
LE LANGAGE DIESEL

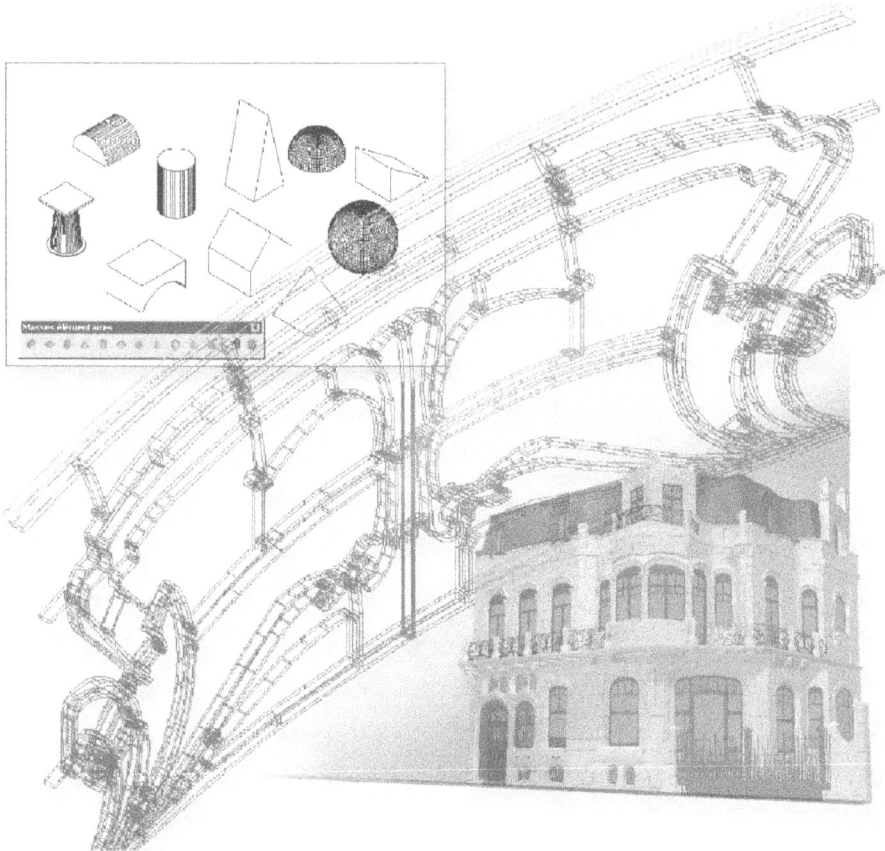

Principe

Le langage DIESEL (Direct Interpretively Evaluated String Expression Language) permet d'une part de modifier la ligne d'état d'AutoCAD, à l'aide de la variable système MODEMACRO. D'autre part, dans les options de menu, on peut le substituer à AutoLISP et s'en servir comme langage de macro-commandes. Les expressions DIESEL reconnaissent les chaînes et génèrent des résultats.

Utilisation du langage DIESEL pour modifier la ligne d'état

La ligne d'état (fig.2.1) permet d'indiquer à l'utilisateur des informations importantes sans interrompre le travail. La variable système MODEMACRO contrôle la zone définie par l'utilisateur sur la ligne d'état. La valeur calculée de la variable système MODEMACRO est affichée dans un panneau aligné à gauche dans la barre d'état, au bas de la fenêtre d'AutoCAD. Cette variable est une chaîne vide lorsque vous démarrez AutoCAD. Sa valeur n'est enregistrée nulle part (dessin, fichier de configuration, etc.).

Le nombre de caractères pouvant être affichés sur la ligne d'état est limité uniquement par la taille de la fenêtre d'AutoCAD (et de votre moniteur). Les panneaux par défaut se déplacent vers la droite au fur et à mesure que le contenu du panneau MODEMACRO s'accroît. Il est possible de repousser hors de l'écran les panneaux par défaut.

Vous pouvez utiliser la variable système MODEMACRO pour afficher sur la ligne d'état la plupart des données connues d'AutoCAD. Ses fonctionnalités de calcul, d'aide à la décision et d'édition vous permettent d'adapter la ligne d'état à vos spécifications.

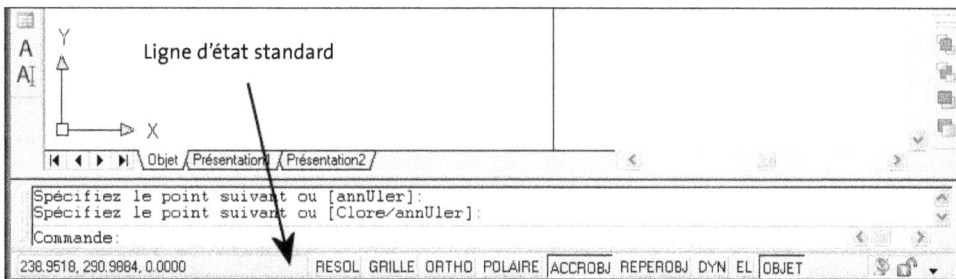

Fig.2.1

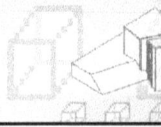

MODEMACRO est une variable de chaîne d'utilisateur. Elle peut être affectée à n'importe quelle valeur de chaîne. La longueur maximale de la chaîne est de 4095 caractères. Il est possible de définir MODEMACRO à l'aide de la commande MODIFVAR ou en entrant MODEMACRO à l'invite de la ligne de commande. En modifiant la valeur de MODEMACRO, vous pourrez utiliser différents formats de ligne d'état. En revanche, le nombre maximal de caractères que vous pourrez alors entrer est de 255.

Si vous définissez MODEMACRO sur une chaîne vide en entrant un point (.), AutoCAD affiche la ligne d'état standard.

La variable MODEMACRO la plus simple (et la moins utile) correspond à du texte constant. Par exemple, pour afficher un nom de société sur la ligne d'état, on peut entrer :

```
Commande : modemacro
```

Entrez une nouvelle valeur pour MODEMACRO ou . pour aucune (Enter new value for MODEMACRO, or . for none () <""> : EYROLLES

Le texte EYROLLES apparaît à présent dans la barre d'état (fig.2.2).

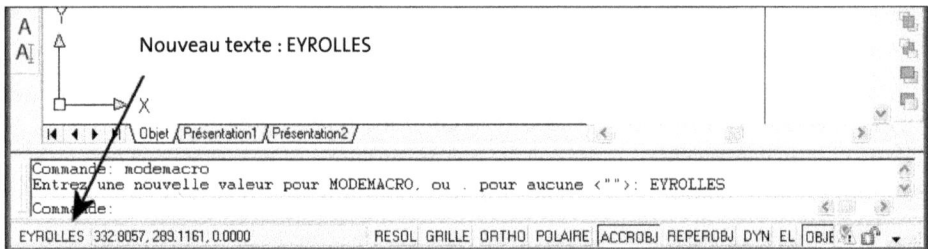

Fig.2.2

Cette valeur de MODEMACRO affiche toujours le même texte ; la ligne d'état n'indique pas les modifications internes apportées dans AutoCAD. Elle ne change pas tant que l'on ne modifie pas MODEMACRO.

Pour que cette ligne indique l'état actuel d'un élément d'AutoCAD, il convient d'insérer des expressions de type macro-commandes en utilisant le langage DIESEL. Ces expressions ont le format suivant :

```
$(fonction, arg1, arg2, ...)
```

Dans cette expression, fonction est le nom de la fonction DIESEL (semblable au nom d'une fonction AutoLISP) et arg1, arg2, etc., sont des arguments de cette fonction, interprétés suivant la définition de la fonction. Contrairement à AutoLISP, les expressions de macro DIESEL n'acceptent qu'un seul type de données : des chaînes de caractères. Les macros qui permettent de traiter des chiffres expriment ces derniers sous la forme de chaînes de caractères et opèrent les conversions nécessaires.

En particulier, la fonction DIESEL $(getvar) récupère la valeur de n'importe quelle variable système et affiche les informations utiles sur la ligne d'état. L'utilisation de cette fonction permet d'afficher par exemple le nom du style de texte courant tel qu'il est défini dans TEXTSTYLE et ce dernier est mis à jour à chaque modification. L'expression MODEMACRO s'écrit comme suit :

```
Commande : modemacro
```

Entrez une nouvelle valeur pour MODEMACRO, ou . pour aucune (Enter new value for MODEMACRO, or . for none) : $(getvar, textstyle)

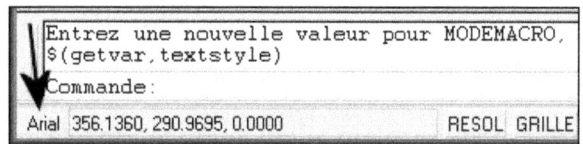

Fig.2.3

Cela donne l'affichage du style à gauche de l'écran (fig.2.3).

Pour rendre le message plus compréhensible, il suffit d'ajouter un texte avant la valeur affichée. Par exemple (fig.2.4) :

Entrez une nouvelle valeur pour MODEMACRO, ou . pour aucune (Enter new value for MODEMACRO, or . for none) : Style :$(getvar, textstyle)

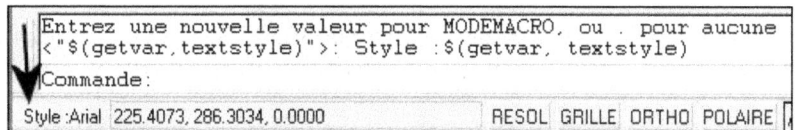

Fig.2.4

Comme autre exemple, on peut demander l'affichage sur la ligne d'état, de la distance entre deux points, lors de l'utilisation de la commande DISTANCE. Dans ce cas, l'expression MODEMACRO s'écrit comme suit (fig.2.5) :

```
Commande : modemacro
```

Entrez une nouvelle valeur pour MODEMACRO, ou . pour aucune (Enter new value for MODEMACRO, or . for none) <""> : Distance : $(getvar, distance)

Les expressions peuvent être imbriquées et être aussi complexes que vous le désirez. L'exemple qui suit permet par exemple d'afficher le temps passé dans AutoCAD en minutes (fig.2.6) :

```
Durée :$(FIX,$(*,60,$(*,24,$(GETVAR,TDUSRTIMER))))
```

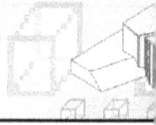

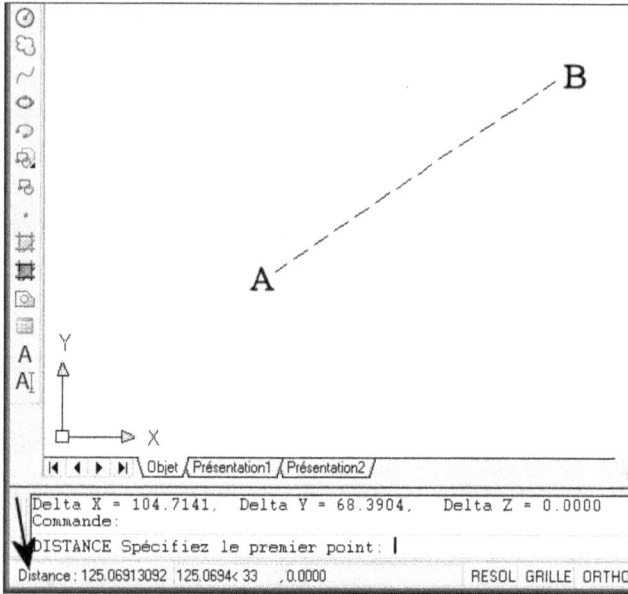

Fig.2.5

La variable système TDUSRTIMER donne la valeur en jours. Il faut donc faire une conversion en minutes :

L'expression devient :

0.0855362 jours x 24 : 2.052869 heures

2.052869 heures x 60 = 123.17216 minutes

Valeur entière de 123.17216 = 123 minutes

Un autre exemple permet d'afficher sur la ligne d'état la valeur et l'angle (en degrés) de la grille d'accrochage. Cet exemple contient des expressions imbriquées qui permettent de convertir en degrés l'angle d'accrochage (exprimé en radians) et tronquent la valeur sous forme de nombre entier.

```
Commande : modemacro
```

Nouvelle valeur de MODEMACRO, ou . pour aucune <""> : Snap : $(getvar, snapunit) $(fix,$(*,$(getvar,snapang),$(/,180,3.14159)))

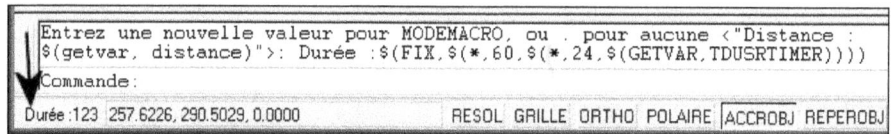

Fig.2.6

Vous pouvez également afficher les valeurs dans les modes d'unités linéaires et d'angle courants.

Commande : modemacro

Nouvelle valeur pour MODEMACRO, ou un point (.) pour aucune <""> :

```
Snap: $(rtos,$(index,0, $(getvar,snapunit))),$(rtos,$(index,1,$
(getvar,snapunit))) $(angtos,
$(getvar,snapang))
```

DIESEL copie ses entrées directement dans les sorties jusqu'à ce qu'il atteigne le signe de dollar ($) ou une chaîne entre guillemets. Vous pouvez utiliser les chaînes entre guillemets pour empêcher que certaines séquences de caractères (qui autrement seraient considérées comme des fonctions du langage DIESEL) soient évaluées. Vous pouvez inclure des guillemets dans des chaînes entre guillemets en entrant des guillemets adjacents. Dans l'exemple ci-dessous, le calque courant est paramétré sur PRESENTATION et MODEMACRO, sur la chaîne.

Commande : modemacro

Nouvelle valeur pour MODEMACRO, ou un point (.pour aucune ‹""› : "$(getvar,clayer)= """$(getvar,clayer)"""

La ligne d'état affiche le texte suivant :

```
$(getvar,clayer)="PRESENTATION"
```

REMARQUE

Il est aussi possible d'utiliser le langage DIESEL dans certaines fonctions AutoCAD, comme RTEXT, par exemple. Il s'agit d'une fonction issue des Express tools.

Fig.2.7

▶ Entrez RTEXT au clavier

▶ Tapez le contenu (fig.2.7)

List of Xrefs :

$(xrefs,3)

▶ Pointez l'origine du texte. Il affiche la liste des xrefs dans le dessin (fig.2.8)

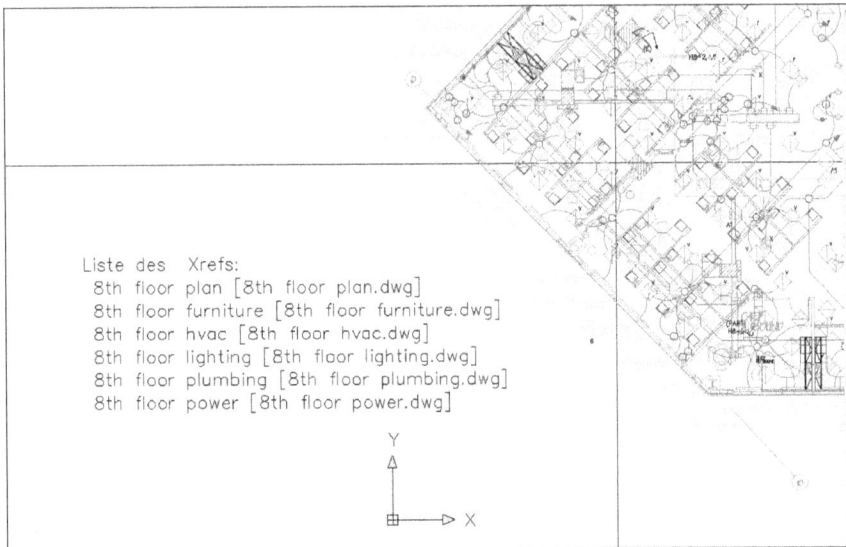

```
Liste des  Xrefs:
8th floor plan [8th floor plan.dwg]
8th floor furniture [8th floor furniture.dwg]
8th floor hvac [8th floor hvac.dwg]
8th floor lighting [8th floor lighting.dwg]
8th floor plumbing [8th floor plumbing.dwg]
8th floor power [8th floor power.dwg]
```

Fig.2.8

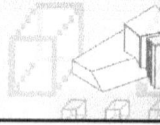

Utilisation de MODEMACRO avec AutoLISP

Vous pouvez enregistrer dans des fichiers texte ASCII les exemples de code illustrés précédemment et les charger à l'aide de la fonction AutoLISP CHARGER.

Etant donné qu'une chaîne AutoLISP ne peut pas occuper plusieurs lignes, vous devez utiliser la fonction « strcat » pour rassembler les différentes chaînes qui composent la chaîne MODEMACRO.

```
(defun c:mode ( )
         (setvar "modemacro"
            (strcat
              "Style : $(getvar,textstyle)"
              "Taille : $(getvar,textsize)"
              "Durée : $(FIX,$(*,60,$(*,24,$(getvar,tdusrtimer))))
    "
    )
    )
    )
```

Enregistrez cette routine AutoLISP dans un fichier appelé mode.lsp. Lorsque vous chargez puis exécutez la routine, des informations apparaissent sur la ligne d'état.

Le fichier exemple acad.lsp suivant utilise la fonction S::STARTUP pour attribuer à la variable MODEMACRO une chaîne définie par le fichier AutoLISP mode.lsp.

```
(defun S::STARTUP()
         (load "mode")
         (princ)
    )
```

Cette fonction active automatiquement à l'ouverture d'AutoCAD la fonction Modemacro et son paramétrage.

Utilisation du langage DIESEL dans les menus

Il est également possible, pour créer des macros, d'appliquer des expressions de chaînes DIESEL dans les fichiers de menu. Ces expressions peuvent renvoyer des valeurs de chaîne en réponse aux commandes standard d'AutoCAD, aux sous-programmes AutoLISP et ObjectARX et aux autres macros de menu. Elles peuvent également renvoyer des valeurs de chaîne au menu proprement dit et modifier ainsi l'aspect ou le contenu du libellé d'un menu.

Ainsi, dans l'exemple qui suit, le menu déroulant **Variables système** affiche la valeur de certaines variables d'AutoCAD (fig.2.9).

```
***POPxx
[&Variables système]
[$(eval, " Nom du dessin : " $(getvar,dwgname))]
[$(eval, " Style du texte: " $(getvar,textstyle))]
[$(eval, " Echelle type de ligne: " $(getvar,ltscale))]
```

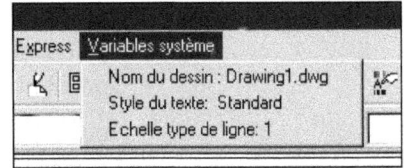

Fig.2.9

La fonction DIESEL « eval » permet d'afficher le résultat d'une évaluation.

Dans l'exemple qui suit, on va effectuer un zoom qui correspond aux limites définies par la commande LIMITS :

```
[ZOOM LIMITES]^c^c_zoom ;_w ;$M=$(getvar,limmin) ;$M=$(getvar,limmax)
```

avec :

▶ _zoom : la fonction zoom

▶ _w : l'option « window »

▶ limmin : variable qui contient les coordonnées de la limite inférieure gauche

▶ limmax : variable qui contient les coordonnées de la limite supérieure droite

L'exemple suivant illustre une procédure de numérotation automatique :

```
[NUM-AUTO]*^c^c_text ;_m ;\ ; ;$M=(getvar,USERI1) ;_setvar ;USERI1 ;+
$(+,1,$(getvar,USERI1))
```

avec :

▶ _text : la fonction texte

▶ _m : l'option de justification « middle »

▶ \ : arrêt pour permettre à l'utilisateur de pointer la position du texte

▶ $M : fonction Diesel

▶ USERI1 : une variable utilisateur

▶ + : fonction addition pour ajouter la valeur 1 à la variable USERI1

Les fonctions DIESEL

Le langage DIESEL comprend les fonctions décrites ci-après. Il est possible de les combiner pour réaliser des opérations plus complexes. Le langage DIESEL est également utilisable dans AutoCAD LT.

Toutes les fonctions sont limitées à 10 paramètres, le nom de la fonction compris. Le système affiche un message d'erreur DIESEL lorsque l'on dépasse cette limite.

+ (addition)

Renvoie la somme des nombres val1, val2, ..., val9.

```
$(+, val1 [, val2, ..., val9])
```

Ex : Si l'épaisseur courante est égale à 5, la chaîne DIESEL renvoie 15.

```
$(+, $(getvar,thickness),10)
```

– (soustraction)

Renvoie le résultat de val2 à val9 retranchés de val1.

```
$(-, val1 [, val2 , ..., val9])
```

* (multiplication)

Renvoie le résultat de la multiplication des nombres val1, val2, ..., val9.

```
$(*, val1 [, val2, ..., val9])
```

/ (division)

Renvoie le résultat de la division des nombres val1 par val2, ..., val9.

```
$(/, val1 [, val2, ..., val9])
```

= (égal à)

Si les nombres val1 et val2 sont égaux, la chaîne renvoie 1 ; sinon, elle renvoie 0.

```
$(=, val1, val2)
```

Ex :

```
$(=,5,5) renvoi 1
$(=,5,4.9) renvoi 0
```

‹ (inférieur à)

Si le nombre val1 est inférieur à val2, la chaîne renvoie 1 ; sinon, elle renvoie 0.

```
$(< , val1,val2)
```

› (supérieur à)

Si le nombre val1 est supérieur à val2, la chaîne renvoie 1 ; sinon, elle renvoie 0.

```
$(>, val1, val2)
```

!= (différent de)

Si les nombres val1 et val2 ne sont pas égaux, la chaîne renvoie 1 ; sinon, elle renvoie 0.

```
$(!=, val1, val2)
```

<= (inférieur ou égal à)

Si le nombre val1 est inférieur ou égal à val2, la chaîne renvoie 1 ; sinon, elle renvoie 0.

```
$(<=, val1, val2)
```

>= (supérieur ou égal à)

Si le nombre val1 est supérieur ou égal à val2, la chaîne renvoie 1 ; sinon, elle renvoie 0.

```
$(>=, val1, val2)
```

and

Renvoie le résultat d'une opération logique AND appliquée sur les entiers val1 à val9.

```
$(and, val1 [, val2,..., val9])
```

angtos

Renvoie la valeur angulaire avec le format et le degré de précision souhaité.

```
$(angtos, valeur [, mode, précision])
```

Si mode et précision sont omis, les valeurs courantes choisies par la commande UNITES sont utilisées.

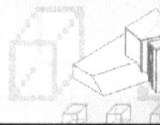

Valeurs des unités angulaires	
Valeur Mode	**Format de chaîne**
0	Degrés
1	Degrés/minutes/secondes
2	Gradients
3	Radians
4	Géodésie

edtime

Renvoie la date et l'heure formatées définies d'après une image déterminée.

```
$(edtime, date, image)
```

Edite la date (calendrier julien) d'AutoCAD renvoyée par heure (obtenue par exemple à partir de $(getvar, date) pour l'image désignée par l'argument image). L'argument image est composé d'expressions de format qui sont remplacées par des représentations spécifiques de la date et de l'heure. Les caractères qui ne peuvent pas être interprétés comme des expressions de format sont copiés tels quels dans le résultat de $(edtime). Les expressions de format sont définies comme indiqué dans le tableau ci-après. Supposons que nous soyons le samedi 5 septembre 1999 4 :53 :17.506.

Expressions de format edtime			
Format	**Sortie**	**Format**	**Sortie**
D	5	H	4
JJ	05	HH	04
JJJ	Sam	MM	53
JJJJ	Samedi	SS	17
M	9	MSEC	506
MO	09	AM/PM	AM
MOI	Sep	am/pm	am
MOIS	Septembre	A/P	A
AA	99	a/p	a
AAAA	1999		

L'exemple ci-après reprend la date et l'heure mentionnées dans le tableau précédent. Notez que la virgule doit être mise entre les guillemets, car elle est interprétée comme un séparateur d'arguments.

```
$(edtime, $(getvar,date),DDD"," JJ MOI AAAA - H:MMam/pm)
```

Il renvoie les informations suivantes :

```
Sam, 5 Sep 1999 - 4:53am
```

Si l'argument heure est égal à 0, la date et l'heure qui s'appliquent sont celles de l'exécution de la macro la plus à droite. Cela évite une perte de temps due à de nombreux appels de $(getvar, date) et garantit que les chaînes composées de plusieurs macros $(edtime) utilisent la même heure.

eq

Si les nombres val1 et val2 ne sont pas égaux, la chaîne renvoie 1 ; sinon, elle renvoie 0.

$(eq, val1, val2)

L'expression ci-après recherche le nom du calque courant. Si le nom correspond à la valeur mémorisée dans la variable système USERS1, elle renvoie 1. Supposons que la chaîne « PART12 » soit enregistrée dans USERS1 et que le nom du calque courant soit identique.

```
$(eq, $(getvar,users1),$(getvar,clayer))    renvoie 1
```

eval

Transmet la chaîne str à l'évaluateur DIESEL, puis renvoie le résultat de l'évaluation.

$(eval, str)

fix

Tronque la valeur réelle val en supprimant sa partie fractionnaire afin d'obtenir un nombre entier.

$(fix, val)

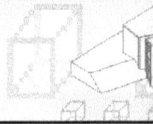

getenv

Renvoie la valeur de la variable d'environnement nom_var.

```
$(getenv, nom_var)
```

Si aucune variable de ce nom n'est définie, renvoie la chaîne nulle.

getvar

Renvoie la valeur de la variable système portant le nom_var défini.

```
$(getvar, nom_var)
```

if

Procède à une interprétation conditionnelle des expressions.

```
$(if, expr, valeur_si_vrai [, valeur_si_faux])
```

Si expr est différent de o, cette chaîne interprète et renvoie valeur_si_vrai. Sinon, elle interprète et renvoie valeur_si_faux. Remarquez que la branche non choisie par expr n'est pas évaluée.

Ex :

```
$(if,$(=,7,7),vrai) renvoi vrai
```

index

Renvoie le membre spécifié d'une chaîne délimitée par des virgules.

$(index, sélection, chaîne)

Cette fonction suppose que l'argument chaîne contient une ou plusieurs valeurs délimitées par le caractère de séparation des arguments de macro, à savoir la virgule. L'argument sélection choisit la valeur à extraire, le premier élément étant de rang o. En général, cette fonction sert à extraire les coordonnées X, Y ou Z à partir du point renvoyé par $(getvar).

linelen

Renvoie la longueur, exprimée en nombre de caractères, de la ligne d'état la plus longue pouvant être affichée.

$(linelen)

On peut utiliser ces paramètres pour modifier le format de la ligne d'état, selon la capacité d'affichage. Cela est utile uniquement pour configurer la ligne d'état MODEMACRO.

L'espace attribué à MODEMACRO sur la ligne d'état est actuellement fixé à 240 caractères. Ainsi, la fonction $(linelen) renvoie toujours 240 caractères.

nth

Interprète et renvoie l'argument sélectionné par sélection.

```
$(nth, sélection, arg0 [, arg1,..., arg7])
```

Si sélection est égal à 0, nth renvoie arg0, et ainsi de suite. Notez la différence entre $(nth) et $(index) ; $(nth) renvoie l'un des arguments d'une série à la fonction, tandis que $(index) extrait une valeur d'une chaîne délimitée par des virgules et transmise sous forme d'argument unique. Les arguments non sélectionnés par sélection ne sont pas interprétés.

or

Renvoie le résultat d'une opération logique or appliquée sur les entiers val1 à val9.

```
$(or, val1 [, val2,..., val9])
```

rtos

Renvoie la valeur réelle avec le format et le degré de précision que vous avez définis.

$(rtos, valeur [, mode, précision])

Edite la valeur sous la forme d'un nombre réel, dans le format défini par mode et précision. Si mode et précision sont omis, les valeurs courantes sélectionnées par la commande UNITES sont utilisées.

strlen

Renvoie la longueur de chaîne exprimée en nombres de caractères.

```
$(strlen, chaîne)
```

substr

Renvoie la sous-chaîne de chaîne, en commençant au caractère début, sur toute la longueur spécifiée.

```
$(substr, chaîne, début [, longueur])
```

Dans une chaîne, les caractères sont numérotés à partir de 1. Si l'argument longueur est omis, cette expression renvoie tout ce qui reste de la chaîne.

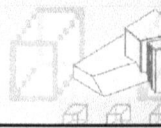

upper

Renvoie la chaîne convertie en majuscules, conformément aux règles locales.

```
$(upper, chaîne)
```

xor

Renvoie le résultat d'une opération logique XOR appliquée sur les entiers val1 à val9.

```
$(xor, val1 [, val2,..., val9])
```

La correction des erreurs

La commande MACROTRACE est une variable système AutoCAD qui permet de contrôler une expression AutoLISP. Pour l'activer, il faut lui donner la valeur 1. Après son activation, vous pouvez entrer l'expression DIESEL. Par exemple :

Durée :$(FIX,$(*,60,$(*,24,$(GETVAR,TDUSRTIMER))))

Macrotrace affiche le contrôle :

```
Eval: $(FIX, $(*,60,$(*,24,$(GETVAR,TDUSRTIMER))))
Eval: $(*, 60, $(*,24,$(GETVAR,TDUSRTIMER)))
Eval: $(*, 24, $(GETVAR,TDUSRTIMER))
Eval: $(GETVAR, TDUSRTIMER)
===>   0.00206073
===>   0.04945752
===>   2.9674512
===>   2
```

Les messages d'erreur :

▶ $? : erreur de syntaxe

▶ $?(func, ??) : argument de la fonction incorrecte

▶ $(func) ?? : fonction inconnue

▶ $(++) : chaîne de sortie trop longue

CHAPITRE 3
UTILISATION D'AUTOLISP

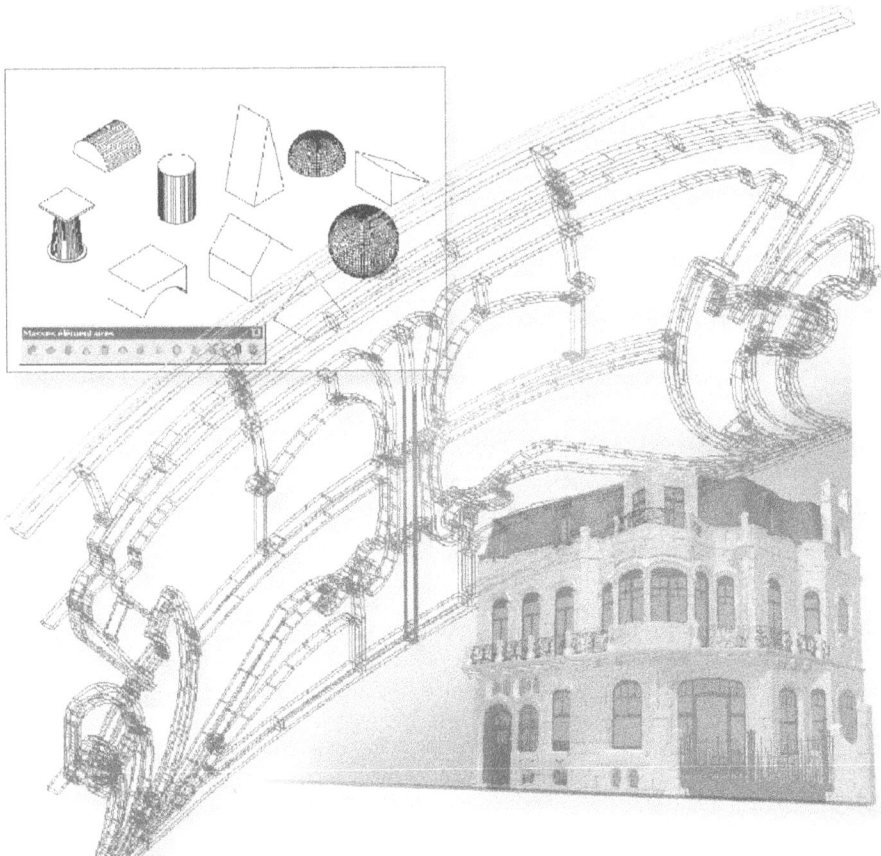

Introduction

Le langage LISP

AutoLISP est un langage de programmation intégré à AutoCAD depuis la version 2.17. Il permet aux utilisateurs d'AutoCAD d'écrire des macro-programmes et macro-fonctions dans un langage évolué et bien adapté aux applications graphiques.

AutoLISP est l'un des nombreux dérivés du langage de programmation LISP, qui a été développé en 1959 par John McCarthy au Massachusetts Institute of Technology. Depuis cette période LISP a connu des développements importants et particulièrement dans le domaine de l'intelligence artificielle.

Le nom LISP est une abréviation de « LISt Processing » ou programmation de listes en français. Ce langage ne fait aucune distinction formelle entre des données et des parties de programme. Tout y est représenté sous forme de listes délimitées par des parenthèses.

AutoLISP est un langage souple qui permet d'activer n'importe quelle commande d'AutoCAD par la simple fonction " Command ". Il n'est donc pas nécessaire d'écrire d'immenses bibliothèques de fonctions où serait stockée la syntaxe de chaque commande.

Caractéristiques du langage AutoLISP

Avant d'aborder l'étude détaillée d'AutoLISP, il peut être utile de se familiariser avec certains des éléments fondamentaux de ce langage en l'utilisant directement à partir de la ligne de commande d'AutoCAD. Grâce à l'exécution de quelques opérations simples, vous aurez rapidement une idée des concepts dont vous aurez besoin pour développer par la suite vos propres applications AutoLISP.

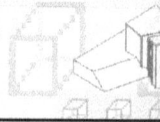

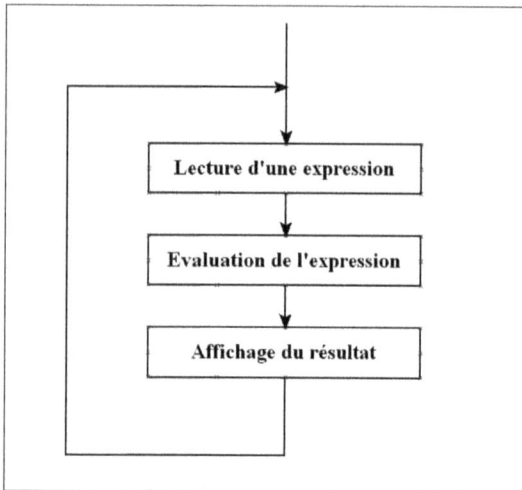

Lecture d'une expression

Evaluation de l'expression

Affichage du résultat

Fig.3.1

Comprendre l'interpréteur et l'évaluation

On accède à AutoLISP grâce à un interpréteur AutoLISP. Quand vous entrez des données sur la ligne de commande d'AutoCAD, l'interpréteur lit en premier lieu ces données pour déterminer si elles correspondent bien à de l'AutoLISP. Si c'est le cas, alors AutoLISP évalue les données et retourne une réponse à l'écran (fig.3.1).

Ce processus de lecture des données, d'évaluation des données et d'affichage des résultats se produit dès que vous entrez des données sur la ligne de commande et caractérise le fonctionnement général d'AutoLISP.

D'une certaine façon, l'interpréteur AutoLISP fonctionne comme une calculatrice à main. Ainsi, comme avec une calculatrice, l'information que vous souhaitez faire évaluer par AutoLISP doit suivre un certain ordre. Par exemple, la formule 250 plus 5 doit être entrée comme suit :

```
(+ 250 5)
```

Essayer d'entrer la formule ci-dessus sur la ligne de commande. AutoLISP évalue la formule (+ 250 5) et retourne la réponse, 255, qui s'affiche sur la ligne de commande.

Cette structure « + 250 5 » entourée par des parenthèses, est appelé une expression et constitue la structure de base pour tous les programmes AutoLISP. Toute donnée destinée à l'interpréteur AutoLISP, de l'expression la plus simple au programme le plus complexe, doit être écrite avec cette structure. Le résultat renvoyé après l'évaluation d'une expression est appelé la valeur de l'expression.

Les Composants d'une expression

Une expression AutoLISP doit inclure un opérateur suivi par des éléments devant être traités. Un opérateur est une instruction qui exécute une action spécifique telle qu'additionner deux nombres ou diviser un nombre par un autre. Les opérateurs mathématiques qui exécutent ces actions sont le signe (+) pour l'addition et le signe (/) pour la division.

On considère souvent l'opérateur comme une fonction et les éléments devant être traités comme les arguments de la fonction. Ainsi, dans l'expression (+ 250 5), le « + » est la fonction et le 250 et 5 sont les arguments. Toutes les expressions AutoLISP, quelle que soit leur taille, suivent cette structure et sont entourées par des parenthèses (fig.3.2).

Les parenthèses sont également des éléments importants d'une expression. Toutes les parenthèses doivent être « équilibrées », c'est-à-dire que, pour chaque parenthèse ouvrante (gauche), il doit y avoir une parenthèse fermante (droite). Si vous entrez une expression " déséquilibrée " dans l'interpréteur AutoLISP, le message suivant s'affiche sur la ligne de commande :

```
( (_>
```

où le nombre de parenthèses situé à gauche est le nombre de parenthèses exigées pour compléter l'expression. Si vous voyez ce type de message, vous devez entrer le nombre de parenthèses fermantes indiquées afin de compléter l'expression. Dans cet exemple, vous devez entrer deux parenthèses droites pour compléter l'expression.

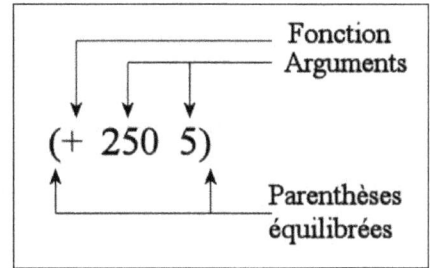

Fig.3.2

Dans la figure 3.2 vous pouvez constater que des espaces sont utilisés pour séparer les fonctions et les arguments de l'expression. Les espaces ne sont cependant pas exigés entre les parenthèses et les éléments de l'expression bien que vous puissiez en ajouter pour améliorer la lisibilité des expressions quand ils deviennent plus complexes.

Utilisation des arguments et expressions

L'interpréteur AutoLISP évalue tout, pas uniquement les expressions, mais également les arguments contenus dans les expressions. Cela signifie que dans l'exemple mentionné précédemment, AutoLISP évalue les nombres 250 et 5 avant qu'il applique ces nombres à l'opérateur « + ». Dans AutoLISP, les nombres s'évaluent donc également. Cela signifie que quand AutoLISP évalue le nombre 250, celui-ci est renvoyé inchangé. D'autre part, puisque AutoLISP évalue tous les arguments, il est aussi possible d'utiliser des expressions comme arguments pour une fonction.

Entrez ainsi par exemple, l'expression suivante sur la ligne de commande (fig.3.3) :

```
(/ 2 ( + 250 5))
```

Dans cet exemple, la fonction diviser (/) est appliquée à deux arguments : le nombre 2 et une expression (+ 250 5). Ce type d'expression est appelé une expression complexe ou imbriqué parce qu'une expression est contenue dans un autre. Dans notre exemple, AutoLISP évalue premièrement les arguments de l'expression la plus intérieure, c'est-à-dire (+ 250 5), il stocke momentanément le résultat, à savoir 255, puis il l'applique à l'expression suivante, c'est-à-dire la division par 2. Il retourne ensuite la réponse finale, à savoir 77.5.

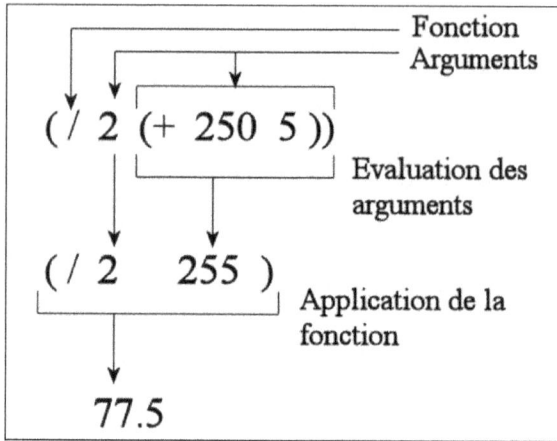

$$(/ \ 2 \ (+ \ 250 \ 5 \ ))$$

Fonction
Arguments

Evaluation des
arguments

$$(/ \ 2 \quad 255 \ )$$

Application de la
fonction

77.5

Fig.3.3

Utilisation de variables

Une autre capacité de l'interpréteur AutoLISP, toujours selon l'image d'une calculatrice, est sa capacité de mémoriser des valeurs. Vous avez probablement une calculatrice qui possède quelque mémoire. Cette capacité vous permet d'emmagasiner la valeur d'une équation pour un usage ultérieur. D'une façon similaire, vous pouvez emmagasiner des valeurs en utilisant des variables.

Une variable peut être considérée comme un container qui contient une valeur. Cette valeur peut changer au cours du déroulement du programme.

Assigner des valeurs aux variables avec Setq

On assigne des valeurs aux variables à l'aide de la fonction de Setq. Comme vous l'avez vu, une fonction peut être un opérateur mathématique simple tel que plus « + » ou diviser (/). Une fonction peut aussi consister en une série d'instructions complexes pour exécuter plusieurs opérations, comme un petit programme par exemple.

La fonction « Setq » indique à AutoLISP d'assigner une valeur à une variable. Par exemple, essayer l'exercice suivant pour assigner la valeur 21 à la variable nommée TVA :

① Entrer l'expression suivante sur la ligne de commande :

```
(setq TVA 21)
```

Vous pouvez obtenir dans AutoCAD la valeur d'une variable en précédant le nom de la variable par un point d'exclamation.

② Entrer ainsi :

```
! TVA
```

La valeur 21 est retournée. Le point d'exclamation correspond donc à l'action « Affiche les contenus de ».

La fonction Setq peut aussi assigner une valeur à une variable qui contient déjà une valeur. Voyons ce qui arrive lorsqu'une nouvelle valeur est assignée à TVA.

③ Entrez l'expression suivante :

```
(setq TVA 15)
```

TVA reçoit la nouvelle valeur 15 et l'ancienne valeur 21 est rejetée. Vous pouvez aussi transférer une valeur à une variable en utilisant cette variable comme partie de la nouvelle valeur comme dans l'expression suivante :

```
(setq TVA ( + TVA 1))
```

Dans cet exemple, TVA contient une nouvelle valeur qui correspond à l'ancienne +1.

Exercice

Dessiner un triangle ABC (fig.3.4) avec :

```
A (5.45 4.34) - B (34.54 12.76) - C (10.15 20.4)
```

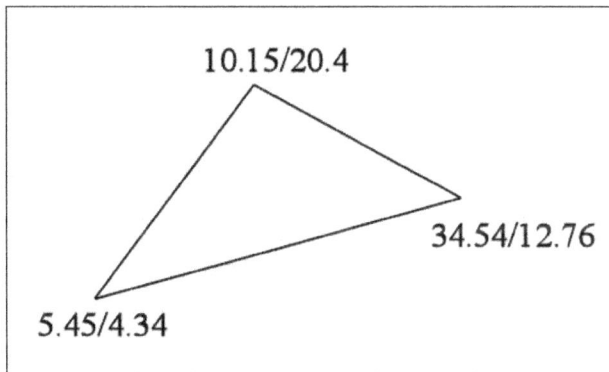

Fig.3.4

Vous devez entrer les lignes suivantes sur la ligne de commande :

Commande : (SETQ A '(5.45 4.34))

Commande : (SETQ B '(34.54 12.76))

Commande : (SETQ C '(10.15 20.4))

Commande : LIGNE

Spécifiez le premier point : !A

Spécifiez le point suivant ou [annUler] : !B

Spécifiez le point suivant ou [annUler] : !C

Spécifiez le point suivant ou [Clore/annUler] : c

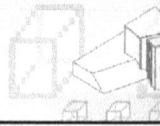

Ne pas évaluer certaines expressions

On aimerait parfois ne pas évaluer certaines expressions mais les transmettre telles quelles dans la suite du traitement. C'est le cas par exemple pour transmettre des coordonnées XYZ, comme (10 20 30). Le but n'est pas d'appliquer la fonction 10 aux arguments 20 et 30. Il suffit pour cela de faire précéder les données par le caractère « ' » ou apostrophe. C'est la forme contractée d'une fonction particulière appelée QUOTE qui n'évalue jamais son argument mais le transmet tel quel. Ainsi pour l'exemple des coordonnées, vous pouvez entrer l'expression suivante :

```
(setq A '(10 20 30))
```

Le résultat de l'évaluation sera (10 20 30).

Les types de données

Les deux catégories de données les plus importantes dans le langage LISP sont les atomes et les listes. Ces deux types sont mutuellement exclusifs. Quelque chose qui est un atome ne peut pas être une liste, et vice versa. Il y a cependant une exception qui confirme cette règle, la liste vide, connue sous le signe « () » ou l'expression « nil », qui est à la fois un atome et une liste.

Les atomes

Les atomes sont représentés par une série de caractères alphanumériques hormis les signes de ponctuations classiques comme (),;/ + * " ' < > [ ]. Les atomes sont des éléments de base qui ne peuvent être décomposés.

L'atome peut être utilisé pour représenter un nombre (entier ou réel). Il est dit numérique et peut être affecté d'un signe. En voici quelques exemples :

```
+12
-20
+321.45
0.45
```

Il peut aussi représenter une suite de caractères alphanumériques, comme par exemple :

```
JEAN-PIERRE
F-68000
N60
```

L'atome peut aussi représenter une valeur. Dans ce cas, il sert à nommer une variable à laquelle on lie cette valeur. Voici quelques exemples :

```
TVA
Client_Nom
```

La liste

Une liste est une suite d'éléments (atomes ou listes) séparés par des blancs et placée entre parenthèses. Voici quelques exemples :

▶ (Paris Lyon Nice Marseille) : liste de 4 éléments

▶ (236) : liste de 1 élément

▶ () : liste vide, elle équivaut à NIL, du latin NIHIL qui signifie RIEN

▶ (PIERRE EST) MON (PETIT FRERE) : liste à 3 éléments composée de deux listes et d'un atome

Les listes servent également à représenter les coordonnées graphiques en 2D et 3D.

Exemple point 2D : la liste (3.8 9.36)

Exemple point 3D : la liste (3.8 9.36 2.0)

En partant de ces deux catégories, les types de données qui existent dans AutoLISP sont les suivants :

▶ **Nombres entiers :** Les nombres entiers sont compris entre -32768 et + 32767. La valeur d'une expression contenant seulement des nombres entiers est toujours un nombre entier. Par exemple, la valeur de l'expression (/25 2) est 12. La partie décimale est supprimée dans la valeur résultante. Les nombres entiers utilisés de manière interne par AutoLISP (donc non transmis à AutoCAD) peuvent avoir des valeurs supérieures allant de (-2147483648) à (+2147483647)

▶ **Nombres réels :** Les nombres réels sont des nombres qui incluent une valeur décimale. Si l'exemple précédent utilisait des nombres réels (/ 25,0 2,0), le résultat sera exprimé comme un nombre réel 12,5. Contrairement à AutoCAD, il n'est pas possible de supprimer le 0 unitaire dans les nombres inférieurs à 1. Ainsi par exemple 0.512 est correct, par contre .512 ne l'est pas.

▶ **Chaînes de caractères :** Une chaîne de caractères est une suite quelconque de lettres, de chiffres ou de caractères spéciaux. Pour éviter toute confusion avec un symbole, elle est entourée de guillemets.

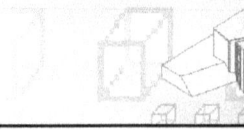

Le langage AutoLISP diffère principalement des autres langages de programmation par certaines caractéristiques comme :

▶ **La nature des données :** toutes les données sont exprimées sous forme d'expressions symboliques dont la longueur est arbitraire et qui ne nécessitent pas d'être déclarées comme dans la plupart des autres langages avant d'être appelées dans un programme. Ainsi par exemple : (+ 8 10) et (Paris Lyon Marseille) sont deux expressions symboliques.

▶ **La syntaxe :** elle est très simple et un programme complexe aura la même structure qu'une expression élémentaire calculant par exemple le produit de deux nombres. Une expression LISP est en réalité une liste qui contient une fonction et des arguments. Ainsi (∗ 8 6) est une expression qui définit le produit de 8 et 6 grâce à la fonction (ou l'opérateur) " ∗ " qui signifie multiplier.

▶ **Le fonctionnement du système :** AutoLISP est un langage interprété qui fonctionne selon le processus suivant : lecture d'une expression > Evaluation de l'expression > Affichage du résultat.

La gestion des listes

Le langage LISP dispose de trois primitives de base qui combinées entre elles permettent d'effectuer toutes les manipulations souhaitées sur les listes.

L'opérateur CAR

Il permet d'extraire le premier élément d'une liste quelconque. Le résultat est un atome ou une liste. Exemples :

(CAR '(Paris Lyon Nice)) donne Paris

(CAR '((AB) (CD) (EF))) donne (AB)

(CAR '()) donne NIL

> **REMARQUE**
>
> Pour rappel, le signe ' représente la fonction Quote qui évite l'évaluation de l'expression qui suit.

L'opérateur CDR

Il permet de supprimer le premier élément d'une liste. Le résultat est donc une liste restreinte.

Exemples :

(CDR '(Paris Lyon Nice)) donne la liste (Lyon Nice)

(CDR '((AB) (CD) (EF))) donne la liste ((CD) (EF))

(CDR '()) donne NIL

Il est possible de coupler les deux fonctions précédentes, on a alors :

(CAR (CDR X)) est synonyme de (CADR X) qui donne le second élément d'une liste

Exemple :

(CADR '(Paris Lyon Nice)) = (CAR (CDR '(Paris Lyon Nice))) = (CAR '(Lyon Nice)) = Lyon

Cette fonction est utilisée pour obtenir la valeur en Y d'un point 2D ou 3D (le second élément d'une liste de deux ou trois nombres réels).

De même (CDR (CDR X)) est équivalent à (CDDR X) qui peut être utilisé pour obtenir la coordonnée en Z d'un point 3D.

On a donc CAR pour obtenir X, CADR pour obtenir Y et CDDR pour obtenir le Z.

Exercice

Tracer un rectangle avec la commande « ligne » en connaissant les coordonnées des points de la diagonale : P1 (10,20) et P2 (70,50). La procédure est la suivante (fig.3.5) :

Commande : `(setq P1 '(10 20))`

(10 20)

Commande : `(setq P2 '(70 50))`

(70 50)

Commande : ligne

Spécifiez le premier point : `!p1`

(10 20)

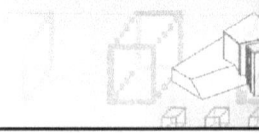

Spécifiez le point suivant ou [annUler] : `(list (car P1) (cadr P2))`

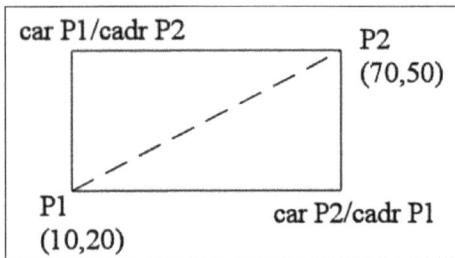

`(10 50)`

Spécifiez le point suivant ou [annUler] : `!P2`

`(70 50)`

Fig.3.5

Spécifiez le point suivant ou [Clore/annUler] : `(list (car P2) (cadr P1))`

`(70 20)`

Spécifiez le point suivant ou [Clore/annUler] : c

L'opérateur CONS

Il permet de construire une nouvelle liste à partir d'une liste existante et d'un nouvel élément qu'il place en début de liste. Exemple :

(CONS '(AB) '(CD))   donne la liste (ABCD)

(CONS 'Paris '(Lyon Nice)) donne la liste (Paris Lyon Nice)

L'opérateur LISP

Il permet de créer une liste à partir d'un ensemble d'éléments. Exemple :

(LIST' A 'B'C) donne (A B C)

(LIST 'A '(B C) 'D) donne (A (B C) D)

Cette fonction est utilisée pour définir une variable point 2D ou 3D

Les fonctions de saisie

La saisie des données graphiques ou alphanumériques est importante dans l'utilisation d'AutoCAD. AutoLISP dispose pour cela d'une série de fonctions qui assurent une pause dans la procédure pour permettre à l'utilisateur de rentrer des informations diverses : un point, un angle, une distance, un texte, etc.

Saisie d'un angle

La fonction « getangle » permet à l'utilisateur d'entrer un angle en pointant deux points à l'écran ou en donnant la valeur au clavier. La valeur retournée de l'angle est toujours en radians. La syntaxe est la suivante :

```
(getangle [<pt>] [<message>])
```

Avec les options :

▶ [<message>] : est une chaîne de caractères qui s'affiche à l'écran pour indiquer à l'utilisateur l'opération à effectuer. Par exemple : « Entrez la direction de l'angle ».

▶ [<pt>] : est un point de base 2D dans le SCU courant. Il s'agit du premier point de la direction demandée.

Vous pouvez donc spécifier un angle en tapant une valeur dans l'unité d'angle en cours ou vous pouvez aussi indiquer l'angle en pointant deux positions sur l'écran graphique. AutoCAD dessine une ligne élastique depuis le premier point jusqu'à la position actuelle du curseur. Si l'argument <pt> est spécifié, il est considéré comme le premier de ces deux points; cela vous permet de pointer juste un autre point.

Il est intéressant de stocker l'information de « getangle » dans une variable pour un traitement ultérieur. Dans ce cas vous devez utiliser la fonction SETQ.

Voici quelques exemples d'utilisation de GETANGLE :

▶ (setq ang1 (getangle))

▶ (setq ang1 (getangle "Entrez la direction de l'angle : "))

▶ (setq ang1 (getangle '(2.0 4.5) « Pointez un deuxième point pour la direction de l'angle : »))

Saisie d'un coin

La fonction getcorner permet de saisir un coin dans le SCU courant tout comme Getpoint. Elle demande cependant un argument de point de base <pt> et dessine un rectangle élastique depuis ce point au fur et à mesure que le curseur se déplace. Dans le cas d'un point 3D, la coordonnée Z est ignorée. La syntaxe est la suivante :

```
getcorner [<pt>] [<message>])
```

Avec les options :

▶ [<message>] : est une chaîne de caractères qui s'affiche à l'écran pour indiquer à l'utilisateur l'opération à effectuer. Par exemple : « Entrez la direction de l'angle ».

▶ [<pt>] : est un point de base 2D dans le SCU courant. Il s'agit du premier point de la direction demandée.

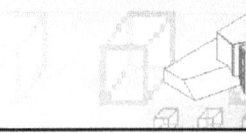

Exemple :

Commande : `(setq P1 (getpoint "Pointez un point :"))`

Pointez un point

`(70.7854 107.945 0.0)`

Commande : `(setq P2 (getcorner P1 "Pointez un second point :"))`

Pointez un second point

`(174.869 178.392 0.0)`

Saisie d'une distance

La fonction getdist permet à l'utilisateur d'entrer une distance. La procédure est identique à Getangle (une distance au clavier ou deux points à l'écran. La syntaxe est la suivante :

```
(getdist [<pt>] [<message>])
```

Avec les options :

▶ [`<message>`] : est une chaîne de caractères qui s'affiche à l'écran pour indiquer à l'utilisateur l'opération à effectuer. Par exemple : " Entrez une distance".

▶ [`<pt>`] : est un point de base 2D dans le SCU courant. Il s'agit du premier point de la distance demandée.

Vous pouvez donc spécifier une distance en tapant une valeur dans l'unité de longueur en cours ou vous pouvez aussi indiquer la distance en pointant deux positions à l'écran. AutoCAD dessine une ligne élastique depuis le premier point jusqu'à la position actuelle du curseur. Si l'argument <pt> est spécifié, il est considéré comme le premier de ces deux points; cela vous permet de pointer juste un autre point.

Si vous utilisez la méthode de deux points, GETDIST teste la variable système FLATLAND et la fonction INITGET (indicateur "points 3D") pour déterminer le calcul de la distance. Si FLATLAND est zéro, il retourne la distance 3D entre les points. Si FLATLAND est différent de zéro, il ne retourne une distance 3D que si l'indicateur "points 3D" INITGET est activé; sinon, il ne travaille qu'avec des points 2D.

Exemples :

▶ `(setq dist (getdist))`

▶ `(setq dist (getdist "Entrez une distance : "))`

▶ `(setq dist (getdist '(2.0 4.5) "Pointez un deuxième point : "))`

Saisie d'un nombre entier

La fonction getint attend que l'utilisateur entre un nombre entier et retourne ce nombre entier. Les valeurs peuvent aller de -32768 à +32767. La syntaxe est la suivante :

```
(getint [<message>])
```

Avec l'option :

▶ [<message>] : est une chaîne de caractères en option qui peut être affichée comme message pour l'utilisateur.

Exemple :

```
(setq nb (getint))
(setq nb (getint "Entrez le nombre de côtés du polygone : "))
```

Saisie d'un mot-clé

La fonction getkword demande un mot-clé à l'utilisateur. La liste des mots-clés valables doit être établie préalablement avec la fonction INITGET (voir point 3.10). Getkword retourne le mot-clé correspondant à l'entrée de l'utilisateur en tant que chaîne de caractères. AutoCAD vous demandera de ressayer, si l'entrée ne correspond pas à l'un de ces mots-clés. La syntaxe est la suivante :

```
(getkword [<message>])
```

Avec l'option :

▶ [<message>] : est une chaîne de caractères en option qui peut être affichée comme message pour l'utilisateur.

Exemple :

```
(initget 1 "Oui Non")
(setq x (getkword "Etes-vous sûr? (Oui ou Non) "))
```

Saisie d'un angle

La fonction getorient est similaire à getangle, elle se différencie au niveau de la base du zéro degré et de la direction de la croissance des angles. Ainsi getangle tient compte des unités et de la direction en cours (angle relatif), tandis que getorient utilise toujours la direction zéro orientée vers l'est (angle absolu). Dès lors, utilisez getangle si vous avez besoin d'une valeur de rotation (angle relatif), et utilisez

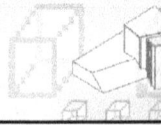

getorient pour obtenir une orientation (angle absolu). Par exemple, la rotation d'un Bloc et l'orientation d'un texte. La syntaxe est la suivante :

```
(getorient [<pt>] [<message>])
```

▸ [<message>] : est une chaîne de caractères qui s'affiche à l'écran pour indiquer à l'utilisateur l'opération à effectuer. Par exemple : « Pointez la direction ».

▸ [<pt>] : est un point de base 2D dans le SCU courant. Il s'agit du premier point de la direction demandée.

Exemple :

```
Commande: (setq pt1 (getpoint "Pointez un point: "))
(4.55028 5.84722 0.0)
Commande: (getorient pt1 "Pointez un point: ")
5.61582
```

Saisie d'un point

La fonction getpoint attend que l'utilisateur entre un point. Vous pouvez spécifier un point en pointant ou en tapant les coordonnées dans la notation courante des unités. La syntaxe est la suivante :

```
(getpoint [<pt>] [<message>])
```

Avec les options :

▸ [<pt>] : est un point de base 2D ou 3D dans le SCU courant. Si cette option est présente, AutoCAD dessine une ligne élastique depuis ce point jusqu'à la position actuelle du curseur.

▸ [<message>] : est une chaîne de caractères qui peut être affichée comme message pour l'utilisateur.

Exemples :

```
(setq p (getpoint))
(setq p (getpoint "Pointez un point :"))
(setq p (getpoint '(2.5 3.0) "Pointez un deuxième point: "))
```

Le point retourné est exprimé dans le SCU courant. Si la variable système FLATLAND est zéro, GETPOINT retourne un point 3D. Sinon, il retourne un point 2D jusqu'à ce que INITGET soit utilisé pour positionner l'indicateur de contrôle "point 3D"; dans ce cas un point 3D est retourné.

Saisie d'un nombre réel

La fonction getreal permet à l'utilisateur d'entrer un nombre réel et retourne ensuite ce nombre réel. La syntaxe est la suivante :

```
(getreal [<message>])
```

Avec l'option

▶ [<message>] : est une chaîne de caractères qui peut être affichée comme message pour l'utilisateur.

Exemple :

```
(setq val (getreal))
(setq val (getreal  "Entrez un nombre :"))
(setq ech (getreal "Facteur d'échelle: "))
```

Saisie d'une chaîne de caractères

La fonction getstring permet à l'utilisateur d'entrer une chaîne de caractères et retourne cette chaîne. Si la chaîne dépasse 132 caractères, les premiers 132 caractères sont retournés. La syntaxe est la suivante :

```
(getstring [<cr>] [<message>])
```

Avec les options :

▶ [<cr>] : permet, si la valeur n'est pas nil, d'avoir des blancs dans la chaîne de caractères. Cette dernière doit se terminer par un RETURN, sinon, la chaîne d'entrée se termine par un espace ou un RETURN.

▶ [<message>] : est une chaîne de caractères qui peut être affichée comme message pour l'utilisateur.

Exemple :

```
(setq s (getstring))
(setq s (getstring "Quel est votre nom ? "))
(setq s (getstring T "Votre nom et prénom? "))
```

Contrôle de la saisie des données

Le contrôle de la saisie des données est une préoccupation importante en informatique. Il s'agit en effet de vérifier si les données saisies correspondent bien au type qui convient, ou si la saisie est vide (peut arriver par une simple pression sur ‹RETURN›) ou encore si, lorsque plusieurs options sont possibles, l'utilisateur en choisit une qui n'est pas proposée.

La fonction INITGET d'AutoLISP permet de contrôler la plupart des saisies de données effectuées avec les fonctions GETxxx. La syntaxe est la suivante :

```
(initget [<bits>] [<chaîne>])
```

L'argument [<bits>] en option est un nombre entier positif compris entre 0 et 255. Il représente la somme de codes de bits désignant divers critères. Par souci de clarté, on écrit plutôt les bits sous la forme d'une somme, comme par exemple :

```
(initget (+ 1 2 4)) à la place de (initget 7)
```

Les options :

[**<bits>**] : code binaire qui correspond à un critère spécifique. Les valeurs sont les suivantes :

▶ **1 (bit 0) :** interdit une saisie vide. Ce qui se produit lorsque l'utilisateur appuie sur la touche Entrée.

▶ **2 (bit 1) :** interdit la saisie de 0, tout en autorisant éventuellement une saisie vide. Sans effet sur les fonctions getcorner, getpoint et getwork qui ne réclament pas l'entrée d'un nombre.

▶ **4 (bit 2) :** interdit la saisie de valeurs négatives. Ne concerne que la saisie de nombres, sauf (getangle) et (getorient) qui transforment l'angle entré en un nombre de radians positif.

▶ **8 (bit 3) :** autorise l'utilisateur à entrer des points en dehors des limites courantes du dessin lorsque la variable LIMTECH est égale à 1. Ne concerne que les fonctions de saisie de points (getpoint, getcorner).

▶ **16 (bit 4) :** ne s'utilise plus.

▶ **32 (bit 5) :** provoque l'affichage d'une ligne ou d'un rectangle élastique sous la forme de traits pointillés pour les fonctions qui permettent de définir un point à partir d'un point existant (getangle, getcorner, getdist, getorient, getpoint). Si la variable système POPUPS est sur 0, AutoCAD ignore ce critère.

▶ **64 (bit 6) :** interdit la spécification d'une cote Z lors de l'utilisation de la fonction getdist. La distance indiquée est donc mesurée dans le plan.

▶ **128 (bit 7) :** autorise une entrée différente des nombres et des mots-clés prévus. La saisie est alors traitée comme un mot-clé. Ce code a la priorité par rapport au code 0. Si les codes 7 et 0 sont activés et si l'utilisateur appuie sur Entrée, une chaîne nulle est retournée.

Bits de contrôle pris en considération par INITGET

	Non nulle	Non zéro	Non négatif	Pas de limites	Ligne élastique	Distance 2D	Saisie arbitraire
Fonctions	1	2	4	8	32	64	128
GETANGLE							
GETCORNER							
GETDIST							
GETINT							
GETKWORD							
GETORIENT							
GETPOINT							
GETREAL							
GETSTRING							

[<**chaîne**>] : représente une chaîne de caractères qui contient les mots-clés définissant les saisies acceptables. La liste des mots-clés peut se faire selon trois formes :

▶ **Entièrement en majuscules :** lorsque les mots-clés sont entièrement écrits en majuscules, il est nécessaire de les saisir intégralement (en toutes lettres). Par contre, aucune distinction n'est faite entre majuscules et minuscules dans la chaîne de caractères saisie.

Exemple : (initget "PARIS LYON NICE"). Vous pouvez entrer PARIS, Paris ou paris, mais pas P.

▶ **Entièrement en majuscules avec abréviation :** les mots-clés écrits en majuscules peuvent être suivis d'abréviations, les deux étant séparés par une virgule. Ces abréviations désignent la partie du mot-clé qu'il est nécessaire de saisir au minimum pour identifier le terme. Si le nombre de caractères saisis est insuffisant pour identifier le mot-clé sans ambiguïté, une deuxième requête suit, dans laquelle sont proposées les alternatives possibles.

Exemple : (initget "PARIS,P LYON,LY NICE,N"). Vous pouvez par exemple entrer LYON, LY mais pas L.

▶ **Ecriture partielle en majuscules :** l'abréviation et le mot-clé peuvent aussi être écrits dans un seul terme. Dans ce but, on écrit la partie indispensable en majuscules. Lors de la saisie, les lettres majuscules et minuscules sont considérées comme équivalentes.

Exemple : (initget "PAris Lyon Nice"). Vous pouvez par exemple entrer Paris, Pa mais pas P.

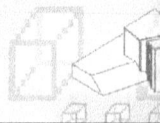

Les angles et les distances

Pour compléter les différentes fonctions de saisie des données (des points, des distances, des angles...) nous allons aborder l'étude de trois fonctions complémentaires concernant la mesure des angles et des distances.

La fonction Angle

Syntaxe : `(angle <pt1> <pt2>)`

Elle permet de calculer l'angle de la droite ‹pt1-pt2› avec l'axe X dans le système SCU courant. L'angle est mesuré en radians avec une valeur croissante dans le sens inverse des aiguilles d'une montre. Cette fonction ne demande pas une entrée de données de votre part. Ses arguments proviennent d'autres fonctions Lisp. Si des points 3D sont donnés, ils sont projetés sur le plan de conception courant.

Exemple :

```
(angle '(5.0 2.0) '(10.0 15.0)) donne 1.20362 (exprimé en radians, ce
qui correspond à 69°)
(setq P1 (getpoint "Premier point: "))
(setq P2 (getpoint "Deuxième point: "))
(setq ang (angle P1 P2))
```

La fonction Distance

Syntaxe : `(distance <pt1> <pt2>)`

Elle permet de calculer la distance entre les points ‹pt1› et ‹pt2›. Si les deux points sont en 3D, la distance est calculée dans l'espace. Si l'un des points est en 2D, les deux points sont projetés sur le plan XY et la distance est mesurée dans ce plan.

```
(distance '(1.0 2.5 3.0) '(7.7 2.5 3.0) donne 6.7
(setq P1 (getpoint "Premier point: "))
(setq P2 (getpoint "Deuxième point: "))
(setq dist (distance P1 P2))
```

La fonction Polar

Syntaxe : `(polar  <pt> <angle> <distance>)`

Elle permet de déterminer un point situé à la distance ‹distance› et à l'angle ‹angle› d'un point donné ‹pt›. Un point est une liste de deux ou trois nombres réels et <angle> est exprimé en radians. Si la variable FLATLAND=O un point 3D est retourné, sinon un point 2D est retourné.

Exemple :

```
(polar '(1.0 1.0 3.5) 0.785398 1.414214) donne le point (2.0 2.0 3.5)
Exercice : tracer une ligne de longueur et d'angle donnés (fig.3.6)
(setq P1 (getpoint "Entrez point de départ :"))
(setq a (getorient P1 "Indiquez la direction de la ligne :"))
(setq d (getdist "Pointez la longueur de la ligne :"))
(setq P2 (polar P1 a d))
Ligne
!P1
!P2
Entrée
```

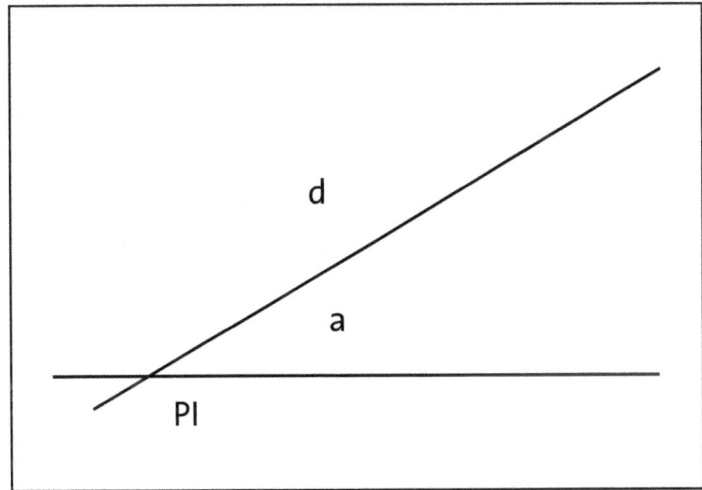

Fig.3.6

L'accès aux commandes AutoCAD

Les environnements AutoCAD et AutoLISP étant totalement intégrés, il est possible depuis la zone "commande :" d'appeler des instructions AutoLISP, tout comme une fonction AutoLISP peut inclure des commandes d'AutoCAD. Il suffit dans ce dernier cas d'utiliser la syntaxe suivante :

```
(command <"nom de la commande"> <variables> <"options associées à la
commande">)

(setq Pl '(100 100))
(setq P2 '(200 200))
(command "LIGNE" P1 P2 "")
```

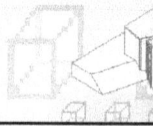

La fonction (command) transmet un à un ses arguments à la ligne de commande d'AutoCAD. Le mot LIGNE doit être placé entre guillemets, car il s'agit d'une chaîne de caractères. Les deux points qui suivent ont été définis préalablement comme variables P1 et P2. Le dernier argument est une chaîne de caractères vide. Elle sert à clôturer la commande LIGNE, et correspond à la frappe de la touche Entrée après la saisie du dernier point.

Pour entrer correctement les données de la fonction commande, vous pouvez d'abord essayer la commande dans AutoCAD en notant l'ordre des opérations. Par exemple : tracer un cercle dont le centre se trouve à l'origine et dont le rayon est de 10 unités.

Dans AutoCAD cela donne :

```
Commande: cercle
```

Spécifiez le centre du cercle ou [3P/2P/Ttr (tangente tangente rayon)] : 0,0

Spécifiez le rayon du cercle ou [Diamètre] : 10

Dans AutoLISP cela donne :

```
(command  "cercle" " 0,0" "10")
```

Si vous souhaitez pointer la position du centre du cercle à l'écran, deux méthodes sont disponibles :

▶ Utilisation de getpoint pour pointer d'abord le centre du cercle :

```
(setq CE (getpoint "Pointez le centre du cercle : "))
(command  "cercle" CE "10")
```

ou

▶ Utilisation de la fonction pause. Elle a pour effet d'arrêter la fonction (command) et de permettre à l'utilisateur la possibilité d'effectuer une saisie.

```
(command  "cercle" pause "10")
```

La création de fonctions personnalisées

Jusqu'à présent nous avons exécuté les différentes fonctions ou programmes AutoLISP à partir de la ligne de commande d'AutoCAD. Vous avez sans doute constaté que c'est assez fastidieux, surtout si vous souhaitez relancer le programme plusieurs fois. Pour regrouper plusieurs expressions en une seule, AutoLISP dispose de la fonction DEFUN selon la syntaxe suivante :

```
(defun <nom> <arguments / variables locales> <expressions>)
```

- **‹nom›** : nom de la nouvelle fonction. Vous pouvez choisir n'importe quel nom, mais en évitant néanmoins de prendre des noms de commandes AutoCAD, des noms de variables système ou des noms de fonctions existant déjà dans AutoLISP.
- **‹arguments / variables locales›** : liste d'arguments ou de variables locales pouvant être transmis à la fonction.
- **‹expressions›** : les expressions qui indiquent ce que la fonction doit faire. C'est le corps du programme.

Exemple :

Calculer le carré d'un nombre réel

```
(defun CARRE (X)
(* X X)
)
```

Utilisation des arguments et des variables dans les fonctions

Pour éviter de condamner des fonctions à recalculer sans cesse la même valeur, il est utile d'appeler ces fonctions avec des arguments définis en même temps qu'elles. Ces arguments peuvent être accompagnés ou non par des variables locales. Les arguments et les variables locales doivent être séparés par une barre oblique. Celle-ci doit être séparée par au moins un espace de la première variable locale et du dernier argument. S'il n'y a pas d'arguments ni de variables locales, le nom de la fonction doit être suivi d'une parenthèse vide.

Exemple :

```
(defun mafonc (x y) ... ) (la fonction dispose de deux arguments)
(defun mafonc (/ a b) ... ) (la fonction dispose de deux variables
locales)
(defun mafonc (x / a) ... ) (la fonction dispose d'un argument et
d'une variable locale)
(defun mafonc () ... ) (la fonction ne dispose d'aucun argument ni
d'aucune variable locale)
```

Une fonction définie avec des arguments doit être lancée avec ses arguments.

Exemple :

```
(defun PLUS (x y)
(+ x y)
)
```

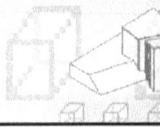

Cette fonction doit être lancée de la manière suivante : (PLUS 5 6)

Sans arguments, vous auriez dû compléter le programme pour saisir les deux nombres à additionner.

Lorsque vous exécutez un programme, tous les calculs que vous faites sont gardés en mémoire dans des variables. Ces calculs sont importants dans l'exécution du programme, mais quand ce dernier est terminé, il n'est pas toujours utile de conserver les valeurs enregistrées. Il convient donc de vider le contenu des variables qui ne sont plus nécessaires pour un usage ultérieur. Cela permet de libérer de la mémoire vive et d'éviter des erreurs d'exécution éventuelles. Pour ce faire, vous devez définir des variables locales. Dans l'exemple qui suit, toutes les variables sont globales, c'est-à-dire qu'elles conservent leur valeur après l'exécution du programme. Pour les transformer en variables locales, vous devez les définir dans la fonction DEFUN, à l'intérieur des parenthèses et après la barre oblique.

▶ **Avec variables globales**

```
(defun TRIAN ()
(setq P1 (getpoint "Pointez le premier point: "))
(setq P2 (getpoint "Pointez le second point: "))
(setq P3 (getpoint "Pointez le troisième point: "))
(command "Ligne" P1 P2 P3 "c")
)
```

▶ **Avec variables locales**

```
(defun TRIAN (/ P1 P2 P3)
(setq P1 (getpoint "Pointez le premier point: "))
(setq P2 (getpoint "Pointez le second point: "))
(setq P3 (getpoint "Pointez le troisième point: "))
(command "Ligne" P1 P2 P3 "c")
)
```

Ajouter des commandes à AutoCAD

L'une des caractéristiques les plus importantes d'AutoLISP est de pouvoir ajouter des nouvelles commandes à AutoCAD et de les activer de la même manière que toute autre commande. Il convient pour cela de faire commencer le nom de toute nouvelle fonction par la lettre majuscule C suivie du double point. Par exemple : " C : TRIAN ". D'autre part la liste des arguments doit être vide (les commandes AutoCAD n'acceptent pas d'arguments), par contre les variables locales sont cependant admises. Pour lancer la nouvelle fonction dans AutoCAD, il suffit de taper son nom sur la ligne de commande sans ajout de parenthèses. On a ainsi :

```
Commande : TRIAN.
```

L'enregistrement de programmes AutoLISP

Il est désagréable d'avoir à réécrire une fonction ou une série d'expressions chaque fois que nécessaire. Il est donc plus utile de confectionner un programme qui s'exécutera autant de fois que vous le souhaitez.

Un programme AutoLISP est un simple fichier ASCII avec ∗.lsp comme extension de fichier. Par exemple, le fichier " triangle.lsp " qui contient le programme suivant :

```
(defun C:TRIAN (/ P1 P2 P3)
(setq P1 (getpoint "Pointez le premier point: "))
(setq P2 (getpoint "Pointez le second point: "))
(setq P3 (getpoint "Pointez le troisième point: "))
(command "Ligne" P1 P2 P3 "c")
)
```

Vous pouvez améliorer le programme en y ajoutant des commentaires. Il suffit pour cela de faire précéder chaque ligne de commentaire par un point-virgule. Par exemple :

```
 ;Fichier Triangle.lsp
 ;Dessin d'un triangle passant par trois points
(defun C:TRIAN (/ P1 P2 P3)
(setq P1 (getpoint "Pointez le premier point: "))
(setq P2 (getpoint "Pointez le second point: "))
(setq P3 (getpoint "Pointez le troisième point: "))
(command "Ligne" P1 P2 P3 "c")
)
```

Pour rendre les messages plus clairs à l'écran et forcer des sauts de ligne, vous devez faire précéder les messages par une barre oblique inversée suivie de la lettre n " \n " comme par exemple :

```
(setq P1 (getpoint "\nPointez le premier point: "))
```

Lorsque le programme est sauvegardé vous pouvez le charger à partir de la ligne de commande d'AutoCAD grâce à la fonction « load ». Deux cas peuvent se produire :

▶ Le fichier se trouve dans les chemins de recherche classiques d'AutoCAD : répertoire du dessin courant ou répertoires spécifiés via la boîte de dialogue Options (onglet Fichiers). Dans ce cas vous pouvez charger le fichier de la manière suivante :

```
Commande : (load "triangle")
```

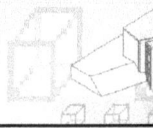

▶ Le fichier est enregistré dans un répertoire non compris dans les chemins de recherche d'AutoCAD, comme par exemple C :\Acad2006\Lisp\, vous devez dans ce cas spécifier le chemin adéquat selon la syntaxe suivante :

```
Commande : (load "C:\\Acad2006\\Lisp\\triangle")
```

Une autre méthode pour charger vos programmes AutoLISP consiste à utiliser la commande APPLOAD via le menu Outils d'AutoCAD et l'option Charger une application. Il suffit de sélectionner le(s) bon(s) fichier(s) et de cliquer sur Charger (fig.3.7).

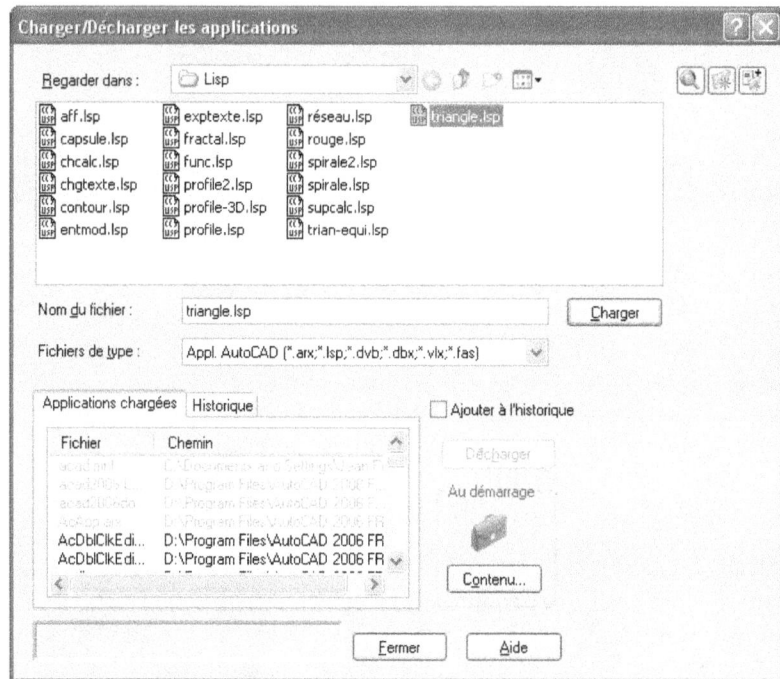

Fig.3.7

Fonctions exécutables automatiquement

AutoCAD charge automatiquement le contenu de trois fichiers définis par l'utilisateur : acad.lsp, acaddoc.lsp et le fichier MNL qui accompagne votre fichier de personnalisation courant (*.mnu pour les versions d'AutoCAD jusqu'à la version 2005 et *.cui pour AutoCAD 2006). Par défaut, le fichier acad.lsp n'est chargé qu'une seule fois, au démarrage d'AutoCAD, tandis que acaddoc.lsp est chargé avec chaque document (ou dessin). Ceci vous permet d'associer le chargement du fichier

acad.lsp au démarrage de l'application et le fichier acaddoc.lsp avec le commence-
ment du document (ou du dessin). Vous pouvez cependant changer la méthode par
défaut de chargement de ces fichiers de démarrage en modifiant la valeur de la
variable système ACADLSPASDOC.

Cette variable détermine si le fichier acad.lsp est chargé dans chaque dessin ou
uniquement dans le premier dessin ouvert lors d'une session. Les options sont les
suivantes :

▶ 0 : charge acad.lsp uniquement dans le premier dessin ouvert lors d'une session.

▶ 1 : charge acad.lsp dans tous les dessins ouverts.

Les fichiers de démarrage acad.lsp et acaddoc.lsp ne sont pas fournis avec
AutoCAD. Il vous appartient donc de les créer et de les gérer.

Dans ces deux fichiers, lorsque vous chargez automatiquement une commande à
l'aide des fonctions load ou command, la définition de la commande (que vous utilisiez la commande ou non) occupe de la mémoire. Pour remédier à ce problème,
AutoLISP dispose de la fonction autoload qui vous permet d'utiliser une commande sans qu'il soit nécessaire de charger la totalité de la routine en mémoire. L'ajout
du code suivant au fichier acaddoc.lsp permet par exemple de charger automatiquement les commandes TRIAN, RECT et POLYG à partir du fichier géom.lsp, et la
commande SURF à partir du fichier surface.lsp.

```
(autoload "GEOM" '("TRIAN" "RECT" "POLYG"))
(autoload "SURFACE" '("SURF"))
```

La première fois que vous entrez une commande automatiquement chargée sur la
ligne de commande, AutoLISP charge la totalité de la définition de la commande à
partir du fichier associé.

Vous pouvez aussi utiliser dans ces fichiers une fonction particulière dénommée
S::STARTUP, qui s'exécute immédiatement une fois le dessin entièrement initialisé. Elle convient particulièrement pour la définition des variables système permettant par exemple de définir le style de texte ou le calque courant, la taille des
cotations, etc.

```
(defun s::startup ()
(setvar "textsize" 0.125)
(setvar "dimtxt" 0.125)
(princ)
)
```

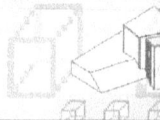

Vous pouvez aussi charger automatiquement des fonctions AutoLISP au démarrage d'AutoCAD à partir de la procédure suivante (fig.3.8) :

☐ Menu Outils (Tools)› AutoLISP › Charger une application (Load Application).

☐ Cliquez sur Contenu (Contents) dans la section Au démarrage (Startup Suite).

☐ Cliquez sur Ajouter (Add).

☐ Sélectionnez le fichier.

☐ Cliquer sur Fermer (Close).

A partir d'AutoCAD 2006, vous pouvez également charger automatiquement des fichiers AutoLISP à partir de l'onglet Personnaliser (Customize) de la boîte de dialogue Personnaliser l'interface utilisateur (Customize User Interface) (Menu Outils (Tools)› Personnaliser (Customize) › Menus (Interface)). La procédure est la suivante :

☐ Dans la fenêtre supérieure gauche, sélectionnez Fichiers LISP (LISP Files) dans l'arborescence (fig.3.9).

☐ Effectuez un clic droit et sélectionnez Charger Lisp (Load LISP).

☐ Sélectionnez vos fichiers LISP.

Fig.3.8

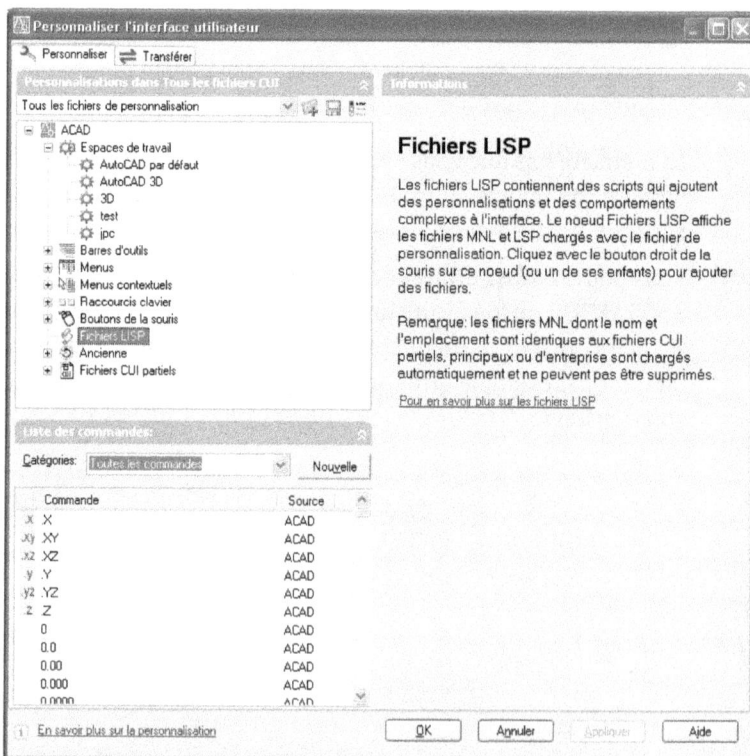

Fig.3.9

Cette procédure vous permet de charger des fichiers AutoLISP dans le fichier CUI (nouveau fichier de menu depuis AutoCAD 2006) en cours. Quand le fichier *.CUI est chargé il en sera de même des fichiers AutoLISP qui lui sont liés.

Cas pratique : une poutrelle métallique

Pour mettre en pratique les différentes fonctions abordées jusqu'à présent, rien de tel qu'un exercice récapitulatif.

La poutrelle illustrée à la figure 3.10 peut être dessinée de plusieurs façons :

▸ Dessin complet avec la fonction polyligne.

▸ Dessin d'un quart de la poutrelle puis deux symétries successives avec la commande Miroir.

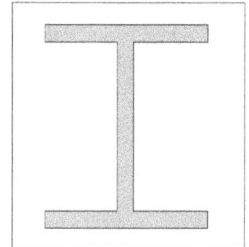

Fig.3.10

Première méthode (fig.3.11) :

```
(defun C:PME1 (/ O L H EA ES R)
; Trace d'un profilé
(setq O (getpoint "\nOrigine du profilé: "))
(setq L (getreal "\nLargeur du profilé: "))
(setq H (getreal "\nHauteur du profilé: "))
(setq EA (getreal "\nEpaisseur de l'âme : "))
(setq ES (getreal "\nEpaisseur de la semelle: "))
(setq R (getreal "\nRayon du raccord: "))
(setq P1 (polar O Pi (/ L 2)))
(setq P2 (polar P1 (/ Pi 2) ES))
(setq P3 (polar P2 0 (/ (- L EA) 2)))
(setq P4 (list (car P3) (+ (cadr O) (- H ES))))
(setq P5 (list (car P1) (cadr P4)))
(setq P6 (list (car P1) (+ (cadr P1) H)))
(setq P7 (polar P6 0 L))
(setq P8 (list (car P7) (cadr P5)))
(setq P9 (list (+ (car P4) EA) (cadr P8)))
(setq P10 (list (car P9) (cadr P3)))
(setq P11 (list (car P8) (cadr P10)))
(setq P12 (list (car P11) (cadr P1)))
(command "_PLINE" O "_W" 0 0 P1 P2 P3 P4 P5 P6 P7 P8
P9 P10 P11 P12 O "")
(command "_FILLET" "r" R)
(command "_FILLET" P3 P4 P4 P5 P9 P10 P10 P11 "")
)
```

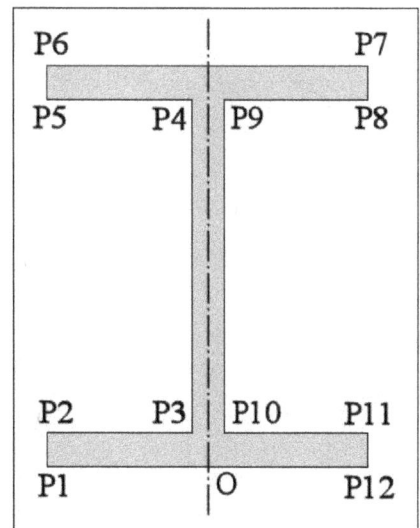

Fig.3.11

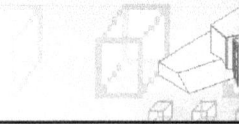

Deuxième méthode (fig.3.12) :

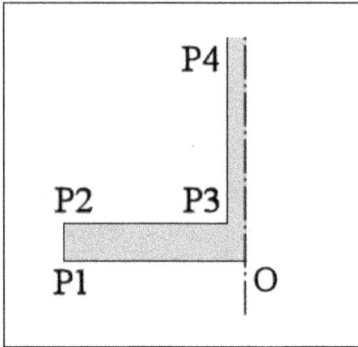

Fig.3.12

```
(defun C:PME2 (/ O L H EA ES R)
; Trace d'un profilé
(setq O (getpoint "\nOrigine du profilé: "))
(setq L (getreal "\nLargeur du profilé: "))
(setq H (getreal "\nHauteur du profilé: "))
(setq EA (getreal "\nEpaisseur de l'âme : "))
(setq ES (getreal "\nEpaisseur de la semelle: "))
(setq R (getreal "\nRayon du raccord: "))
(setq P1 (polar O Pi (/ L 2)))
(setq P2 (polar P1 (/ Pi 2) ES))
(setq P3 (polar P2 0 (/ (- L EA) 2)))
(setq P4 (list (car P3) (+ (cadr O) (/ H 2))))
(setq P5 (polar P2 0 1))
(command "_PLINE" O "_W" 0 0 P1 P2 P3 P4 "")
(command "_FILLET" "r" R)
(command "_FILLET" P5 P4)
(command "_MIRROR" "_L" "" O (polar O (/ Pi 2) H) "n")
(command "_PEDIT" P4 "j" "_l" "" "")
(command "_MIRROR" "_l" "" P4 (polar P4 0 H) "n")
(command "_Pedit" P2 "j" "_l" "" "")
)
```

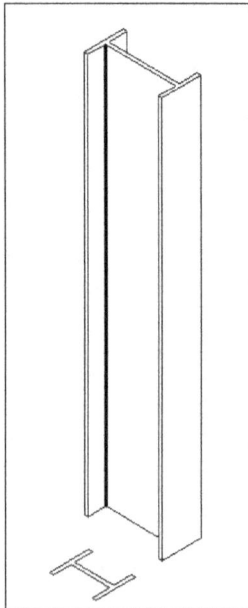

Vous pouvez transformer ce profilé 2D pour en faire un modèle 3D solide et l'afficher dans une vue isométrique. Le programme précédent devient dès lors (fig.3.13) :

Fig.3.13

```
(defun C:PME3 (/ O L H EA ES R EX)
; Trace d'un profilé
(setq O (getpoint "\nOrigine du profilé: "))
(setq L (getreal "\nLargeur du profilé: "))
(setq H (getreal "\nHauteur du profilé: "))
(setq EA (getreal "\nEpaisseur de l'âme : "))
(setq ES (getreal "\nEpaisseur de la semelle: "))
(setq R (getreal "\nRayon du raccord: "))
(setq EX (getreal "\nHauteur d'extrusion:"))
(setq P1 (polar O Pi (/ L 2)))
(setq P2 (polar P1 (/ Pi 2) ES))
(setq P3 (polar P2 0 (/ (- L EA) 2)))
(setq P4 (list (car P3) (+ (cadr O) (/ H 2))))
(setq P5 (polar P2 0 3))
(command "_PLINE" O "_W" 0 0 P1 P2 P3 P4 "")
```

```
(command "_FILLET" "r" R)
(command "_FILLET" P5 P4)
(command "_MIRROR" "_L" "" O (polar O (/ Pi 2) H) "n")
(command "_PEDIT" P4 "j" "_l" ""  "")
(command "_MIRROR" "_l" "" P4 (polar P4 0 H) "n")
(command "_Pedit" P2 "j" "_l" "" "")
(Command "_extrude" P1 "" EX "")
(command "_-view" "_swiso")
(command "_hide")
)
```

Les fonctions mathématiques

Outre les quatre opérations mathématiques (+ - * /), AutoLISP dispose d'une série de fonctions qui vous permettront de l'utiliser comme une véritable calculatrice.

abs <nombre>)

Cette fonction retourne la valeur absolue de <nombre>. <nombre> peut être un nombre réel ou entier.

Exemple :

```
(abs 10) retourne 10
(abs -10) retourne 10
(abs -60.55) retourne 60.55
```

(atan <nb1> [<nb2>])

Cette fonction retourne la valeur en radians de l'arctangente du nombre <nb1> si le nombre <nb2> n'est pas fourni.

Si <nbl> et <nb2> sont fournis, la fonction retourne l'arctangente de <nbl>/<nb2> en radians.

Si <nb2> est égale à zéro, la fonction retourne un angle de + ou - 1.570796 radians (90° ou -90° suivant le signe de <nbl>). La fourchette des angles retournés s'étend de -π à +π radians.

Exemple :

```
(atan 1.0) retourne 0.785398
(atan -1.0) retourne -0.785398
(atan 2.0 3.0) retourne 0.588003
(atan 2.0 -3.0) retourne 2.55359
(atan -2.0 3.0) retourne -0.588003
(atan -2.0 -3.0) retourne -2.55359
(atan 1.0 0.0) retourne 1.5708
```

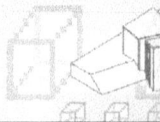

(cos ‹angle›)

Cette fonction retourne le cosinus d'‹angle›. ‹angle› est exprimé en radians.

Exemple :

```
(cos 0.0) retourne 1.0
(cos pi) retourne -1.0
```

(exp ‹nombre›)

Cette fonction retourne la constante " e " élevée à la puissance de ‹nombre› (exponentielle naturelle). Elle retourne un nombre réel.

Exemple :

```
(exp 1.0) retourne 2.71828
(exp 2.2) retourne 9.02501
(exp -0.4) retourne 0.67032
```

(expt ‹base› ‹puissance›)

Cette fonction retourne ‹base› élevé à la ‹puissance› spécifiée. Si les deux arguments sont des nombres entiers le résultat est un nombre entier. Autrement le résultat est un nombre réel.

Exemple :

```
(expt 2 4) retourne 16
(expt 3.0 2.0) retourne 9.0
```

(gcd ‹nbl› ‹nb2›)

Cette fonction retourne le plus grand commun diviseur de ‹nbl› et ‹nb2›. ‹nbl› et ‹nb2› doivent être des nombres entiers.

Exemple :

```
(gcd 81 57) retourne 3
(gcd 12 20) retourne 4
```

(log ‹nombre›)

Cette fonction retourne le logarithme népérien de ‹nombre› comme nombre réel.

Exemple :

```
(log 4.5) retourne 1.50408
(log 1.22) retourne 0.198851
```

(max <nombre> <nombre> ...)

Cette fonction retourne le plus grand des ‹nombre› fournis. Chaque ‹nombre› peut être un nombre réel ou entier. Si un des nombres est un réel, le résultat est un réel.

Exemple :

```
(max 4.07 -144) retourne 4.07
(max -88 19 5 2) retourne 19
(max 2.1 4 8) retourne 8.0
```

(min <nombre> <nombre> ...)

Cette fonction retourne le plus petit des ‹nombre› donnés. Chaque ‹nombre› peut être un nombre réel ou entier. Si un des nombres est un réel, le résultat est un réel.

Exemple :

```
(min 683 -10.0) retourne -10.000000
(min 73 2 48 5) retourne 2
(min 2 4 6.7) retourne 2.0
```

(sin <angle>)

Cette fonction retourne le sinus de ‹angle› comme nombre réel.

‹angle› est exprimé en radians.

Exemple :

```
(sin 1.0) retourne 0.841471
(sin 0.0) retourne 0.000000
```

(sqrt <nombre>)

Cette fonction retourne la racine carrée de ‹nombre› comme nombre réel.

Exemple :

```
(sqrt 4) retourne 2.000000
(sqrt 2.0) retourne 1.414214
```

Les fonctions logiques

Les fonctions logiques permettent de comparer une série de données et renvoient une réponse Vraie (donne T) ou Fausse (donne nil). On trouve parmi ces fonctions les expressions suivantes :

(= <atome> <atome> ...)

Vérifie si chaque élément est égal à son voisin de droite.

Exemples :

(= 4 4.0) donne T (4 est égal à 4.0)

(= 20 388) donne nil (20 est différent de 388) (= "je" "tu") donne nil, les deux éléments sont différents.

(/= <atome> <atome>...)

Contrôle si tous les arguments sont différents.

Exemple :

(/= 10 20) donne T (10 est bien différent de 20) (/= "tu" "tu") donne nil ("tu" n'est pas différent de "tu")

(< <atome> <atome>...)

Vérifie si chaque élément est strictement inférieur à son voisin de droite.

Exemple :

```
(< 10 20) donne T (10 est strictement inférieur à 20)
(< 2 3 88) donne T (2<3<88)
(< 2 3 4 4) donne nil (4 n'est pas strictement inférieur à 4)
```

(< = <atome> <atome> ...)

Semblable au cas précédent mais deux arguments successifs peuvent être égaux.

Exemple :

```
(<= 10 20) donne T (10 est <= à 20)
(<  2 9 9) donne T (2<=9<=9)
((<= 2 9 4 5) donne nil
```

(> <atome> <atome>...)

Vérifie que chaque élément est strictement supérieur à son voisin de droite.

Exemple :

```
(> 130 24) donne T
(> 88 5 5) donne nil
```

(>= <atome> <atome>)

Semblable au cas précédent mais deux arguments successifs peuvent être égaux.

Exemple :

```
(>=  130 19) donne T
(>= 66 7 7) donne T
(>=  88 4 5) donne nil
```

La gestion des textes

Le résultat d'un programme ne se manifeste pas toujours sous la forme d'éléments graphiques. Il arrive qu'il soit nécessaire d'afficher des textes ou des nombres dans la fenêtre de texte d'AutoCAD. Pour gérer l'affichage des textes, AutoLISP dispose des fonctions suivantes :

(Print <expression>)

Cette fonction affiche le contenu de <expression> dans la fenêtre de texte en le faisant précéder d'un saut de ligne. Les caractères de contrôle ne sont pas interprétés.

Exemple :

```
(defun IMP ()
(setq Nb 123)
(setq TXT "AutoLISP")
(print NB)
(print TXT)
(print "\nLivre AutoLISP")
(print)
)
```

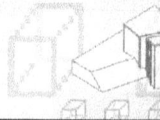

Ce programme produit l'affichage suivant dans la fenêtre « Texte » d'AutoCAD :

```
123
"AutoLISP"
"\nLivre AutoLISP"
```

Le code \n n'est pas interprété comme un saut de ligne.

(Print1 <expression>)

Cette fonction est similaire à (print), mais elle n'insère pas de saut de ligne ni d'espace.

```
(defun IMP ()
(setq Nb 123)
(setq TXT "AutoLISP")
(prin1 NB)
(prin1 TXT)
(prin1 "\nLivre AutoLISP")
(prin1)
)
```

Ce programme donne :

```
123"AutoLISP""\nLivre AutoLISP"
```

(Princ <expression>)

Cette fonction est similaire à (print), mais elle interprète les caractères de contrôle et supprime les guillemets dans les chaînes de caractères.

```
(defun IMP ()
(setq Nb 123)
(setq TXT "AutoLISP")
(princ NB)
(princ TXT)
(princ "\nLivre AutoLISP")
(princ)
)
```

Ce programme donne :

```
123AutoLISP
Livre AutoLISP
```

(Terpri)

Cette fonction retourne un saut de ligne dans la fenêtre de texte.

(Textscr)

Cette fonction permet de passer de l'écran graphique à l'écran texte (équivalent à la fonction F2). TEXTSCR retourne toujours nil.

Pour rendre le maniement des chaînes de caractères plus facile, AutoLISP fournit les fonctions suivantes :

(strcat <chaîne1> <chaîne2>...)

Cette fonction retourne une chaîne qui est la concaténation de ‹chaîne 1›, ‹chaîne2›, etc.

Exemple :

```
(strcat "bon" "jour") retourne "bonjour"
(strcat "a" "b" "c") retourne "abc"
(strcat "a" "" "c") retourne "ac"
```

(strcase <chaîne> [<expr>])

Cette fonction permet de convertir tous les caractères d'une chaîne en lettres majuscules ou minuscules selon la valeur de ‹expr›. Si ‹expr› a la valeur T, tous les caractères alphabétiques de ‹chaîne› seront convertis en majuscules. Si ‹expr› est omis ou qu'il donne nil comme résultat, ils seront convertis en minuscules.

Exemples :

```
(strcase "exemple") retourne "EXEMPLE"
(strcase "exemple" T) retourne "exemple"
```

(strlen <chaîne>)

Cette fonction retourne la longueur de chaîne (longueur en caractères) comme nombre entier.

Exemple :

```
(strlen "abcd") retourne 4
(strlen "ab") retourne 2
(strlen "") retourne 0
```

(substr <chaîne> <début> [<longueur>])

Cette fonction retourne une sous-chaîne de ‹chaîne›, qui démarre à la position du caractère ‹début› et s'arrête après le nombre de caractères défini dans ‹longueur›.

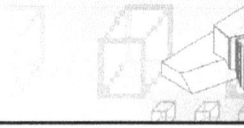

Si ‹longueur› n'est pas spécifié la sous-chaîne continue jusqu'à la fin de ‹chaîne›.

‹début› et ‹longueur› doivent être des nombres entiers positifs.

Le premier caractère de ‹chaîne› possède le caractère numéro 1.

Exemple :

```
(substr "abcde" 2)   retourne "bcde"
(substr "abcde" 2 1) retourne "b"
(substr "abcde" 3 2) retourne "cd"
```

Les conversion de données

Certaines fonctions d'AutoLISP n'acceptent comme arguments que des chaînes de caractères ou des nombres. Il faut donc pouvoir convertir une chaîne en nombre et réciproquement.

Conversion degré/radians et radians/degré

Les angles dans AutoLISP sont mesurés en radians et non en degrés, alors que dans AutoCAD les angles sont généralement en degrés décimal.

Pour passer du mode AutoCAD au mode AutoLISP il convient de définir deux fonctions de conversion : dtr (degrés en radians) et rtd (radians en degrés).

Nous avons ainsi :

Conversion des degrés en radians

```
(defun dtr (a)
(* pi (/ a 180.0))
)
```

Conversion des radians en degrés

```
(defun rtd (a)
(/ (* a 180.0)  pi)
)
```

Conversion d'angle (ANGTOS)

Cette fonction prend l'angle (un nombre réel en radians) et produit une conversion en degrés, minutes et secondes ou l'unité par défaut.

On a ainsi :

```
(angtos [angle] [mode] [précision])
```

▶ Avec [mode]= o (degrés) 1 (degrés/minutes/secondes) 2 (grades) 3 (radians) 4 (géodésie).

▶ Avec [précision] = le nombre de décimales de la précision désirée.

Exemples :

```
(setq pt1 '(5.0 1.33))
(setq pt2 '(2.4 1.33))
(setq a (angle pt1 pt2))
```

Ce qui donne pour :

```
(angtos a 0 0) retourne "180"
(angtos a 0 4) retourne "180.0000"
(angtos a 1 4) retourne " 180d0'0"
(angtos a 3 4) retourne  "3.1416r"
```

Conversion d'unités (RTOS)

Cette fonction est l'équivalent pour les distances de ANGTOS pour les angles. On a ainsi :

(rtos [nombre] [mode] [précision])

▶ Avec [mode]= le type d'unité : l (scientifique) 2 (décimal) 3 (ingénierie) 4 (architecture) 5 (fractions).

▶ Avec [précision] : un nombre qui indique le nombre de points derrière la virgule.

Exemples :

```
(rtos 17.5 1 4) donne "1.7500E+01"
(rtos 17.5 2 2) donne "17.50"
(rtos 17.5 3 2) donne "1'-5.50""
(rtos 17.5 4 2) donne "1'-51/2''''
```

Autres fonctions de conversions

(ascii ‹chaîne›)

Conversion du premier caractère de ‹chaîne› en son code de caractère ASCII (un nombre entier).

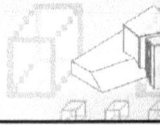

Exemples :

```
(ascii "A") donne 65
(ascii "a") donne 97
```

(atof <chaîne>)

Conversion d'une chaîne de caractères en un nombre réel.

Exemples :

```
(atof "97.1") donne 97.100000
(atof "3") donne 3.000000
```

(atoi <chaîne>)

Conversion d'une chaîne de caractères en un nombre entier.

Exemples :

```
(atoi "97") donne 97
(atoi "4.3") donne 4
```

(chr <nombre>)

Conversion d'un entier représentant un code ASCII en une chaîne d'un seul caractère.

Exemples :

```
(chr (65)) donne "A"
(chr (66)) donne "B"
```

(fix <nombre>)

Conversion d'un nombre (entier ou réel) en un nombre entier.

Exemples :

```
(fix 4) donne 4
(fix 3.8) donne 3
```

(float <nombre>)

Conversion d'un nombre (entier ou réel) en un nombre réel.

Exemples :

```
(float 4) donne 4.000000
(float 3.8) donne 3.800000
```

(itoa‹entier›)

Conversion d'un nombre entier en une chaîne de caractères.

Exemples :

```
(itoa 44) donne "44"
(itoa -55) donne "-55"
```

(read ‹chaîne›)

Retourne la première liste ou le premier atome obtenu de ‹chaîne›.

Exemples :

```
(read "bonjour") donne BONJOUR
(read "salut") donne SALUT
```

Exercice : dessiner un triangle équilatéral circonscrit à un cercle (fig.3.14)

```
(defun dtr (a)
(* a (/ pi 180))
)
(defun C:trq (/ R C D P1 P2 P3)
(setq C (getpoint "\nPointez le centre du cercle : "))
(setq R (getreal "\nEntrez le rayon du cercle : "))
(setq D (/ R (sin (dtr 30))))
(setq P1 (polar C (dtr 210) D))
(setq P2 (polar C (dtr 330) D))
(setq P3 (polar C (dtr 90) D))
(command "cercle" C R)
(command "ligne" P1 P2 P3 "c")
)
```

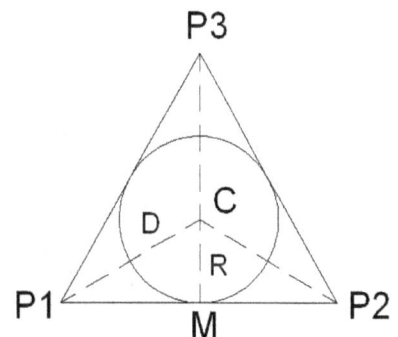

Fig.3.14

Conversion d'une unité dans une autre

AutoCAD connaît plus d'une centaine d'unités de mesure qui sont stockées dans le fichier Acad.unt. Il peut donc être utile d'effectuer des conversions de valeurs d'une unité dans une autre.

(cvunit ‹valeur› ‹Unité1› ‹Unité2›)

Avec :

► ‹valeur› : le nombre ou le point 2D ou 3D à convertir.

► ‹unité1› : unité de départ à convertir.

► ‹unité2› : unité de conversion.

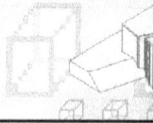

Les deux unités doivent se trouver dans le fichier Acad.unt

Exemples :

Commande : (cvunit 1 "minute" "seconde") donne 60.0

Commande : (cvunit 1.0 "inch" "cm") donne 2.54

Commande : (cvunit 1.0 "acre" "sq yard") donne 4840.0

Commande : (cvunit '(1 2 3) "pouce" "cm") donne (2.54 5.08 7.62)

Si le programme AutoLISP doit convertir plusieurs fois les mêmes unités, il est préférable de convertir d'abord le nombre 1.0, de mémoriser le facteur de conversion dans une variable et d'utiliser ensuite cette variable pour les autres conversions.

Les tests et les instructions conditionnelles

Selon le cas en présence, on souhaite parfois exécuter une action plutôt qu'une autre, en fonction de la réalisation ou non d'une condition particulière. Pour permettre cette sélection il faut utiliser des tests. AutoLISP utilise à cet effet des tests pour vérifier des types de données ou des tests de comparaison.

Les fonctions de comparaison sont les suivantes :

(equal <expr1> <expr2> [tolérance])

Cette fonction détermine si ‹expr1› et ‹expr2› sont égales; c'est-à-dire si elles donnent le même résultat.

Exemples :

```
(setq pt1 '(0 0))
(setq pt2 '(1 1))
(setq pt3 '(0 0))
```

(equal pt1 pt3) donne T

(equal pt3 pt1) donne T

Les autres comparaisons donnent nil

```
(eq <expr1> <expr2<)
```

Cette fonction détermine si ‹expr1› et ‹expr2› sont identiques; c'est-à-dire si ces deux arguments sont actuellement liés au même objet.

Exemples :

```
(setq p1 '(a b c))
(setq p2 '(a b c))
(setq p3 p2)
```

(eq p1 p3) donne nil

(eq p3 p2) donne T

(zerop <atome>)

Cette fonction retourne T, si ‹atome› est un nombre réel ou entier et qu'il donne zéro comme résultat, sinon elle donne nil.

Exemples :

(zerop 0) donne T

(zerop 0.1) donne nil

(minusp <atome>)

Cette fonction donne T, si ‹atome› est un nombre réel ou entier et qu'il donne une valeur négative comme résultat, sinon elle donne nil.

Exemples :

(minusp -1) donne T

(minusp -4.3) donne T

(minusp 8.5) donne nil

(null <article>)

Cette fonction donne T, si ‹article› est lié à nil, sinon elle retourne nil.

> **REMARQUE**
>
> Les fonctions logiques abordées au point 10 peuvent aussi être reprises dans cette catégorie.

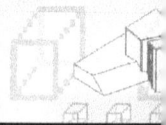

Les fonctions de vérification de type sont les suivantes :

(atom <article>)

Cette fonction teste si l'article spécifié est un atome ou une liste. Elle renvoie " nil " s'il s'agit d'une liste et T s'il s'agit d'un atome.

Exemples :

(atom 5) donne T

(atom '(1 2 3)) donne nil

(boundp <atome>)

Cette fonction donne T, si une valeur est liée à <atome> et " nil " dans les autres cas.

Exemples :

```
(setq a 1)
(setq b nil)
```

(bound 'a) donne T

(bound 'b) donne nil

(listp <article>)

Cette fonction donne T, si <article> est une liste et " nil " dans les autres cas.

Exemples :

(listp '(a b c)) donne T

(listp 'a) donne nil

(listp 4.5) donne nil

(numberp <article>)

Cette fonction donne T, si <article> est un nombre entier ou réel, sinon elle donne nil.

Exemples :

(numberp 4) donne T

(numberp "bonjour") donne nil

Les fonctions conditionnelles

Deux structures permettent l'évaluation conditionnelle d'expressions LISP :

▶ la condition simple : structure "SI-ALORS-SINON" (IF-THEN-ELSE) ;

▶ les conditions multiples : structure "COND", qui se compose de plusieurs couples " Condition - Action ".

La fonction "IF-THEN-ELSE" est de la forme suivante (fig.3.15) :

```
(if <expr.test> <action si vrai> [<action si faux>])
```

Cela signifie que si <expr.test> n'est pas " nil " elle évalue l'expression <action si vrai>, autrement elle évalue l'expression <action si faux>.

Exemple :

```
(if (= 1 3) "oui" "non") donne "non"
(if (= 2 (+ 1 1)) "oui") donne "oui"
(if (= 2 (+ 3 4)) "oui") donne nil
```

La fonction "COND" est de la forme suivante (fig.3.16) :

```
(cond (<test1> <résultat1>)…)
```

Cette fonction se compose de plusieurs couples "test-résultat". A l'exécution, seul le résultat correspondant au premier test vérifié est pris en compte.

Exemple :

```
(setq A (getint "Entrez un nombre :"))
(cond
(( = A 10 "Dix"))
(( = A 20 "Vingt"))
(( = A 30 "Trente"))
(T "Autre nombre")
)
)
```

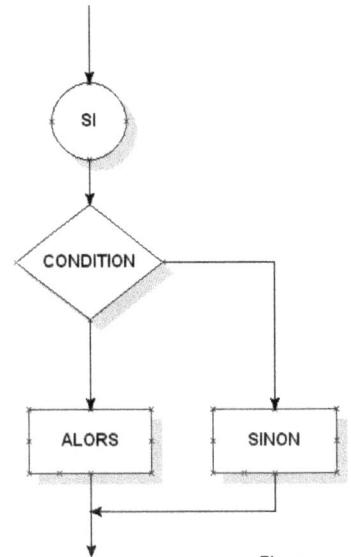

Fig.3.15

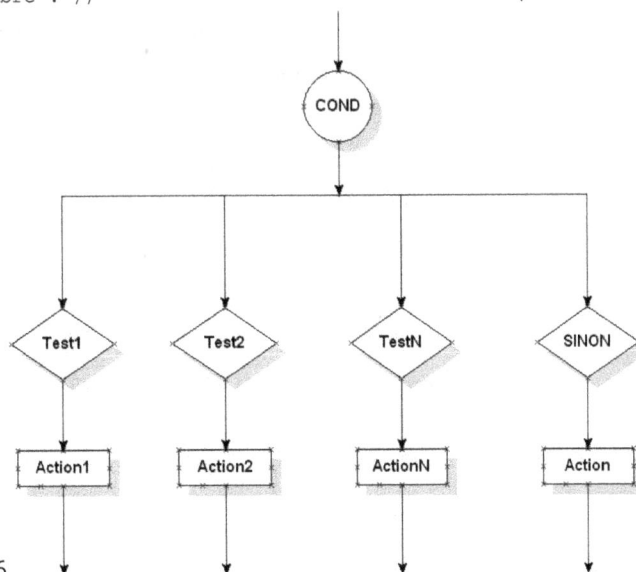

Fig.3.16

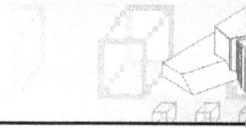

La fonction "PROGN" est de la forme :

(progn <expr> ...)

Il s'agit d'une fonction spéciale qui rassemble en quelque sorte plusieurs expressions en une seule. Elle évalue chaque <expr> séquentiellement et retourne la valeur de la dernière expression.

Cette fonction utilisée avec IF, permet à cette dernière l'évaluation de deux expressions, au lieu d'une seule.

Exemple :

```
(if (= a b) (progn
(setq a (+ a 10))
(setq b (- b 10))
)
)
```

La récursivité

Tout objet est dit récursif s'il se définit à partir de lui-même. Ainsi, une fonction est dite récursive si elle comporte, dans son corps, au moins un appel à elle-même. Bien entendu, elle doit aussi contenir une condition terminale spécifiant un état où l'appel récursif ne sera pas effectué, faute de quoi ces appels ne connaîtront pas de fin.

En sciences mathématiques, on préfère employer le terme de récurrence à celui de récursivité. De nombreuses définitions mathématiques sont récurrentes, la plus célèbre étant sûrement la définition d'un entier naturel :

▶ 0 est un entier naturel.

▶ Si N est un entier naturel, alors N+1 est aussi un entier naturel.

Un autre exemple est la fonction factorielle :

▶ 0! = 1.

▶ Pour N entier naturel (N >0), N! = Nx(N-1)!

Pour mettre cette fonction en forme, on a les caractéristiques suivantes :

▶ La condition terminale : si on atteint 0, il suffit de retourner 1.

▶ L'argument de la fonction : l'entier naturel N.

▶ La valeur à retourner : (N x FACT(N-1)), où FACT est le nom de notre fonction.

Cela donne en AutoLisp :

```
(defun FACT (N)
(IF (ZEROP N) 1 (* N (FACT (- N 1))))
)
```

Comment l'ordinateur applique-t-il la récursivité ? Il faut d'abord savoir qu'un ordinateur utilise une pile, ou stack, pour stocker les données statiques, les appels de fonctions, etc.

Une pile applique le principe LIFO (Last-In-First-Out), tel que le dernier élément empilé est le premier à être dépilé. Ainsi, lorsque l'on appelle une fonction, ses objets sont alloués dans la pile, et celle-ci se voit empilée. Une fois son appel terminé, celle-ci est dépilée et la mémoire est à nouveau disponible. Alors, lors de l'appel à une fonction récursive, les appels récursifs sont eux aussi empilés successivement jusqu'à atteindre la condition terminale, après quoi ils sont tous dépilés dans l'ordre inverse. L'appel à FACT (5), par exemple, donne le schéma de principe suivant :

PHASE DE DESCENTE RECURSIVE

Appel à fact(5)

  Appel à fact(4)

    Appel à fact(3)

      Appel à fact(2)

        Appel à fact(1)

          Appel à fact(0)

CONDITION TERMINALE

          Retour de la valeur 1

PHASE DE REMONTEE

        Retour de la valeur 1

      Retour de la valeur 2

    Retour de la valeur 6

  Retour de la valeur 24

Retour de la valeur 120

Exemple :

```
(defun c:spirale (/ PT R NC N Centre)
(setq PT (getpoint "\nPoint de départ: "))
(setq R (getdist PT "\nRayon de départ:"))
(setq NC (getint "\nNombre de cycles? :"))
(if (> NC 2)
(progn
```

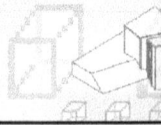

```
(setq N 1)
(setq Centre (polar PT Pi R))
(Tracer PT CE N)
)))

(defun Tracer (P1 CE N)
(if (/= N NC)
(progn
(if (= (rem N 2) 0) (setq AN 0) (setq AN Pi))
(command "ARC" P1 "c" CE "A" 180)
(setq CE P1)
(setq N (1+ N))
(setq P1 (polar P1 AN (* 2 R)))
(setq R (* 2 R))
(Tracer P1 CE N)
)))
```

Les instructions itératives

Il arrive qu'il soit parfois nécessaire d'exécuter plusieurs fois une même série d'actions. Pour résoudre ce problème il convient d'utiliser les fonctions d'itérations.

Par opposition à la récursivité qui produit des appels successifs d'une même fonction à des niveaux différents, l'itération provoque l'exécution répétitive d'une suite d'instructions. Il n'y a pas dans ce cas d'imbrications de niveaux. L'arrêt du processus itératif est dû à un test de « fin de boucle ».

Les principales fonctions sont les suivantes :

(apply <fonction> <liste>)

Cette fonction applique la fonction donnée par <fonction> aux arguments fournis par <liste>.

Exemples :

(apply '+ '(1 2 3)) donne 6

(apply 'strcat '("a" "b" "c")) donne "abc"

(foreach <nom> <liste> <expr> ...)

Cette fonction correspond à la forme : "pour chaque élément d'une liste donnée faire... ".

Cette fonction retourne cependant seulement le résultat de la dernière expression évaluée.

Exemple :

(foreach N '(1 8 2) (print (+ N 5)))

est équivalent à

```
(print + 1 5)
(print + 8 5)
(print + 2 5)
```

Plusieurs expressions peuvent être spécifiées. Il n'est pas nécessaire de faire appel à (progn), comme c'était le cas pour (if).

(mapcar ‹fonction› ‹listel› ... ‹listeN›)

Cette fonction permet d'appliquer une ‹fonction› donnée à tous les éléments des listes ‹listel› à ‹listeN›.

MAPCAR retourne comme résultat la liste des résultats successifs de cette application.

Exemples :

```
(mapcar '1+ '(10 20 30)) donne (11 21 31)
(mapcar '+  '(1 2 3)  '(4 5 6) donne (5 7 9)
```

(repeat ‹nombre› ‹expr› ...)

Cette fonction évalue chaque argument ‹expr› un ‹nombre› de fois et retourne la valeur de la dernière expression.

Exemple :

```
(setq a 10) (setq b 100)
```

alors

```
(repeat 4
(setq a (+ a 10)) (setq b (+ b 10))
)
```

donne 140 (valeur de la dernière expression).

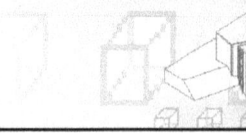

(while <expr test> <expr> ...)

Cette fonction évalue <expr test> et si celle-ci n'est pas nil, While évalue les autres <expr> et finalement elle évalue encore une fois <expr test>. Cela continue jusqu'à ce que <expr test> soit nil. Alors While retourne la valeur la plus récente de la dernière <expr>.

Cette fonction est donc utilisée lorsque l'on ne connaît pas exactement à l'avance le nombre d'itérations.

Exemple :

```
(setq a 1)
```

alors

```
(while (<=  a 10)
(setq a (1 + a))
)
```

cela donne 11, la valeur de la dernière expression évaluée.

Fig.3.17

Exemple :

Tracé d'un réseau de cercles avec un angle de départ

```
(defun c:rcercle ()
(setvar "cmdecho" 0)
(setq cr (getpoint "\n Entrez le centre du réseau:"))
(setq rr (getdist "\n Entrez le rayon du réseau:"))
(setq n (getint "\n Entrez le nombre de cercles:"))
(setq a (getangle "\n Entrez l'angle de départ:"))
(setq rc (getdist "\n Entrez le rayon des cercles:"))
(setq inc (/ (* 2 pi) n))
(setq ang 0)
(while (< ang (* 2 pi))
(setq p1 (polar cr (+ a inc) rr))
(command "cercle" p1 rc)
(setq a (+ a inc))
(setq ang (+ ang inc))
)
(setq "cmdecho" 1)
)
```

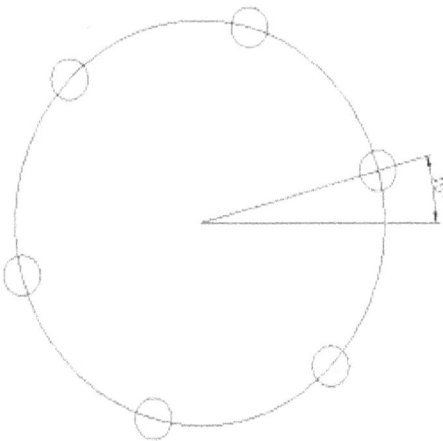

L'accès aux objets d'un dessin

La notion d'entité

Pour permettre l'accès à la base de données graphique d'AutoCAD, deux types de données AutoLISP sont disponibles :

▶ Nom d'entité (entity name)

▶ Jeu de sélection (selection set)

Quand on souhaite agir sur des entités d'un dessin, on ne travaille habituellement pas sur toute la base de données, mais sur une partie des entités sélectionnée par les procédures Fenêtre (Windows) ou Capture (Crossing). Ce qui crée un « jeu de selection » (selection set), dont chaque entité à un nom logique (entity name). Il ne s'agit pas d'un nom comme « Ligne » ou « Cercle » mais d'un numéro hexadécimal attribué par le logiciel.

Exemple :

```
<Nom d'entité: 7ef65fa8>
```

L'utilisateur ne peut d'ailleurs pas influencer le choix de ces noms, et ceux-ci peuvent varier d'une session à l'autre.

Le " Nom d'entité " est le premier élément de la liste des entités (entity list ou association list) qui contient les caractéristiques de chaque entité individuelle.

Exemple :

```
((-1 . <Nom d'entité: 7ef65fa8>) (0 . "LINE") (330 . <Nom d'entité:
7ef65cf8>)
(5 . "F5") (100 . "AcDbEntity") (67 . 0) (410 . "Model") (8 .
"Mobilier") (100
. "AcDbLine") (10 56.905 172.902 0.0) (11 182.462 231.678 0.0) (210
0.0 0.0
1.0))
```

Chaque élément de la liste est une « sous-liste » (sublist) et contient deux parties :

▶ un numéro de code qui est fonction de l'entité (exemple : code -1 = nom logique de l'entité, code 0 = type de l'entité, code 8 = nom du layer, code 10 = coordonnées d'origine de la ligne, code 11 = coordonnées de l'extrémité de la ligne, etc.).

▶ une caractéristique (nombre ou chaîne de caractères).

Exemple :

```
(8 . "Mobilier"): 8 = code de l'entité calque  et "Mobilier" = nom du
calque
```

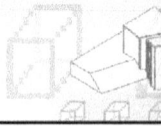

Pour des entités plus complexes comme des Blocs et des Polylignes chaque entité peut avoir des sous-entités.

Toutes les entités dans un jeu de sélection ont un numéro d'index (index number) qui classe l'entité dans le jeu de sélection (ex : entité 1 = index 0, entité 2 = index 1)

Pour avoir la liste des codes d'une entité, il suffit d'entrer la ligne de commande suivante :

```
(entget(car(entsel)))
```

▶ Entsel : permet de sélectionner une entité.

▶ Car : permet d'extraire le nom de l'entité, qui est le premier élément de la liste

▶ Entget : renvoie les codes de l'entité.

Les principales opérations sur les entités sont les suivantes :

Pour sélectionner les entités : SSGET : sélection par fenêtre

ENTSEL : sélection par entité

Pour avoir le nombre d'entités dans un jeu de sélection : SSLENGTH

Pour avoir le nom logique de l'entité (N° hexadécimal) : SSNAME

Pour avoir la liste des caractéristiques de l'entité : ENTGET

Pour accéder directement à une caractéristique particulière d'une entité (ex : hauteur du texte) : ASSOC

Pour remplacer une caractéristique par une autre (ex : une hauteur de texte par une autre) : SUBST

Pour construire une nouvelle liste : CONS

Pour réinjecter la nouvelle liste modifiée dans la base de données et mettre le dessin à jour : ENTMOD

Les codes DXF

Chaque élément de la liste des entités est caractérisé par un numéro de code qui est fonction de l'entité. Ces codes sont les mêmes que ceux utilisés en DXF, le format d'échange de fichier.

Tous les codes de groupe repris dans le tableau qui suit peuvent s'appliquer aux fichiers DXF, aux applications comme AutoLISP ou aux deux. Lorsque la description d'un code diffère pour les applications et pour les fichiers DXF (ou qu'elle ne s'applique qu'aux unes ou aux autres), cette description est précédée des indicateurs suivants :

▶ APP. : description spécifique d'une application.

▶ DXF. : description spécifique des fichiers DXF.

Si la description est commune aux fichiers DXF et aux applications, aucun indicateur n'est fourni.

Codes de groupe par numéro (© Autodesk)	
Code de groupe	**Description**
–5	APP : chaîne de réacteur persistant.
–4	APP : opérateur conditionnel (utilisé uniquement avec ssget).
–3	APP : drapeau de données étendues (XDATA) (fixe).
–2	APP : référence de nom d'entité (fixe).
–1	APP : nom d'entité. Ce nom change chaque fois qu'un dessin est ouvert. Il n'est jamais enregistré (fixe).
0	Chaîne de texte indiquant le type d'entité (fixe).
1	Valeur de texte initiale d'une entité.
2	Nom (étiquette d'attribut, nom de bloc, etc.).
3 et 4	Autres valeurs de texte ou de nom.
5	Identificateur d'entité ; chaîne de 16 chiffres hexadécimaux au maximum (fixe).
6	Nom du type de ligne (fixe).
7	Nom du style de texte (fixe).
8	Nom du style de texte (fixe).
9	DXF : identificateur du nom de variable (utilisé uniquement dans la section HEADER du fichier DXF).
10	Point principal. Il s'agit du point de départ d'une entité ligne ou texte, du centre d'un cercle, etc. DXF : valeur X du point principal (suivie des valeurs Y et Z des codes 20 et 30). APP : point 3D (liste de trois nombres réels).
11 à 18	Autres points DXF : valeur X des autres points (suivie des valeurs Y des codes 21 à 28 et des valeurs Z des codes 31 à 38). APP : point 3D (liste de trois nombres réels).

Code de groupe	Description (suite)
20, 30	DXF : valeurs Y et Z du point principal.
21 à 28, 31 à 37	DXF : valeurs Y et Z des autres points.
38	DXF : élévation de l'entité si non nulle.
39	Epaisseur de l'entité si non nulle (fixe).
40 à 48	Valeurs en virgule flottante en double précision (hauteur de texte, facteurs d'échelle, etc.).
48	Echelle de type de ligne ; valeur scalaire en virgule flottante en double précision ; valeur par défaut définie pour tous les types d'entités.
49	Valeur répétitive en virgule flottante en double précision. Plusieurs groupes 49 peuvent apparaître dans une entité pour les tables de longueur variable (telles que les longueurs de trait de la table LTYPE). Un groupe 7x apparaît toujours avant le premier groupe 49 pour spécifier la longueur de la table.
50 à 58	Angles (sortie en degrés vers les fichiers DXF et en radians vers les applications AutoLISP et ObjectARX).
60	Visibilité de l'entité ; nombre entier ; son absence ou la valeur 0 indique la visibilité ; la valeur 1 indique l'invisibilité.
62	Numéro de couleur (fixe).
66	Drapeau "Entités suivent" (fixe).
67	Espace—espace objet ou espace papier (fixe).
68	APP : identifie si la fenêtre est activée mais totalement hors écran, si elle n'est pas activée mais visible, ou si elle est invisible.
69	APP : numéro d'identification des fenêtres.
70 à 78	Nombres entiers tels que le nombre de répétitions, les bits indicateurs de drapeau ou les modes.
90 à 99	Entiers codés sur 32 bits.
100	Marqueur de sous-classe de données (avec le nom de la classe dérivée sous forme de chaîne). Requis pour toutes les classes d'objets et d'entités dérivées d'une autre classe concrète. Le marqueur de sous-classe de données sépare les données qui sont définies par différentes classes dans la chaîne héritée du même objet.
102	Chaîne de contrôle suivie de "{<nom arbitraire>" ou de "}". Similaire au code de groupe de données étendues 1002, hormis le fait que lorsque la chaîne commence par "{", elle peut être suivie d'une chaîne arbitraire interprétée par l'application. La seule autre chaîne de contrôle autorisée est "}" comme chaîne finale de groupe. AutoCAD ne peut interpréter ces chaînes que durant les opérations d'analyse d'un dessin. Elles sont destinées à l'application.
105	Identificateur d'objet pour l'entrée de table de symboles DIMVAR.
110	Origine SCU (apparaît uniquement si le code 72 est défini sur 1) DXF : valeur X ; APP : point 3D.

Code de groupe	Description (suite)
111	Axe X du SCU (apparaît uniquement si le code 72 est défini sur 1) DXF : valeur X ; APP : vecteur 3D.
112	Axe Y du SCU (apparaît uniquement si le code 72 est défini sur 1) DXF : valeur X ; APP : vecteur 3D.
120 à 122	DXF : valeur Y de l'origine du SCU, axe X du SCU et axe Y du SCU.
130 à 132	DXF: valeur Z de l'origine du SCU, axe X du SCU et axe Y du SCU.
140 à 149	Valeurs en virgule flottante en double précision (points, élévation et paramètres DIMSTYLE, par exemple).
170 à 179	Entiers codés sur 16 bits, tels que les bits indicateurs de drapeau représentant des paramètres DIMSTYLE.
210	Direction d'extrusion (fixe) DXF: valeur X de la direction d'extrusion. APP: vecteur de direction d'extrusion 3D.
220, 230	DXF: valeurs Y et Z de la direction d'extrusion.
270 à 279	Entiers codés sur 16 bits.
280 à 289	Entiers codés sur 16 bits.
290 à 299	Valeur de drapeau boléen.
300 à 309	Chaînes de texte arbitraires.
310 à 319	Les chaînes hexadécimales d'un maximum de 254 caractères représentent les tranches de données d'un maximum de 127 octets.
320 à 329	Identificateurs d'objet arbitraires ; ces valeurs sont prises « telles quelles ». Elles ne sont pas traduites lors des opérations INSERER et XREF.
330 à 339	Identificateur de pointeur logiciel ; les pointeurs logiciels arbitraires sont liés à d'autres objets dans le même dessin ou fichier DXF. Traduit lors des opérations INSERER et XREF.
340 à 349	Identificateur de pointeur matériel ; les pointeurs matériels arbitraires sont liés à d'autres objets dans le même dessin ou fichier DXF. Traduit lors des opérations INSERER et XREF.
350 à 359	Identificateur de propriétaire logiciel ; les propriétaires logiciels arbitraires sont liés à d'autres objets dans le même dessin ou fichier DXF. Traduit lors des opérations INSERER et XREF.
360 à 369	Identificateur de propriétaire matériel ; les propriétaires matériels arbitraires sont liés à d'autres objets dans le même dessin ou fichier DXF. Traduit lors des opérations INSERER et XREF.
370 à 379	Valeur d'énumération d'épaisseurs de lignes. Valeur stockée et communiquée sous la forme d'un nombre entier codé sur 16 bits. Les objets personnalisés autres que les entités peuvent utiliser la fourchette complète, mais les classes d'entités ne peuvent utiliser que les codes de groupe DXF 371 à 379 dans leur représentation, car AutoCAD et AutoLISP partent du principe que le code de groupe 370 correspond à l'épaisseur de ligne de l'entité. Le code 370 peut donc se comporter comme les autres zones d'entité « communes ».

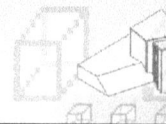

Code de groupe	Description (suite)
380 à 389	Enumération du type de nom de style de tracé (AcDb::PlotStyleNameType). Valeur stockée et communiquée sous la forme d'un nombre entier codé sur 16 bits. Les objets personnalisés autres que les entités peuvent utiliser la fourchette complète, mais les classes d'entités ne peuvent utiliser que les codes de groupe DXF entre 381 et 389 dans leur représentation pour la même raison qu'avec la fourchette d'épaisseurs de ligne.
390 à 399	Chaîne représentant la valeur de l'identificateur de l'objet Nom de style de tracé (il s'agit d'un pointeur matériel mais sa fourchette est différente pour faciliter la compatibilité en amont). Cette valeur est stockée et communiquée sous la forme d'un ID d'objet (un identificateur dans les fichiers DXF) et d'un type spécial dans AutoLISP. Les objets personnalisés autres que les entités peuvent utiliser la fourchette complète, mais les classes d'entités ne peuvent utiliser que les codes de groupe DXF entre 391 et 399 dans leur représentation pour la même raison qu'avec la fourchette d'épaisseurs de ligne.
400 à 409	Entiers codés sur 16 bits.
410 à 419	Chaîne.
420 à 427	Entiers codés sur 32 bits. Lorsqu'il est utilisé pour une couleur vraie ; entier de 32 bits représentant une valeur de couleur sur 24 bits. L'octet de poids fort (8 bits), égal à 0, est suivi de caractères non signés (0-255) indiquant la valeur du rouge, du vert et enfin du bleu pour l'octet de poids faible. La conversion de cette valeur d'entier en hexadécimal donne le masque binaire suivant :0x00RRGGBB. Par exemple, une couleur vraie ayant les valeurs Rouge==200, Vert==100 et Bleu==50 est égale à 0x00C86432, soit en format décimal DXF, 13132850.
430 à 437	Chaîne ; lorsqu'elle est utilisée pour une couleur vraie, chaîne représentant le nom de la couleur.
440 à 447	Entiers codés sur 32 bits. Lorsqu'elle est utilisée pour une couleur vraie, c'est la valeur de transparence.
450 à 459	Entier long.
460 à 469	Valeur en virgule flottante en double précision.
470 à 479	Chaîne.
999	DXF: le code de groupe 999 indique que la ligne suivante est une chaîne de commentaire. SAUVENOM n'inclut pas de tels groupes dans un fichier de sortie DXF, mais OUVRIR les honore et ignore les commentaires. Vous pouvez utiliser le groupe 999 pour insérer des commentaires dans un fichier DXF que vous avez modifié.
1000	Chaîne ASCII (jusqu'à 255 octets) dans les données étendues.
1001	Nom d'application enregistré (chaîne ASCII de 31 octets au maximum) pour les données étendues.
1002	La chaîne de contrôle des données étendues peut être soit "{" soit "}".

Code de groupe	Description (suite)
1003	Nom du calque des données étendues.
1004	Tranche d'octets (jusqu'à 127 octets) dans les données étendues.
1005	Identificateur d'entité dans les données étendues ; chaîne de 16 chiffres hexadécimaux au maximum.
1010	Point dans les données étendues. DXF: valeur X (suivie par les groupes 1020 et 1030) APP: point 3D
1020, 1030	DXF : valeurs Y et Z d'un point.
1011	Positionnement du système général en 3D dans les données étendues DXF: valeur X (suivie par les groupes 1021 et 1031). APP: point 3D.
1021, 1031	DXF : valeurs Y et Z d'un positionnement du système général.
1012	Déplacement du système général en 3D dans les données étendues. DXF: valeur X (suivie par les groupes 1022 et 1032). APP: vecteur 3D.
1022, 1032	DXF : valeurs Y et Z du premier coin (dans le SCG).
1013	Direction du système général en 3D dans les données étendues. valeur X (suivie par les groupes 1022 et 1032). APP: vecteur 3D.
1023, 1033	DXF : valeurs Y et Z d'une direction dans l'espace général.
1040	Valeur en virgule flottante en double précision dans les données étendues.
1041	Valeur de la distance dans les données étendues.
1042	Facteur d'échelle dans les données étendues.
1070	Entier signé sur 16 bits dans les données étendues.
1071	Entier long signé sur 32 bits dans les données étendues.

La sélection des entités

Plusieurs fonctions permettent de retrouver un nom d'entité par analyse de la base de données ou par sélection d'une entité à l'écran. Il s'agit de :

(entnext <nom-entité>)

Cette fonction retourne le nom d'entité de la première entité non effacée dans la base de donnée.

Appelée avec un argument <nom-entité> " entnext " retourne le nom d'entité de la première entité non effacée qui suit <nom-entité> dans la base de données.

(entlast)

Cette fonction retourne le nom de la dernière entité principale non effacée dans la base de données. Cette fonction est surtout utilisée pour obtenir le nom d'une nouvelle entité qui vient d'être ajoutée par la fonction Commande. Pour être sélectionnée, l'entité ne doit pas être visualisée sur l'écran ni se trouver dans un calque libéré. On peut stocker le nom d'entité dans une variable mémoire pour une utilisation ultérieure :

```
(setq x (entast)
```

(entsel <message>)

Cette fonction sélectionne une entité unique par pointage à l'écran. ENTSEL retourne une liste dont le premier élément est le nom de l'entité choisie et dont le second élément est les coordonnées du point utilisé pour sélectionner l'entité. Si l'on spécifie une chaîne de caractères pour <message> cette chaîne demandera l'entité à l'utilisateur. Autrement le message affichera par défaut "Choix de l'objet".

Une fois sélectionnée, l'entité peut être soumise à diverses opérations nécessitant une sélection d'objets comme Déplacer, Copier, Effacer, etc.

Exemple :

(setq x (entsel "Veuillez pointer une entité")) : pointez un objet à l'écran

(setq objet (car x)) : stocke le nom logique

Commande : déplacer

Choix des objets : !objet

Choix des objets : Entrée

Spécifiez le point de base : pointez

Spécifiez le deuxième point : pointez

Les opérations sur les entités

Les fonctions suivantes permettent d'extraire et de modifier les données définissant une entité. Elles utilisent toutes des noms d'entités pour désigner les entités à traiter.

(entdel <nom-entité>)

L'entité spécifiée par <nom-entité> est effacée si elle se trouve actuellement dans le dessin et elle est restaurée si elle a été effacée précédemment durant cette session d'édition. Entdel ne traite que des entités principales ; les attributs et les sommets de polylignes ne peuvent pas être effacés indépendamment de leurs entités composées.

(entget <nom-entité>)

L'entité du nom <nom-entité> est extraite de la base de données et retournée comme liste contenant ses données de définition.

Exemple :

Commande : ligne

Spécifiez le premier point : 1,2

Spécifiez le point suivant : 6,6

Spécifiez le point suivant : Entrée

Commande :

```
(setq x (entget (entlast)))
```

cette commande permet d'obtenir dans x la liste suivante :

```
((-1 . <Nom d'entité: 7ef65f90>) (0 . "LINE") (330 . <Nom d'entité:
7ef65cf8>) (5 . "F2") (100 . "AcDbEntity") (67 .
0) (410 . "Model") (8 . "0") (100 . "AcDbLine") (10 1.0 2.0 0.0) (11
6.0 6.0 0.0) (210 0.0 0.0 1.0))
```

(entmod <liste-entité>)

Cette fonction permet de mettre à jour l'information de la base de données de l'entité dont le nom est spécifié par le groupe "-1" dans la <liste-entité>. La méthode suivante est souvent utilisée pour mettre à jour la base de données :

▶ Entités sélectionnées par Entget.

▶ Modification par Subst et mise à jour par Entmod.

Quelques restrictions dans l'utilisation de Entmod :

▶ Le type d'une entité ne peut pas être changé.

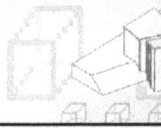

▶ AutoCAD doit connaître tous les objets référencés dans la ‹liste-entité› avant Que Entmod soit exécuté (style de texte, type de ligne, nom des blocs, etc).

Exemple : conversion des caractères d'un texte en majuscules

```
(defun c:majuscules (/ temp texte data)
(prompt "\nSélectionnez le texte")
(if (setq data (entsel))
(progn
(setq data (entget (car data)))
(setq temp (assoc 1 data))
(setq texte (strcase (cdr temp)))
(setq data (subst (cons 1 texte) temp data))
(entmod data)
))
(princ)
)
```

Les opérations sur les jeux de sélection

Un jeu de sélection est un groupe d'entités. Lors de l'utilisation d'AutoCAD il arrive souvent de devoir répondre à la question " Choix des objets ". Pour y répondre, on clique habituellement sur l'un ou l'autre objet ou on utilise une fenêtre de sélection ou de capture. Dans ces différents cas on ne fait rien d'autre que de créer un jeu de sélection. Les opérations possibles sur les jeux de sélection sont les suivantes :

(ssget ‹mode› ‹pt1› ‹ pt2›)

Cette fonction permet d'obtenir un jeu de sélection.

‹mode› : permet de définir le type de sélection, qui peut être D (dernier) P (précédent) F (fenêtre) ou C (capture) T (trajet), CP (capture polygone) ou FP (fenêtre polygone).

‹pt1› et ‹pt2› : déterminent les points de sélection pour F et C.

La spécification d'un point sans argument ‹mode› équivaut à une sélection par pointage.

Si tous les arguments sont omis, le système pose "Choix des objets". Il est possible de stocker dans une variable le numéro du jeu de sélection ainsi déterminé :

```
(setq N (ssget))
```

N contient le nom du jeu de sélection créé. Par exemple :

```
<Selection set: 6>
```

Exemple : dessin de deux cercles et changement de couleur

```
(defun c:rouge (/ sel)
(command "cercle" '(10 10) 5)
(command "cercle" '(20 20) 5)
(setq sel (ssget "c" '(20 20) '(0 0)))
(command "chprop" sel "" "CO" 1 "")
)
```

(sslength <jeu de sélection>)

Cette fonction retourne un nombre entier contenant le nombre d'entités dans le jeu de sélection.

Exemple :

```
(setq sel (ssget))
(sslength sel)
```

donne le nombre d'élément sélectionnés.

(ssname <jeu de sélection> <indice>)

Cette fonction retourne le nom d'entité de l'élément indexé (<indice>)

Si <indice> est négatif ou supérieur à l'entité numérotée la plus grande du jeu de sélection, " nil " est retournée.

Le premier élément du jeu a un indice de zéro. Les noms d'entités obtenus par SSGET seront toujours les noms des entités principales. Les sous-entités (attributs des blocks, sommets de polylignes) ne seront pas retournées. Il faut dans ce cas utiliser Entnext pour accéder aux sous-entités.

Exemple :

```
(setq Sel (ssget))
(setq NOM (ssname Sel 0))
```

qui permet de récupérer le nom logique de la première entité de cet ensemble. Il est également possible d'obtenir la liste des données de ladite entité grâce à la fonction Entget appliquée à NOM.

(ssadd <nom-entité> <jeu de sélection>)

Cette fonction permet d'ajouter l'objet spécifié par ‹nom-entité› au jeu de sélection.

Sans arguments, la fonction ssadd construit un nouveau jeu de sélection sans éléments.

Avec uniquement ‹nom-entité›, ssadd construit un nouveau jeu de sélection contenant uniquement le nom de cette entité.

Exemple :

Un dessin contenant trois cercles. On sélectionne d'abord deux cercles, puis avec ssadd on ajoute le troisième cercle.

(setq a (ssget)) : on sélectionne deux cercles.

(setq b (entsel)) : on sélectionne le troisième cercle.

(setq c (car b)) : donne le nom de l'entité.

(setq d (ssadd c a)) : on ajoute le troisième cercle aux deux premiers.

Pour voir le nombre d'éléments dans " a " :

```
(sslength a)
```

(ssdel <nom-entité> <jeu de sélection>)

Cette fonction permet d'éliminer toute entité d'un jeu de sélection et retourne le nom du jeu de sélection.

Exemple :

Après avoir sélectionné trois cercles, on souhaite sortir un cercle de la sélection

```
(setq a (ssget))
```

choix des objets : tout

```
(setq b (entsel))
```

choix des objets : sélectionnez le cercle à sortir de la sélection

```
(setq c (car b))
(setq d (ssdel c a))
(command "effacer" a "")
```

seul deux cercles sont supprimés.

(ssmemb <nom-entité> <jeu de sélection>)

Cette fonction teste si le nom d'entité fait partie du jeu de sélection. Si tel est le cas, ssmemb retourne le nom d'entité, sinon il retourne nil.

Les opérations sur les sous-listes (sublist)

Les fonctions suivantes sont des fonctions AutoLisp générales pouvant être utilisées n'importe quand. Cependant leur utilisation est particulièrement utile pour retrouver et modifier les sous-listes (sublists).

Il s'agit ici d'un rappel, car elles ont déjà été abordées précédemment dans ce chapitre.

(assoc <code> <sous-listes>)

Cette fonction cherche dans la liste des « sous-listes » celle dont le code-clé est <code>.

Elle retourne ensuite le contenu de la sous-liste.

Exemple :

Tracez une ligne puis entrez :

```
(setq x (entget (entlast)))
```

Cela donne :

```
((-1 . <Nom d'entité: 7ef7c000>) (0 .
"LINE") (330 . <Nom d'entité: 7ef65cf8>) (5 . "F8") (100 .
"AcDbEntity") (67 .
0) (410 . "Model") (8 . "Mur") (100 . "AcDbLine") (10 -3.30608
268.063 0.0) (11
72.7746 205.555 0.0) (210 0.0 0.0 1.0))
```

Pour extraire les coordonnées de l'origine de la ligne (code 10) la procédure est la suivante :

```
(assoc '10 x)
```

Cela donne :

```
(10 -3.30608 268.063 0.0)
```

La fonction CADR permet ensuite d'extraire les coordonnées elles-mêmes. Pour la coordonnée en X on a :

```
(setq COORD (cadr (assoc '10 x)))
```

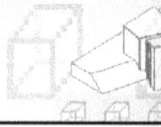

Cela donne :

```
-3.30608
```

(cons <nouv.prem.elem.><liste>)

Permet d'ajouter un nouvel élément comme premier élément d'une liste existante.

Exemple :

```
(setq X '(1.0 1.0 0.0))
(setq X (cons 10 X))
```

cela donne

```
(10 1.0 1.0 0.0)
```

(list <expressions>)

Cette fonction prend un nombre quelconque d'expressions et les rassemble dans une liste.

Exemple :

```
(list
'(-1 . <Nom d'entité: 7ef7c000>)
'(0 . "LINE")
'(8 . "Mur")
```

donne la liste suivante :

```
((-1 . <Nom d'entité: 7ef7c000>)
(0 . "LINE")
(8 . "Mur"))
```

(subst <nouv .><ancien><liste>)

Cette fonction cherche ‹ancien› dans la liste ‹liste› et remplace ‹ancien› par ‹nouveau›.

Exemple :

dans l'exemple précédent on désire changer le point de départ de la ligne -3.30608 268.063 0.0 par 2.0 2.0 0.0

```
(subst '(2.0 2.0 0.0) '(-3.30608 268.063 0.0) (assoc 10 x>)
```

ce qui donne

```
((-1 . <Nom d'entité: 7ef7c000>) (0 .
"LINE") (330 . <Nom d'entité: 7ef65cf8>) (5 . "F8") (100 .
"AcDbEntity") (67 .
0) (410 . "Model") (8 . "Mur") (100 . "AcDbLine") (10 2.0 2.0 0.0)
(11
72.7746 205.555 0.0) (210 0.0 0.0 1.0))
```

Exemple : on souhaite changer la hauteur d'un texte comme sur la figure 3.18 :

La procédure est la suivante :

1. Sélectionner le texte. On obtient le nom de l'objet par ssname

2. Extraire la liste de l'objet par la fonction entget

3. Recherche de la sous-liste de code 0 avec la fonction assoc

4. Construire un nouvel élément dont la hauteur du texte est remplacée par une nouvelle hauteur en utilisant la fonction cons

5. Substituer l'ancien élément par le nouveau à l'aide de la fonction subst

6. Mettre la base de données à jour avec la fonction entmod

Le programme est le suivant :

```
(defun c:chgtexte ()
(setq nht (getreal ''\nEntrez la nouvelle hauteur:''))
(setq sel (ssget))
(setq nom (ssname sel 0))
(setq ent (entget nom))
(setq ancliste (assoc 40 ent))
(setq conliste (cons (car ancliste) nht))
(setq nouvliste (subst conliste ancliste ent))
(entmod nouvliste)
)
```

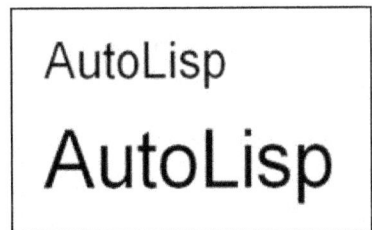

AutoLisp

AutoLisp

Fig.3.18

Exercice :

On souhaite effacer les entités de dessin se trouvant sur un calque donné

Le programme est le suivant :

```
(defun c:supcalc ()
(setq Nom (getstring "\nNom du calque dont on veut effacer les entites : "))
(setq Nb 0)
(setq Elem (entnext))
```

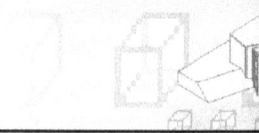

```
(while Elem
(if (= Nom (cdr (assoc 8 (entget Elem))))
(progn
(entdel elem)
(setq Nb (1+ Nb))
)
)
(setq Elem (entnext Elem))
)
(princ (strcat "\n "(itoa Nb)" éléments ont été effacés"))
)
```

L'accès aux tables des symboles

Un dessin contient également d'autres informations que les entités dessinées. Il s'agit par exemple des calques, des types de lignes, des blocs, des styles de cotations, etc. Ces informations sont enregistrées dans des Tables de symboles dont les principales sont :

Layer	Calques du dessin
Style	Styles de caractères
Block	Blocs du dessin
View	Vues nommées
UCS	Systèmes de coordonnées utilisateurs
Vport	Fenêtres de visualisation
Ltype	Types de lignes chargés dans le dessin

Les fonctions d'accès aux tables de symboles sont : tblnext, tblsearch, tblobjname.

La fonction Tblnext

La syntaxe est la suivante :

```
(tblnext <nom de la table><mode>)
```

Cette fonction est utilisée pour balayer un tableau entier de symboles. Elle comprend les éléments suivants :

▶ l'argument <nom du tableau> est une chaîne de caractères identifiant le tableau de symboles auquel on s'intéresse ("Layer", "Block", "Style", etc.)

▶ si l'argument ‹mode› est présent et qu'il a une valeur non "nil" la première entrée du tableau est extraite, sinon c'est l'entrée suivante dans le tableau qui est extraite. On donne en général la valeur T au mode.

Exemple :

(tblnext "layer" T) demande d'extraire le premier calque dans la table des symboles. Cela donne :

((0 . "LAYER") : type de symbole

(2 . "0") : nom du symbole

(70 . 0) : drapeau

(62 . 7) : numéro de la couleur

(6 . "Continuous")) : type de ligne

La fonction est Tblsearch

La syntaxe est la suivante :

```
(tblsearch <nom de la table> <symbole>)
```

Cette fonction examine la table des symboles identifiée par ‹nom de la table› et y cherche le nom du symbole fourni par ‹symbole›.

Exemple :

```
(tblsearch "style" "standard")
```

((0 . "STYLE") : type de symbole

(2 . "Standard") : nom du symbole

(70 . 0) : drapeaux

(40 . 0.0) : hauteur du texte dans le style

(41 . 1.0) : facteur d'épaisseur

(50 . 0.0) : angle d'inclinaison

(71 . 0) : drapeaux

(42 . 2.5) : hauteur proposée lors de l'écriture

(3 . "txt") : fichier caractère primaire

(4 . "")) : fichier grande police

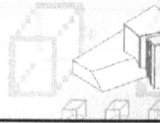

La fonction est Tblobjname

La syntaxe est la suivante :

```
(tblobjname <nom de la table> <symbole>)
```

Cette fonction examine la table des symboles identifiée par <nom de la table> et renvoie le nom d'une entrée de table sous une forme exploitable par (entget) et (entmod).

Exemple :

```
(tblobjname "layer" "0")
```

donne :

```
<Nom d'entité: 7ef65c80>
```

La gestion des fichiers

Il arrive souvent que l'on ait à écrire ou à lire des données dans un fichier à partir d'AutoCAD. Ainsi avec AutoLISP il est possible de créer et d'utiliser des fichiers séquentiels pour sauvegarder les données. En effet, le contenu des variables est stocké en mémoire centrale et est donc perdu en fin de session du dessin AutoCAD. Pour pouvoir récupérer ces valeurs pour une utilisation ultérieure, il convient de stocker ces valeurs dans un fichier.

Tout fichier séquentiel de données dans AutoLisp doit être repéré par son descripteur de fichier sur lequel les opérations classiques d'ouverture, de lecture, d'écriture, de fermeture et de parcours sont faites.

Il faut remarquer que l'ouverture et la fermeture des fichiers ne sont pas automatiques dans AutoLisp et qu'elles doivent donc être programmées par l'utilisateur.

L'ouverture d'un fichier

L'ouverture d'un fichier se fait grâce à la fonction OPEN. Cette fonction ouvre un fichier pour donner accès aux fonctions d'entrée/sortie d'AutoLisp. Elle retourne un descripteur de fichier qui doit être utilisé par d'autres fonctions d'entrée/sortie. Un " descripteur de fichier " est un nom spécial, à usage interne, donné par AutoLisp lors de l'ouverture d'un fichier. Il s'agit d'une sorte de pointeur qui référence le fichier.

Pour cette raison OPEN doit être attribuée comme valeur à une variable (SETQ).

On a ainsi la forme suivante :

```
(setq x (<open><nom fichier> <mode>))
```

Avec :

▶ x : le descripteur du fichier.

▶ ‹nom fichier› : le nom physique du fichier avec son extension.

▶ ‹mode› : le sélecteur lecture/écriture (mode peut être :"r", "w", "a") avec :

■ "r" (read) : ouverture en lecture. Si ‹nom de fichier› n'existe pas, on a "nil".

■ "w"(write) : ouverture en écriture. Si ‹nom de fichier› n'existe pas, un nouveau fichier est créé et ouvert. S'il existe déjà, les données existantes seront surchargées.

■ "a" (append) : ouverture pour ajouter de nouvelles données. Si ‹nom de fichier› n'existe pas, un nouveau fichier est créé et ouvert. S'il existe déjà il est ouvert et placé après les données existantes.

Exemple :

```
(setq Fi (open "data.txt" "r"))
```

La fermeture d'un fichier

La fermeture d'un fichier n'est pas automatique et se réalise par la commande Close. Elle se présente sous la forme :

```
(close <descripteur>)
```

Cette fonction ferme un fichier et retourne "nil".

‹descripteur› est un descripteur de fichier obtenu par l'appel de la fonction OPEN.

Après Close, le descripteur de fichier n'est pas changé mais il n'est plus valable. On a ainsi :

```
(setq x (open "data.txt" "r"))
...........
(close x)
```

La lecture d'un fichier

Les fonctions de lecture dans un fichier sont (read-char) et (read-line) :

(read-char <descripteur>)

Cette fonction lit un seul caractère dans la mémoire tampon d'entrée par clavier ou dans le fichier ouvert décrit par <descripteur>. Elle retourne le code ASCII représentant le caractère lu. Ainsi si vous tapez "abc" au clavier, Read-char retournera 65, le code ASCII de la lettre A.

(read-line <descripteur>)

Cette fonction lit une chaîne de caractères à partir du clavier ou dans le fichier ouvert par <descripteur>. A la fin d'un fichier, Read-line retourne "nil", ou la chaîne lue.

Ces deux fonctions retournent donc un caractère et une chaîne de caractères et non une liste ou un atome. Il faut donc appliquer après ces deux fonctions la fonction Read ou toute autre fonction de conversion de données pour retrouver la donnée réelle.

L'écriture dans un fichier

Les fonctions d'écriture dans un fichier sont (write-char) et (write-line) :

(write-char <code> <descripteur>)

Cette fonction écrit un caractère, dont le code ASCII est <code>, dans le fichier ouvert décrit par <descripteur>.

Exemple :

(write-char 67 FI) écrit C dans le fichier FI.

(write-line <chaîne> <descripteur>)

Cette fonction écrit <chaîne> dans le fichier ouvert décrit par <descripteur>.

Exemple :

(write-line "Test" FI) écrit Test dans le fichier FI.

Exemple : écriture de deux lignes dans un fichier

```
(setq FI (open "texte.txt" "w"))
(write-line "Ceci est la première ligne" FI)
(write-line "Ceci est la deuxième ligne" FI)
(setq FI (close FI))
```

La manipulation de chaînes de caractères

Pour rendre le maniement des chaînes de caractères plus facile, AutoLISP fournit les fonctions suivantes :

(strcase <chaîne> <mode>)

Cette fonction prend la chaîne de caractères spécifiée par ‹chaîne› et retourne une copie où tous les caractères sont convertis en majuscules ou minuscules suivant la valeur de ‹mode›. Si ‹mode› est omis ou "nil" on a des majuscules, dans les autres cas la conversion se fait en minuscules.

Exemple :

(strcase "exemple") donne "EXEMPLE"

(strcase "exemple" T) donne "exemple"

(strcat <chaîne1> <chaîne2> ...)

Cette fonction donne une chaîne qui est la concaténation de ‹chaîne 1›, ‹chaîne2› , etc.

Exemple :

(strcat "Bon" "jour") donne "Bonjour"

(strlen <chaîne>)

Cette fonction retourne la longueur de chaîne comme nombre entier.

Exemple :

(strlen "abcd") donne 4 qui correspond au nombre de caractères de la chaîne.

(substr <chaîne> <début> <longueur>)

Cette fonction donne une sous-chaîne de ‹chaîne›, commençant à la position ‹début› et continuant de ‹longueur› caractères.

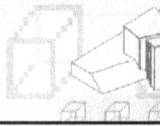

Exemples :

(substr "abcde" 2) donne "bcde"

(substr "abcde" 2 1) donne "b"

Exercice : afficher le contenu d'un fichier texte à l'écran

```
(defun c:aff ()
(setq i 1)
(setq CH1 " ")
(setq NF (getstring "\nNom du fichier à afficher: "))
(setq FI (open NF "r" ))
(if FI
(progn
(while (setq CH (read-line FI))
(if (= i 20)
(progn
(print (read CH1))
(setq i 1)
(getstring "\nTaper Entrée pour continuer")
)
(setq i (1+  i))
)
(print CH)
)
(close FI) )
(prompt "\nCe fichier n'existe pas")
)
)
```

L'accès aux variables AutoCAD

Il existe un grand nombre de variables dans AutoCAD qui reprennent l'état du système. Ces variables peuvent être consultées et modifiées dans AutoCAD directement par la commande SETVAR ou dans AutoLISP par les fonctions SETVAR et GETVAR.

La syntaxe est la suivante :

```
(setvar < "nom variable"> <valeur>)
```

Cette fonction affecte la valeur fournie à une variable de système AutoCAD et retourne cette valeur.

Exemple :

`(setvar "filletrad" 0.50)` donne 0.500000

Le rayon de raccordement (fillet) est donc mis à 0.5 unités.

```
(getvar <"nom variable">)
```

Cette fonction extrait la valeur d'une variable du système AutoCAD. Par exemple si le dernier rayon de raccordement spécifié était long de 0.25 unités, on aurait :

`(getvar "filletrad")` donne 0.250000

La liste complète des variables se trouve dans l'aide d'AutoCAD à la rubrique Présentation des commandes et Variables système. En voici un petit aperçu :

Variables	Valeurs possibles
AUNITS	Type d'unités angulaires 0 = degrés décimales, 1 = degrés/minutes/secondes, 2 = grades, 3 = radians, 4 = géodésie.
AUPREC	Nombre de décimales angulaires.
BLIPMODE	Points visibles si 1, invisibles si 0.
CMDECHO	Echo des messages de commandes et entrées en Lisp si 1, sinon 0.
COORDS	Si 0, affichage des coordonnées n'est mis à jour que lors de la sélection de points. Si 1, l'affichage des coord.absolues est constamment mis à jour. Si 2, affichage en coord. polaires du dernier point.
DRAGMODE	Evolution dynamique disponible à la demande = 1, hors d'effet = 0, automatique = 2.
GRIDMODE	Grid "on" si 1, grid "off" si 0.
MIRRTEXT	miroir reflète le texte si non-zéro, retient la direction du texte si zéro.
ORTHOMODE	Ortho "on" if 1, "off" si 0.
OSMODE	Code object snap modes (1 = end point, 2 = midpoint, 4 = center, 8 = node, 16 = quadrant, 32 = intersection, 64 = insertion, 128 = perpandicular, 256 = tangent, 512 = nearest, 1024 = quick).
SNAPMODE	Snap "on" si 1, "off" si 0.

Les fonctions Getvar et Setvar sont couramment utilisées pour sauvegarder et restaurer l'état initial du système. Par exemple :

```
(defun INIT ()
(setq
BL (getvar "Blipmode")
```

```
GR (getvar "Gridmode")
SN (getvar "Snapmode")
)

----- la procédure----

(defun Reinit ()
(setvar  "Blipmode" BL)
(setvar "Gridmode" GR)
(setvar "Snapmode" SN)
)
```

Cas pratiques

Dessiner une capsule

```
(defun c:capsule ()
(setq or (getpoint "\nPointez l'origine: "))
(setq dir (getpoint or "\nPointez la direction: "))
(grdraw or dir 1 1)
(setq ra (getpoint or "\nPointez la valeur du rayon: "))
(setq aa (angle or dir))
(setq ab (+ aa (* pi 0.5)))
(setq da (distance or ra))
```

```
(setq p1 (polar or ab da))
(setq p2 (polar or (+ ab pi) da))
(setq p3 (polar dir ab da))
(setq p4 (polar dir (+ ab pi) da))
(command "polylign" p2 p4 "a" p3 "li" p1
"a" p2 "cl")
)
```

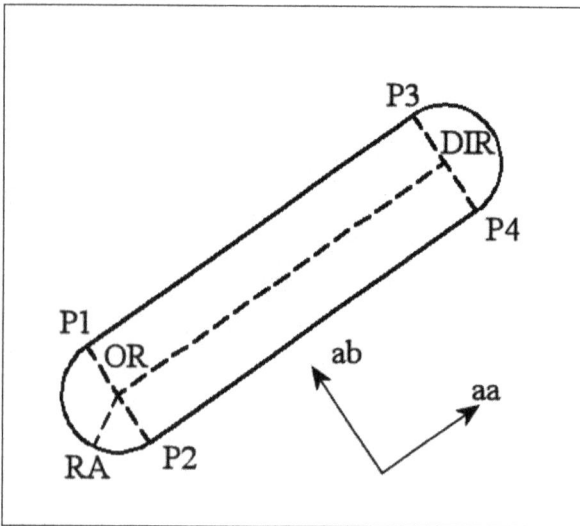

Fig.3.19

Exporter un texte sélectionné vers un fichier ASCII

```
(defun c:exptexte ()
(setq fi (getstring "\nEntrez le nom du fichier: "))
(setq exp (entsel "\nPointez le texte à exporter: "))
(while exp
(setq liste (entget (car exp)))
(setq texte (cdr (assoc 1 exp)))
(setq fichier (open fi "a"))
(write-line texte fichier)
(close fi)
(setq exp (entsel "\nSélectionnez le texte suivant ou clic droit pour
sortir: "))
)
)
```

Déplacer les objets sélectionnés vers le calque en cours

```
(defun c:chcal ()
(setq calc (getvar "CLAYER"))
(setq objet (car (entsel "\nSélectionnez l'objet: ")))
(while objet
(setq elist1 (entget objet))
(setq elist1 (subst (cons 8 calc) (assoc 8 elist1) elist1))
(entmod elist1)
(setq objet (car (entsel "\nSélectionnez l'objet suivant: ")))
)
)
```

CHAPITRE 4
LE LANGAGE DCL

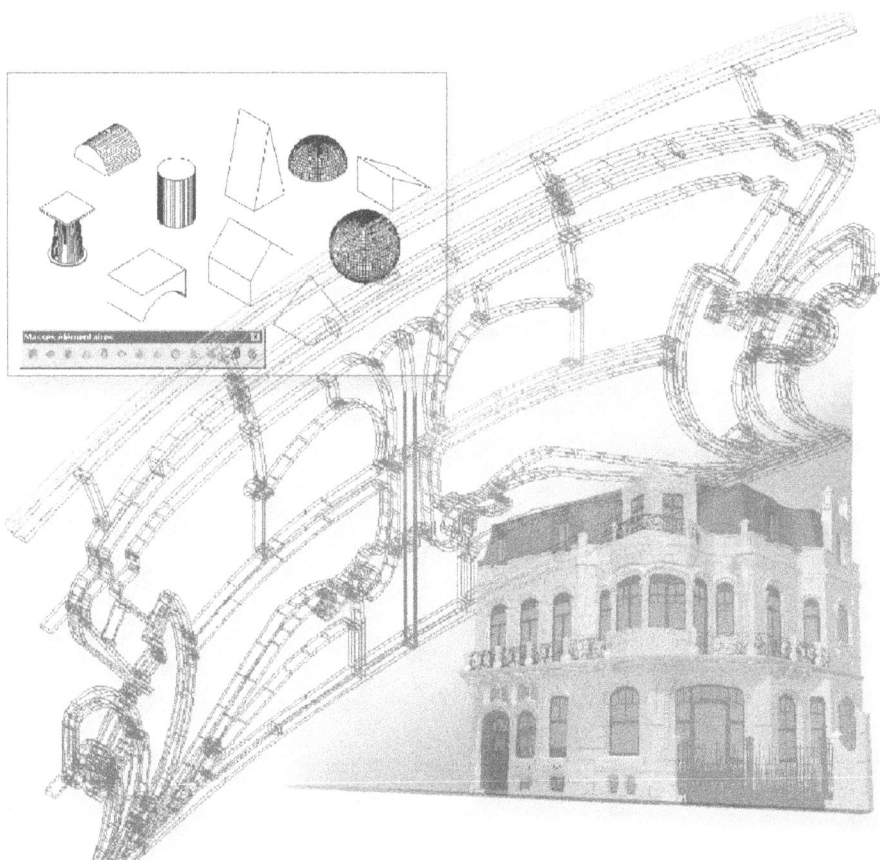

Introduction

Depuis AutoCAD 12, tout utilisateur qui souhaite personnaliser AutoCAD peut programmer ses propres boîtes de dialogue. Elles sont incontestablement le moyen de communication le plus confortable utilisé par la plupart des logiciels pour interagir avec l'utilisateur. Pour programmer les boîtes de dialogue AutoCAD dispose d'un langage particulier : DCL (Dialog Control Language). La structure d'une boîte de dialogue est enregistrée dans un fichier DCL. Il s'agit d'un fichier texte ASCII qui peut être créé et modifié à l'aide de n'importe quel éditeur. Un fichier DCL ne contient que la description formelle de la boîte de dialogue, et non ses fonctions.

AutoCAD utilise également à ses propres fins des boîtes de dialogue écrites en DCL. Par exemple l'extrait suivant concerne la boîte de dialogue Rendu (fig.4.1).

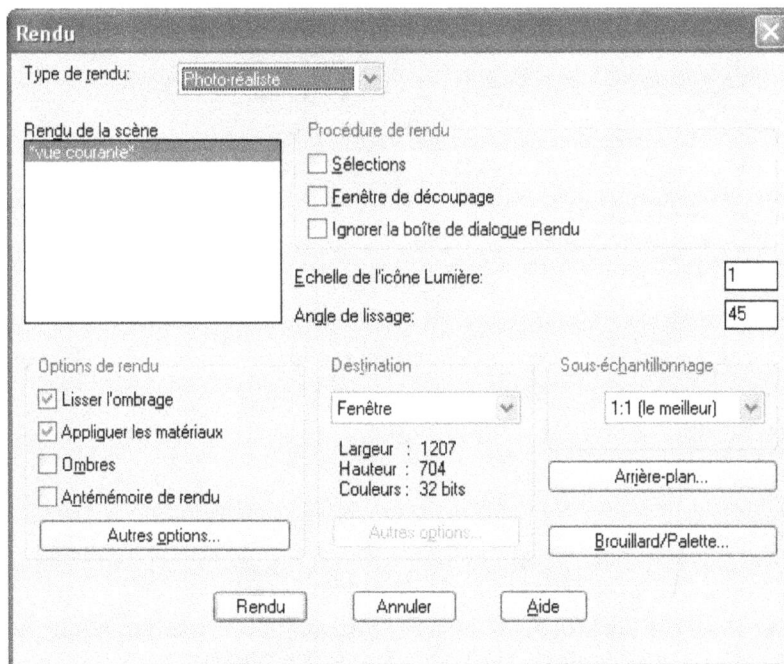

Fig.4.1

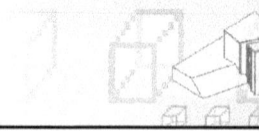

```
//**********************************************************************
******
//
// Render Dialogue Control Language (DCL)
//
//**********************************************************************
******

// Change level to 3 for new DCL auditing.
dcl_settings : default_dcl_settings { }

@include "rendcomm.dcl"

//**********************************************************************
******
//

// Sub-assemblies common to the render and preferences dialog

render_quality : popup_list {
    label = "Type de rendu:";
    key = "pf_st";
    mnemonic = "r";
    list = "Rendu\nPhoto-réaliste\nPar lancer de rayons";
    render_types = "crender\nautovis\nraytrace";
    edit_width = 20;
    fixed_width = true;
}

render_query : toggle {
    key = "pf_rp";
    label = "Sélections";
    mnemonic = "S";
}
```

Fichiers de base

AutoCAD est livré avec deux fichiers DCL de base :

▸ **Base.dcl :** il contient les définitions des composants de base d'une boîte de dialogue, à savoir les boutons, listes déroulantes, images, etc.

▸ **Acad.dcl :** il contient les boîtes de dialogue des commandes internes d'AutoCAD.

Structure d'une boîte de dialogue

Une boîte de dialogue se compose d'un cadre et de plusieurs composants prédéfinis (boutons, listes, images, champs à cocher, etc.) qu'il convient d'associer à des textes d'identification. La taille d'une boîte de dialogue se détermine automatiquement en fonction de celle de ses composants, qui à leur tour s'ajustent automatiquement à la longueur du texte qu'ils portent.

Toute boîte de dialogue est structurée de façon hiérarchique avec la combinaison de lignes et de colonnes (fig.4.2).

A titre d'exemple, la boîte de dialogue Paramètres de dessin (Drafting settings) (fig.4.3) :

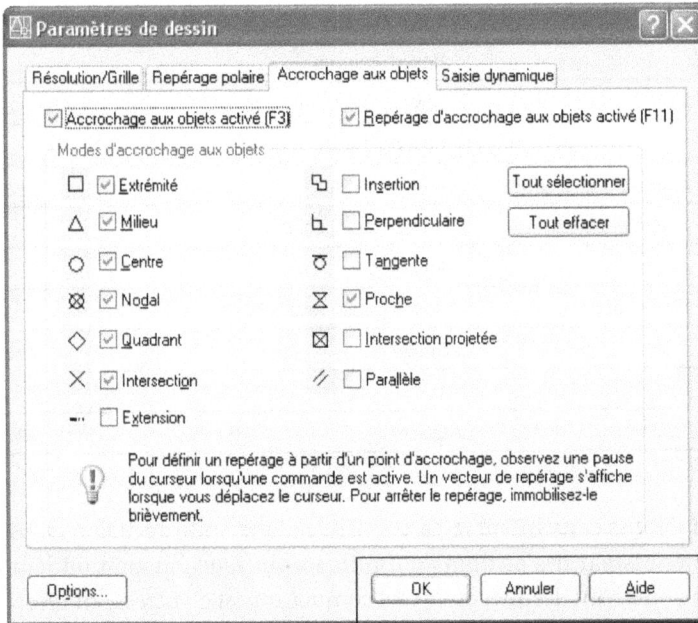

Fig.4.2

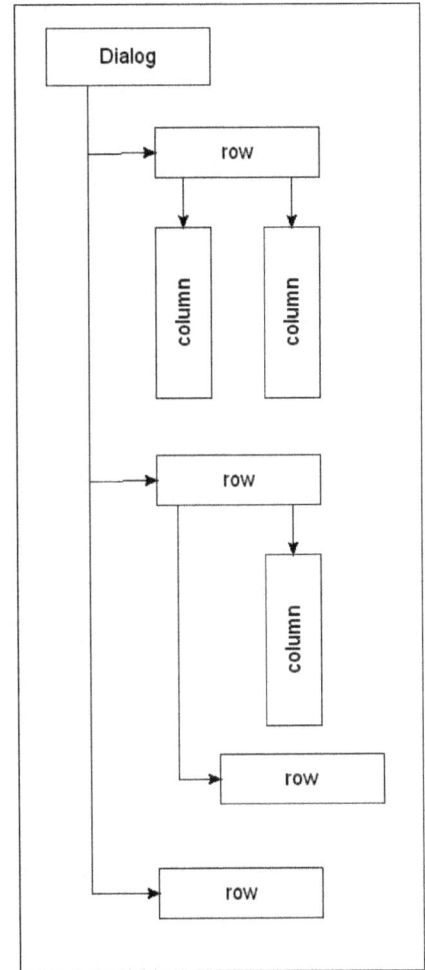

Fig.4.3

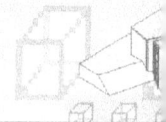

Les composants et les attributs

Les principaux composants disponibles sont les suivants :

Composants prédéfinis	Format DCL
Bouton	Button
Boîte d'édition	Edit_box
Bouton image	Image_button
Zone de liste	List_box
Liste déroulante	Popup_list
Bouton radio	Radio_button
Barre de défilement	Slider
Toggle	Toggle
Rangée verticale (colonne)	Column
Colonne encadrée	Boxed_column
Rangée horizontale	Row
Rangée encadrée	Boxed_row
Colonne de boutons radio	Radio_column
Colonne de boutons radio encadrée	Boxed_radio_column
Ligne de boutons radio	Radio_row
Ligne de boutons radio encadrée	Boxed_radio_row
Image	Image
Texte	Text
espacement	spacer

Ces différents composants constituent la partie visible d'une boîte de dialogue. Ils sont chacun caractérisés par des attributs qui influencent leur fonction ou leur aspect. Certains attributs sont destinés à tous les composants et d'autres sont réservés à certains composants. Chaque attribut se compose d'un nom et d'une valeur, qui peut être un nombre, une chaîne de caractères ou un mot-clé.

Les attributs généraux sont les suivants :

key	Identificateur du composant. Il s'agit d'une chaîne de caractères qui n'est pas visible dans la boîte de dialogue. Chaque composant doit avoir un identificateur différent.
action	Expression AutoLISP qui est évaluée lorsque le composant est sélectionné. Elle se présente sous la forme d'une chaîne de caractères.
Is_enabled	Permet d'activer ou non le composant. Si la valeur de l'attribut est False, le composant est inactif et est représenté en grisé. Si la valeur est True, le composant est disponible.

Les attributs de base des composants

► Le composant « Bouton » (button)

Lorsqu'un bouton est activé, une action immédiate se produit habituellement. Il doit donc être conçu en conséquence.

Chaque boîte de dialogue doit avoir un bouton OK pour quitter la boîte et un bouton Annuler pour refermer la boîte de dialogue sans aucune action.

Les propriétés sont les suivantes :

label	Chaîne de caractères qui constituent l'étiquette du bouton. Elle doit être terminée par trois points (…) si le bouton appelle une autre boîte de dialogue.
Is_default	Permet d'activer le bouton par la touche Entrée (Enter) si la valeur est True. Un seul bouton de la boîte de dialogue peut avoir la valeur True. La valeur par défaut est False.
Is_cancel	Permet d'activer le bouton par la touche Echap si la valeur est True. Un seul bouton de la boîte de dialogue peut avoir la valeur True. La valeur par défaut est False.

Comme chaque boîte de dialogue a besoin des boutons OK et Annuler, AutoCAD est fourni avec des boutons prédéfinis dans le fichier Base.dcl. Il s'agit de (fig.4.4) :

```
Ok_only
Ok_cancel
Ok_cancel_help
Ok_cancel_help_info
```

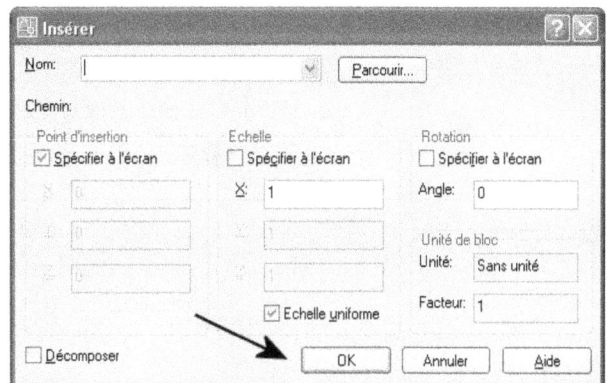

Fig.4.4

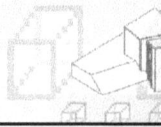

▶ **Le composant « Case à cocher » (Toggle)**

Une case à cocher est un champ qui peut prendre deux états (actif ou inactif). Elle sert à activer ou non une propriété particulière. Par exemple, les types d'accrochage aux objets (fig.4.5).

Les propriétés sont les suivantes :

Label	Chaîne de caractères affichée à droite de la case à cocher
value	Si value = 1 la case est cochée Si value = 0 la case est non cochée

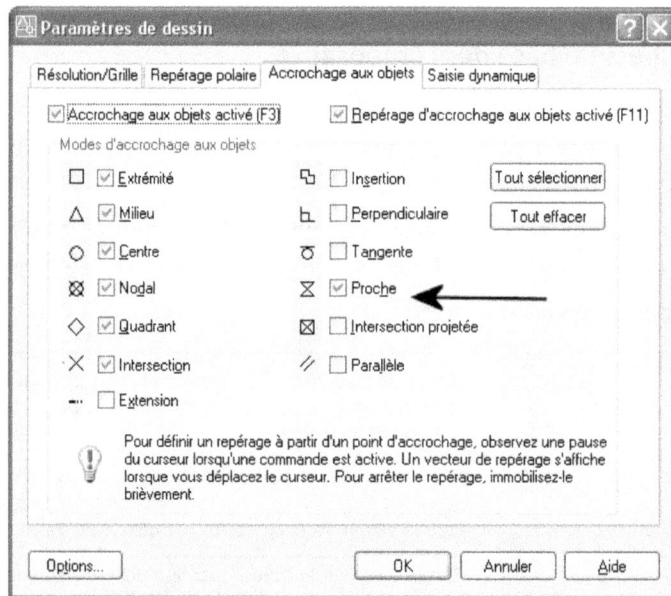

Fig.4.5

▶ **Le composant « bouton radio » (radio_button)**

Le bouton radio permet de faire un choix entre plusieurs options. Un seul bouton radio peut être activé à la fois. Par exemple, le choix du traitement des objets lors de la création d'un bloc (fig.4.6).

Les propriétés sont les suivantes :

label	Chaîne de caractères affichée à droite du bouton radio
value	Si value = 1 le bouton est coché Si value = 0 le bouton est non coché

Les boutons radio peuvent être placées en rangée horizontale (radio_row) ou en colonne verticale (radio_column). Chaque composant radio_row ou radio_column dispose d'un attribut complémentaire :

value	Chaîne de caractères qui contient l'identificateur (key) du bouton radio activé

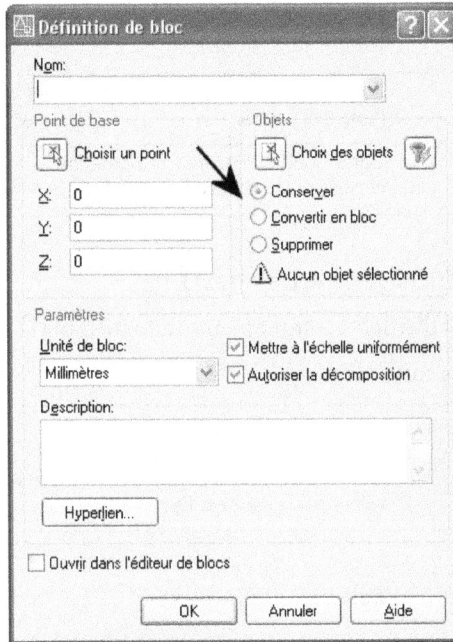

Fig.4.6

▶ **Le composant « barre de défilement » (slider)**

La barre de défilement permet de définir une valeur numérique en glissant le curseur ou en cliquant sur les flèches. Par exemple, la définition de l'intensité de la lumière ambiante dans la boîte de dialogue Lumières (fig.4.7).

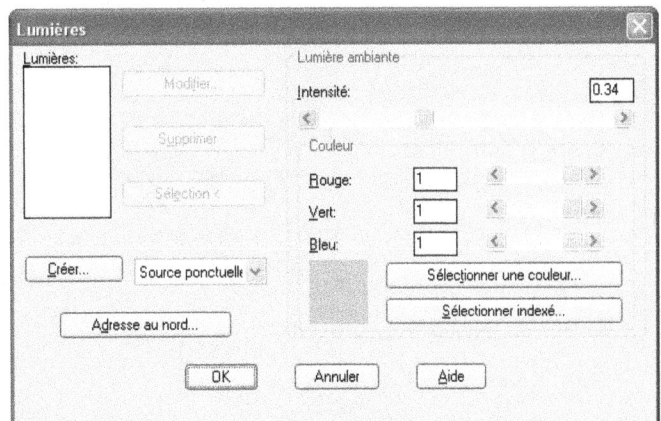

Fig.4.7

Les propriétés sont les suivantes :

layout	Permet de définir l'orientation de la barre de défilement : horizontal ou vertical.
Min_value et max_value	Permet de définir les limites de l'intervalle de défilement. Elles doivent être comprises entre -32 768 et + 32 767. Par défaut on a de 0 à 10 000.
value	Correspond à la valeur (entière) courante de la barre de défilement.
Small_increment	Correspond au pas d'incrémentation lorsque l'on clique sur l'une des flèches.
Big_increment	Correspond au pas d'incrémentation lorsque l'on clique entre le curseur et l'une des flèches.

▶ **Le composant « affichage de texte » (text)**

Ce composant permet d'afficher simplement un texte dans la boîte de dialogue.

Les propriétés sont les suivantes :

value	Chaîne de caractère affichée.
Is_bold	Permet d'afficher un texte en gras, si la valeur est True. La valeur par défaut est False.

▶ **Le composant « boîte d'édition » (edit_box)**

La boîte d'édition permet de saisir une chaîne de caractères et de la modifier par la suite. Elle comprend la zone d'édition proprement dite et une étiquette. A titre d'exemple, la boîte de dialogue Tracer comprend plusieurs boîtes d'édition (fig.4.8).

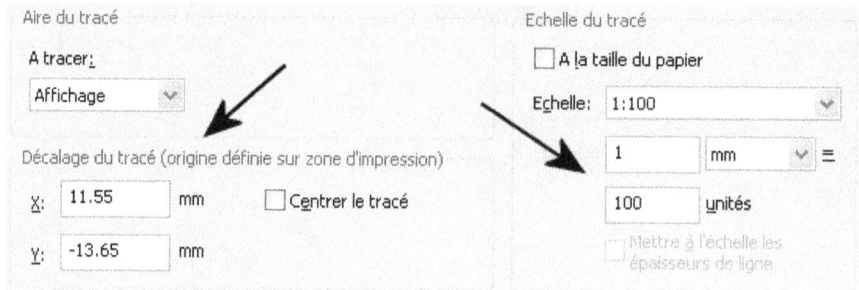

Fig.4.8

Les propriétés sont les suivantes :

label	Chaîne de caractères formant l'étiquette de la boîte et habituellement située à gauche de celle-ci.
value	Chaîne de caractères affichée dans la zone d'édition.
Edit_width	Largeur de la zone d'édition exprimée en nombre de caractères.
Allow_accept	Si la valeur est égale à True, cela permet à l'utilisateur de taper sur Entrée pour actionner le bouton dont l'attribut is_default est activé.

► **Le composant « zone de liste » (list_box)**

La zone de liste permet de sélectionner une chaîne de caractères dans une liste. Elle est par exemple utilisée pour sélectionner un ou plusieurs fichiers dans la boîte de dialogue **Sélectionner un fichier** (fig.4.9).

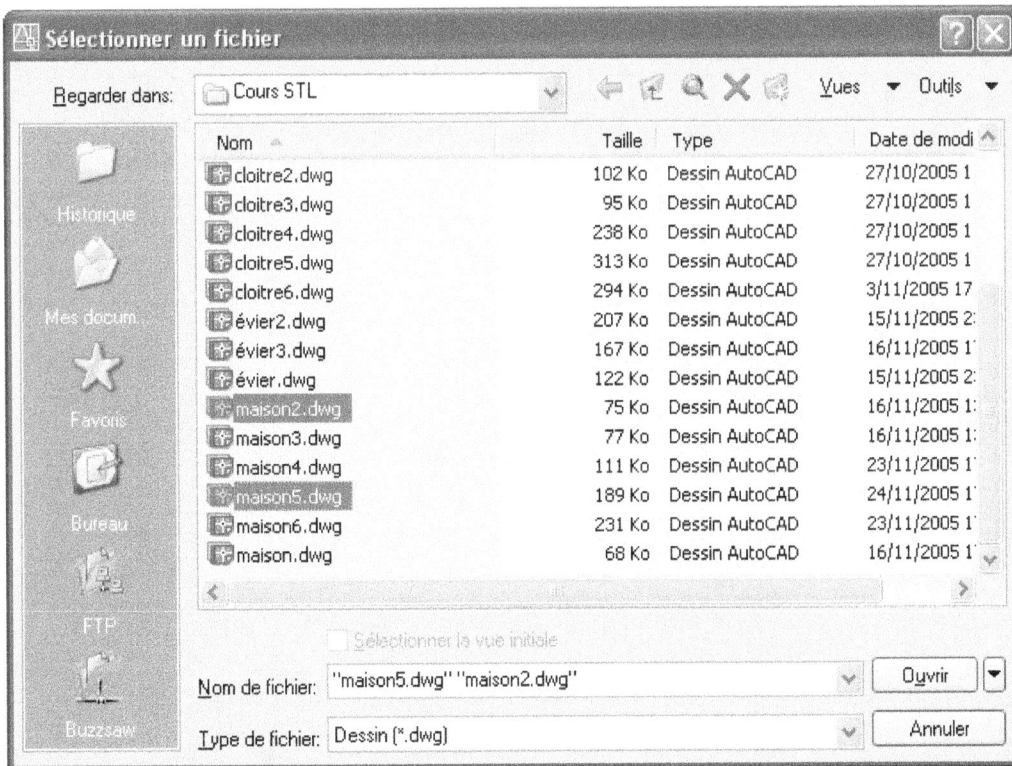

Fig.4.9

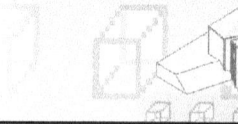

Les propriétés sont les suivantes :

label	Chaîne de caractères qui constitue l'étiquette de la liste.
list	Chaîne de caractères qui contient les éléments de la liste, séparés par le code \n.
value	Chaîne de caractères qui contient l'indice de la ligne sélectionnée.
Multiple_select	Permet de sélectionner plusieurs éléments de la liste, si sa valeur est True. La valeur par défaut est False.
Allow_accept	Si la valeur est égale à True, cela permet à l'utilisateur de taper sur Entrée pour actionner le bouton dont l'attribut is_default est activé.

▶ **Le composant « liste déroulante » (popup_list)**

La liste déroulante permet de sélectionner une chaîne de caractères comme dans une zone de liste. Dans ce cas seule la ligne sélectionnée est visible. Elle est par exemple utilisée pour sélectionner un format de papier ou une échelle dans la boîte de dialogue Tracer (fig.4.10).

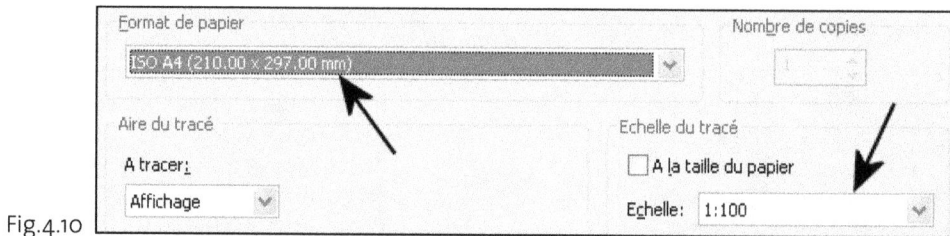

Fig.4.10

Les propriétés sont les suivantes :

label	Chaîne de caractères qui constitue l'étiquette de la liste.
list	Chaîne de caractères qui contient les éléments de la liste, séparés par le code \n.
value	Chaîne de caractères qui contient l'indice de la ligne sélectionnée.
Edit_width	Largeur de la liste déroulante en nombre de caractères.

▶ Le composant image

Ce composant délimite un rectangle pouvant contenir une image. Celle-ci sert uniquement d'élément d'information et ne joue pas le rôle de bouton. Il est utilisé par exemple dans la boîte de dialogue Hachure (fig.4.11) et surtout dans des outils complémentaires à AutoCAD comme Architectural Desktop. L'image peut être un dessin, une image, un cliché ou une zone colorée.

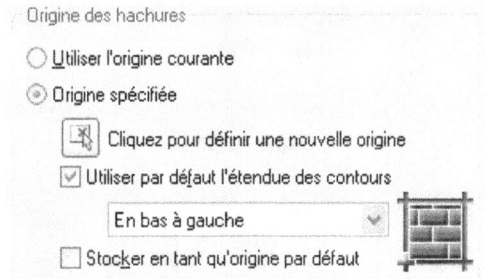

Fig.4.11

La propriété est la suivante :

Color	Détermine la couleur de fond de l'image.

Les valeurs possibles sont les suivantes :

- **dialog_line :** couleur des lignes de la boîte de dialogue.
- **dialog_foreground :** couleur du premier plan de la boîte de dialogue (Texte).
- **dialog_background :** couleur du fond de la boîte de dialogue (Invisible).
- **graphics_background :** couleur du fond de l'écran graphique AutoCAD (habituellement noir).
- **graphics_foreground :** couleur du premier plan de l'écran graphique AutoCAD (habituellement blanc).

▶ Le composant « bouton image » (image_button)

Le bouton image est la combinaison d'un bouton et d'une image. Il permet de cliquer sur l'image pour déclencher une action. Il est en particulier possible de cliquer sur une partie de l'image. C'est le cas par exemple dans les palettes de couleurs. Le bouton image est par exemple utilisé dans la boîte de dialogue Hachures et gradient (fig.4.12).

La propriété est la suivante :

Color	Détermine la couleur de fond de l'image.

Les valeurs possibles sont les suivantes :

- **dialog_line :** couleur des lignes de la boîte de dialogue.
- **dialog_foreground :** couleur du premier plan de la boîte de dialogue (Texte).

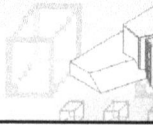

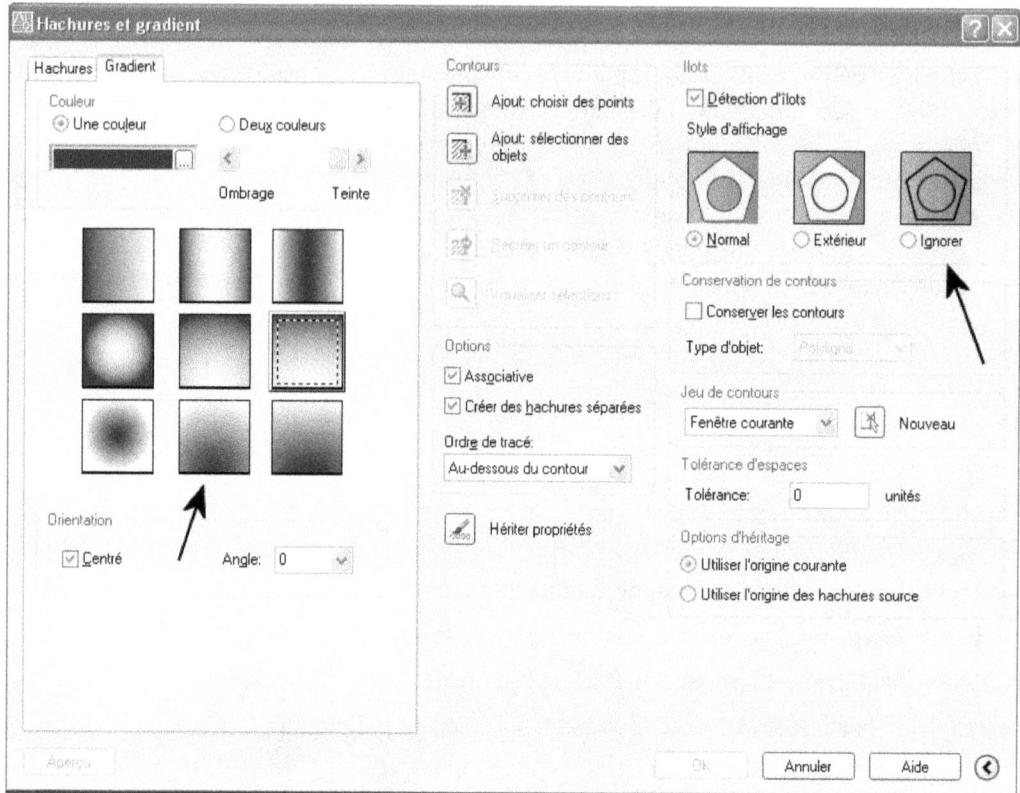

Fig.4.12

- **dialog_background :** couleur du fond de la boîte de dialogue (Invisible).
- **graphics_background :** couleur du fond de l'écran graphique AutoCAD (habituellement noir).
- **graphics_foreground :** couleur du premier plan de l'écran graphique AutoCAD (habituellement blanc).

La propriété est la suivante :

Allow_accept	Si la valeur est égale à True, cela permet à l'utilisateur de taper sur Entrée pour actionner le bouton dont l'attribut is_default est activé.

Les attributs de dimensions et de positions des composants

Bien qu'AutoCAD place lui-même les composants dans la boîte de dialogue, il est possible de spécifier ses propres paramètres. Les attributs sont les suivants :

▶ **La taille des composants**

Alignement	Permet de définir la position horizontale ou verticale du composant. Si le composant est situé dans une colonne les valeurs possibles sont : left, right ou centered. (Par défaut : left.) Si les composants sont en ligne, les valeurs possibles sont : top, bottom ou centered. (Par défaut : centered.)
Aspect_ratio	Permet de définir le rapport largeur/hauteur. Si la valeur est égale à 0, le composant remplit complètement la surface disponible.
Fixed_width	Si la valeur est True, le composant ne prend pas toute la largeur disponible.
Fixed_height	Si la valeur est True, le composant ne prend pas toute la hauteur disponible.
Height	Permet de définir la hauteur du composant en nombre de caractères.
Horizontal_margin et Vertical_margin	Permet de définir l'espacement entre deux composants. Les valeurs peuvent être : None : pas de marge Tiny : petite marge Normal : marge moyenne (par défaut) Wide : grande marge
Width	Permet de définir la largeur d'un composant en nombre de caractères.

L'organisation des composants

Les composants peuvent être organisés en ligne et en colonne. Les options sont les suivantes :

▶ **Rangée verticale de composants (column)**

Children_alignment	Permet de définir l'alignement des composants dans l'espace réservé pour la colonne : Left : alignement à gauche. Centered : alignement au centre. Right : alignement à droite.

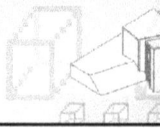

▶ **Colonne encadrée**

La colonne est encadrée et munie d'un titre.

Label	Chaîne de caractère qui constitue le titre de la colonne.

▶ **Colonne de boutons radio encadrée (boxed_radio_column)**

La colonne est encadrée et munie d'un titre.

Label	Chaîne de caractère qui constitue le titre de la colonne.

▶ **Rangée horizontale de composants (row)**

Children_alignment	Permet de définir l'alignement des composants dans l'espace réservé pour la ligne : Top : en haut. Centered : centré. Bottom : en bas.

La liste des attributs et les composants concernés

Nom de l'attribut	Composants concernés
action	Tous les composants
alignment	Tous les composants
allow_accept	edit_box, image_button,
list_box	
aspect_ratio	image, image_button
big_increment	slider
children_alignment	row, column, radio_row, radio_column, boxed_row, boxed_column, boxed_radio_row, boxed_radio_column
children_fixed_height	row, column, radio_row, radio_column, boxed_row, boxed_column, boxed_radio_row, boxed_radio_column
children_fixed_width	row, column, radio_row, radio_column, boxed_row, boxed_column, boxed_radio_row, boxed_radio_column
color	image, image_button
edit_limit	edit_box
edit_width	edit_box, popup_list

Nom de l'attribut	Composants concernés (suite)
fixed_height	Tous les composants
fixed_width	Tous les composants
fixed_width_font	list_box, popup_list
height	Tous les composants
initial_focus	Dialog
is_bold	Text
is_cancel	Button
is_default	Button
is_enabled	Tous les composants
is_tab_stop	Tous les composants
key	Tous les composants
label	boxed_row, boxed_column, boxed_radio_row, boxed_radio_column, button, dialog, edit_box, list_box, popup_list, radio_button, text, toggle
layout	slider
list	list_box, popup_list
max_value	slider
min_value	slider
mnemonic	Tous les composants actifs
multiple_select	list_box
password_char	edit_box
small_increment	slider
tabs	list_box, popup_list
tab_truncate	list_box, popup_list
value	Text, composants actifs (sauf bouton et image bouton)
width	All tiles

Configuration de boîtes de dialogue

La description des différents composants et des attributs associés permet d'aborder ici la réalisation de quelques boîtes de dialogue types.

Boîte de dialogue avec les boutons OK et Cancel (fig.4.13)

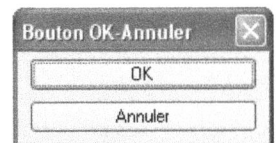

Fig.4.13

```
ok : dialog {                        Nom de la boîte de dialogue (ok)
label = "Bouton OK-Annuler";         Titre de la boîte
  : button {                         Définition du bouton
```

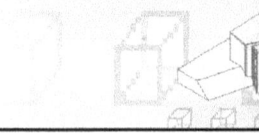

```
      key = "accept";                  Définition de la clé
      label = "OK";                    Texte affiché sur le bouton
      is_default = true;               Le bouton peut être activé quand
                                       l'utilisateur appuie sur la touche
                                       Entrée
    }                                  Clôture la définition du premier
                                       bouton

  : button {                           Défintion du second bouton
    key = "cancel";                    Définition de la clé
    label = "Annuler";                 Texte affiché sur le bouton
    is_default = false;                Le bouton n'est pas activé lorsque
                                       l'on appuie sur la touche Entrée

    is_cancel = true;                  Le bouton peut être activé quand
                                       l'utilisateur appuie sur la touche
                                       Echap

    }                                  Clôture la définition du second
                                       bouton
  }                                    Clôture la définition de la boîte de
                                       dialogue
```

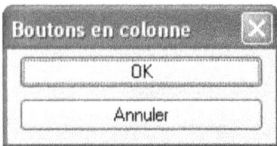

Fig.4.14

Boîte de dialogue avec les boutons OK et Cancel en colonne (fig.4.14)

```
colonne : dialog {                     La description est identique.
                                       Le code : : column { a été ajouté
label = "Boutons en colonne";
: column {
  : button {
    key = "accept";
    label = "OK";
    is_default = true;
  }
  : button {
    key = "cancel";
    label = "Annuler";
    is_default = false;
    is_cancel = true;
  }
}
}
```

Boîte de dialogue avec les boutons OK et Cancel en rangée (fig.4.15)

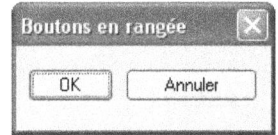

Fig.4.15

```
rangée : dialog {              La description est identique.
                               Le code : : row { a été ajouté

label = "Boutons en rangée";
: row {
  : button {
    key = "accept";
    label = "OK";
    is_default = true;
  }
  : button {
    key = "cancel";
    label = "Annuler";
    is_default = false;
    is_cancel = true;
  }
}
}
```

Boîte de dialogue avec les boutons OK et Cancel en colonne encadrée (fig.4.16).

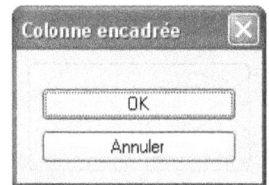

Fig.4.16

```
c-encadrée : dialog {          La description est identique. Le
                               code : : boxed_column { a été ajouté

label = "Colonne encadrée";
: boxed_column {
  : button {
    key = "accept";
    label = "OK";
    is_default = true;
  }
  : button {
    key = "cancel";
    label = "Annuler";
    is_default = false;
    is_cancel = true;
  }
}
}
```

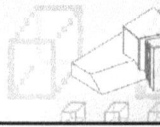

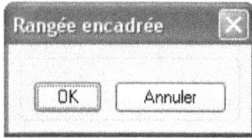

Fig.4.17

Boîte de dialogue avec les boutons OK et Cancel en rangée encadrée (Fig.4.17).

```
r_encadrée : dialog { . . . . . . . .    La description est identique. Le code :
                                         : boxed_row { a été ajouté
label = "Rangée encadrée";
: boxed_row {
  : button {
    key = "accept";
    label = "OK";
    is_default = true;
  }
  : button {
    key = "cancel";
    label = "Annuler";
    is_default = false;
    is_cancel = true;
  }
}
}
```

Boîte de dialogue avec une colonne de boutons radio (fig.4.18)

Fig.4.18

```
choix_c : dialog { . . . . . . . .      Définition de la boîte "choix_c"
label = "Choix en colonne"; . . . . .   Titre de la boîte
: radio_column { . . . . . . . . .      Colonne de boutons radio
  label = "Choix"; . . . . . . . .      Titre de la colonne
  key = "choix"; . . . . . . . . .      Clé d'action
  : radio_button { . . . . . . . .      Premier bouton radio
    label = "Sélection 1";
    key = "choix1";
  }

  : radio_button { . . . . . . . .      Deuxième bouton radio
    label = "Sélection 2";
    key = "choix2";
  }
    : radio_button {  . . . . . . .     Troisième bouton radio
    label = "Sélection 3";
    key = "choix3";
  }
    : radio_button {  . . . . . . .     Quatrième bouton radio
```

```
      label = "Sélection 4";
      key = "choix4";
    }
  }
: row {                               Rangée des boutons OK et Annuler
  : button {
    key = "accept";
    label = "OK";
    is_default = true;
  }
  : button {
    key = "cancel";
    label = "Annuler";
    is_default = false;
    is_cancel = true;
  }
 }
 }
```

Boîte de dialogue avec une rangée de boutons radio (fig.4.19)

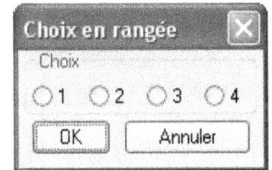

Fig.4.19

```
choix_r : dialog {              La description est identique. Le
                                code : : radio_row { a été ajouté
label = "Choix en rangée";
: radio_row {
  label = "Choix";
  key = "choix";
  : radio_button {
    label = "1";
    key = "choix1";
  }

  : radio_button {
    label = "2";
    key = "choix2";
  }
    : radio_button {
    label = "3";
    key = "choix3";
  }
```

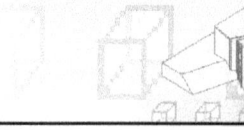

```
        : radio_button {
          label = "4";
          key = "choix4";
      }
    }
  : row {
   : button {
        key = "accept";
        label = "OK";
        is_default = true;
    }
     : button {
        key = "cancel";
        label = "Annuler";
        is_default = false;
        is_cancel = true;
    }
  }
  } . . . . . . . . . . . . . . . . . . .
```

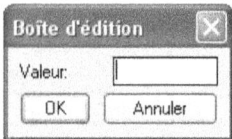

Boîte de dialogue avec une boîte d'édition (fig.4.20)

Fig.4.20

```
edit_b : dialog {              Définition de la boîte « edit_b »
label = "Boîte d'édition";     Titre de la boîte
: edit_box {                   Boîte d'édition
  key = "Edit";                Clé d'action
  label = "Valeur:";           Etiquette de la boîte d'édition
  edit_width = 10;             Largeur en nombre de caractères
  value = "";                  Valeur initiale
}                              Rangée des boutons OK et Annuler
: row {
 : button {
    key = "accept";
    label = " OK ";
    is_default = true;
  }
   : button {
    key = "cancel";
    label = " Annuler ";
    is_default = false;
    is_cancel = true;
```

```
    }
  }
}
```

Boîte de dialogue avec une Zone de liste (fig.4.21)

```
liste : dialog {                        Définition de la boîte de dialogue
label = "Zone de liste";                Titre de la boîte
: list_box {                            Zone de liste
  label ="Sélectionnez dans la liste";  Etiquette de la boîte d'édition
  key = "list";                         Clé d'action
  height = 15;                          Hauteur en nombre de caractères
  width = 25;                           Largeur en nombre de caractères
  multiple_select = true;              Accepte une sélection multiple
  fixed_width_font = true;             Largeur fixe
  list="Sélection 1\nSélection 2       Eléments de la liste
  \nSélection 3 \nSélection 4 \nSélection 5
  \nSélection 6";
  value = "0";                          Elément initial = premier élément
}
: row {                                 Rangée des boutons OK et Annuler
 : button {
    key = "accept";
    label = "OK";
    is_default = true;
  }
  : button {
    key = "cancel";
    label = "Annuler";
    is_default = false;
    is_cancel = true;
  }
 }
}
```

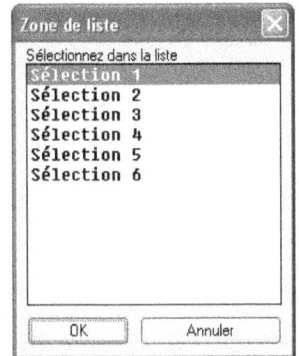

Fig.4.21

Boîte de dialogue avec une liste déroulante (fig.4.22)

```
liste2 : dialog {                       La description est identi[que]
                                        Le code : : popup_list { a été ajouté

label = "Liste déroulante";
: popup_list {
```

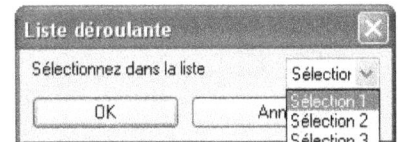

Fig.4.22

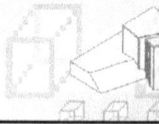

```
    label ="Sélectionnez dans la liste";
    key = "list";
    width = 40;
    multiple_select = true;
    fixed_width_font = true;
    list="Sélection 1\nSélection 2 \nSélection 3
    \nSélection 4 \nSélection 5 \nSélection 6";
    value = "0";
}
: row {
 : button {
    key = "accept";
    label = "OK";
    is_default = true;
 }
 : button {
    key = "cancel";
    label = "Annuler";
    is_default = false;
    is_cancel = true;
 }
}
}
```

Boîte de dialogue avec une image (fig.4.23)

Le fichier de l'image est défini dans l'expression AutoLISP qui contrôle la boîte de dialogue.

Fig.4.23

Code	Description
`b_image : dialog {`	Définition de la boîte de dialogue
`label = "Image";`	Titre de la boîte
`: image {`	Image
`  key = "cliché";`	Clé d'action
`  height = 10;`	Hauteur en nombre de caractères
`  width = 10;`	Largeur en nombre de caractères
`    color = 1;`	Couleur de fond : 1 = rouge
`    aspect_ratio=1;`	Ratio de l'image
`  is_enabled = false;`	Image statique sans action
`}`	
`: row {`	Rangée des boutons OK et Annuler
`  : button {`	

```
    key = "accept";
    label = "OK";
    is_default = true;
  }
  : button {
    key = "cancel";
    label = "Annuler";
    is_default = false;
    is_cancel = true;
  }
 }
 }
```

Les fonctions AutoLISP

Les paragraphes précédents nous ont permis de définir l'aspect et le contenu des boîtes de dialogue. Celles-ci ne fonctionnent pas toutes seules. Elles doivent être pilotées par des expressions AutoLISP. Le présent paragraphe a comme objectif de décrire les principales fonctions de gestion des boîtes de dialogue.

Le processus classique est le suivant :

1 Charger le fichier DCL contenant la boîte de dialogue.

2 Afficher la boîte de dialogue.

3 Chercher les données qui doivent apparaître dans la boîte de dialogue. Par exemple, le contenu actuel d'une variable.

4 Définition des actions.

5 Démarrer le dialogue.

6 Arrêter le dialogue.

7 Décharger la boîte de dialogue de la mémoire.

▶ Le chargement d'un fichier DCL

La première étape pour pouvoir utiliser une boîte de dialogue est de charger le fichier qui contient sa description. La syntaxe est la suivante :

```
(load_dialog fichier)
```

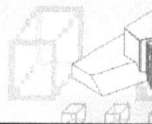

Avec :

- **Load_dialog :** commande de chargement.
- **Fichier :** nom du fichier DCL avec ou sans l'extension .dcl.

Exemple :

```
(load_dialog "surface.dcl") ou (load_dialog "surface")
```

Après le chargement la fonction (load_dialog) retourne un identificateur DCL, constitué par un nombre entier. Il peut être stocké dans une variable par la fonction Setq et sera utilisé dans la fonction (new_dialog) dont le but est d'afficher la boîte de dialogue contenue dans le fichier DCL chargé.

Exemple :

```
Command: (setq Id (load_dialog "surface.dcl"))
3
Command: (new_dialog "sphère" Id)
```

▶ **L'affichage d'une boîte de dialogue**

Un fichier DCL peut contenir une ou plusieurs boîtes de dialogue. Après avoir chargé le fichier DCL il faut initialiser la boîte de dialogue à afficher. La syntaxe est la suivante :

```
(new_dialog nom identificateur)
```

Avec :

- **New_dialog :** commande d'affichage de la boîte de dialogue.
- **Nom :** nom de la boîte de dialogue.
- **Identificateur :** identificateur du fichier DCL.

Exemple :

Description de la boîte de dialogue "Bienvenue" contenue dans le fichier accueil.dcl

```
bienvenue: dialog {
label="Exemple boîte de dialogue";
:text {
label="Bienvenue dans le monde DCL";
}
```

```
:button {
key="accept";
label="OK";
is_default=true;
fixed_width=true;
alignment=centered;
}
}
```

Fonction AutoLISP de chargement et d'affichage de la boîte de dialogue

```
(defun c:charger_dcl (/ Id)
(setq Id (load_dialog "accueil.dcl"))
(new_dialog "bienvenue" Id)
(start_dialog)
(princ)
)
```

▶ Les fonctions associées sont les suivantes

(done_dialog)	Permet de refermer une boîte de dialogue. Chaque boîte de dialogue doit contenir un composant (en général un bouton OK ou Annuler) associé à l'action (done_dialog), sinon elle restera affichée en permanence à l'écran.
(start_dialog)	Permet d'afficher la boîte de dialogue initialisée par (new_dialog).
(unload_dialog identificateur)	Permet de décharger la boîte de dialogue de la mémoire. Il faut ajouter l'identificateur du fichier DCL.

▶ L'association d'actions aux composants

Après avoir initialisé une boîte de dialogue par (new_dialog) vous pouvez associer des actions aux composants, par exemple aux boutons. Les actions sont des expressions AutoLISP qui seront activées lorsque vous cliquerez sur le composant.

La syntaxe est la suivante :

```
(action_tile clé expression)
```

Avec :

■ **Action_tile :** commande de définition de l'action.

■ **Clé :** attribut « key » du composant défini dans le fichier DCL.

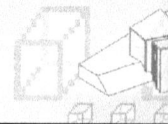

■ Expression : chaîne de caractères qui comprend l'expression à évaluer.

Exemple :

L'exemple précédent peut être complété de la manière suivante :

```
(defun c:charger_dcl (/ Id)
(setq Id (load_dialog "accueil.dcl"))
(new_dialog "bienvenue" Id)
(action_tile "accept" "(done_dialog)")
(start_dialog)
(unload_dialog Id)
(princ)
)
```

▶ **D'autres fonctions AutoLISP associées à la création de boîtes de dialogue complémentaires**

Fonction	Signification
(get_tile clé)	Cette fonction lit l'attribut « value » du composant identifié par la clé (key) spécifiée. La valeur peut être stockée dans une variable par setq. Par exemple : (setq var (get_tile « la clé »)).
(set_tile clé valeur)	Cette fonction sert à affecter une valeur à l'attribut « value » d'un composant identifié par sa clé. Par exemple : (set_tile « la clé » Rouge).
(mode_tile clé mode)	Cette fonction permet de spécifier le mode d'affichage d'un composant identifié par sa clé. Le paramètre « mode » peut prendre les valeurs suivantes : 0 : composant activé, affichage normal. 1 : composant désactivé, affichage en gris. 2 : composant sélectionné, affichage avec un cadre. 3 : sélection du texte d'une boîte d'édition. 4 : active ou désactive la surbrillance d'une image.

▶ **La gestion des boutons image**

Le bouton image est défini comme un composant vide dans le fichier DCL. Pour rappel, celui-ci contient les informations suivantes :

■ **Width et height :** les dimensions du bouton

■ **Fixed_width et fixed_height :** si les valeurs ne sont pas « true », le bouton occupe toute la place disponible

■ **Color :** couleur de fond

Il convient ensuite de définir le contenu du bouton image via des expressions AutoLISP :

Fonction	Signification
(start_image clé)	Cette fonction permet de définir le bouton image qui recevra un graphique. Le bouton est identifié par sa clé. Le bouton ainsi identifié peut être rempli par une couleur de remplissage (fill_image), par une image vectorielle (vector_image) ou par un cliché (slide_image).
(end_image)	Cette fonction est le complément de (start_image). Elle permet de terminer la description de l'image et donne accès à la création d'une autre image toujours par (start_image).
(fill_image x y largeur hauteur couleur)	Cette fonction permet de dessiner un rectangle rempli avec une couleur spécifiée. Elle doit être située entre start_image et en_image. Le premier coin du rectangle (point supérieur gauche) est situé au point (x, y) et le second coin est situé relativement au premier aux distances (largeur, hauteur). Il est aussi possible d'obtenir la position du coin inférieur droit à l'aide des fonctions dimx_tile et dimy_tile. Le paramètre de couleur correspond à un numéro de couleur AutoCAD ou à un numéro de couleur logique : 2 BGLCOLOR : couleur de fond courante de l'écran AutoCAD. 15 DBGLCOLOR : couleur de fond courante de la boîte de dialogue. 16 DFGCOLOR : couleur courante des textes de la boîte de dialogue. 18 LINECOLOR : couleur courante des lignes de la boîte de dialogue.
(dimx_tile clé) et (dimy_tile clé)	Ces fonctions permettent de retrouver la largeur et la hauteur du composant identifié par sa clé.
(vector_image x1 y1 x2 y2 couleur)	Cette fonction permet de dessiner un vecteur dans le bouton image (ouvert par start_image) du point (x1,y1) au point (x2,y2). Le paramètre « couleur » a les mêmes propriétés que dans la fonction (fill_image). Il est possible de dessiner avec (vector_image) sur une surface remplie par (fill_image).
(slide_image x y largeur hauteur cliché)	Cette fonction permet de remplir un bouton image à l'aide d'un cliché (slide) d'AutoCAD. Le paramétrage est identique à celui de (fill_image). L'argument « cliché » correspond au nom du fichier cliché (.sld) ou au nom du cliché situé dans une bibliothèque de clichés (.slb).

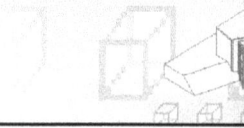

▶ **D'autres fonctions AutoLISP**

(get_attr clé attribut)	Cette fonction permet de lire l'attribut fixé par défaut dans le fichier DCL. Le composant concerné est identifié par sa clé. L'argument " attribut " permet de spécifier le nom de l'attribut tel qu'il apparaît dans la description du composant. Par exemple : Dans le fichier DCL. key= "calque" value="mur" Dans le fichier AutoLISP (get_attr "calque" "mur")
(start_list clé mode indice)	Cette fonction permet de démarrer l'édition d'une liste identifiée par sa clé. Elle est utilisée dans le cas d'une zone de liste ou d'une liste déroulante. L'argument « mode » est un nombre entier compris entre 1 et 3 : 1 : modification du contenu de la liste. 2 : ajout d'éléments à la liste. 3 : suppression de la liste existante et création d'une nouvelle liste. L'argument " indice " permet, lors d'une modification, de définir le numéro de la ligne concernée. L'indice de la première ligne d'une liste est " 0 ".
(add_list chaîne)	Cette fonction permet, après l'ouverture d'une liste par (start_list), d'ajouter des éléments au composant. L'argument « chaîne » correspond au contenu à ajouter à la liste.
(end_list)	Cette fonction met fin à l'édition d'une liste (zone de liste ou liste déroulante).

Cas pratiques : création de boîtes de dialogue

a) Création d'une forme géométrique et sélection du calque d'insertion

La boîte de dialogue (fig.4.24)

```
géom : dialog {
        label = "Formes géométriques";
        : column {
            : row {
                : boxed_column {
                    : radio_column   {
                        key = "radios";
                        : radio_button  {
```

```
                            label = "Dessin d'un cercle";
                            key = "descerc";
                            value = "1";
                          }
        : radio_button {
                            label = "Dessin d'un rectangle";
                            key = "desrect";
                            value = "1";
                          }
                        }
                    }
                : row  {
                    : list_box {
                      label ="Selection d'un calque";
                      key = "listecalc";
                      height = 5;
                      width = 15;
                      multiple_select = false;
                      fixed_width_font = true;
                      value = "";
                    }
                  }
                }
            : row {
                : button {
                  key = "accept";
                  label = " Ok";
                  is_default = true;
                }
                : button {
                  key = "cancel";
                  label = "Annuler";
                  is_default = false;
                  is_cancel = true;
                }
              }
            }
      }
```

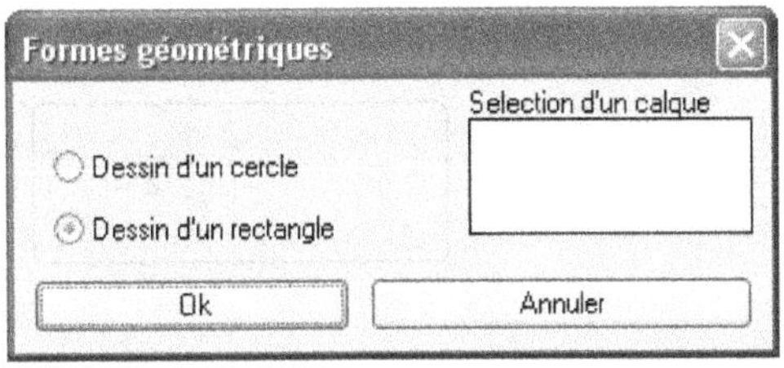

Fig.4.24

Le programme en AutoLISP

```
;création de la fonction AutoLISP
;chargement de la boîte de dialogue
(defun c:geom ()
(setq id (load_dialog "geom.dcl"))
(if (not (new_dialog "géom" id)) (exit))
;creation liste des calques et affichage dans la boîte de dialogue
(setq listecalc (list "calque1" "calque2" "calque3" "calque4"
"calque5"))
(start_list "listecalc" 3)
(mapcar 'add_list listecalc)
(end_list)
;extraction du calque sélectionné dans la liste et sauvegarde dans une
variable
(setq num (get_tile "listecalc"))
(setq index (atoi num))
(setq nomcalque (nth index listecalc))
;actions en fonction des choix dans la boîte de dialogue
(action_tile "descerc" "(toggleRadio 1)")
(action_tile "desrect" "(toggleRadio 2)")
(action_tile "cancel" "(setq ddiag 1)(done_dialog)")
(action_tile "accept" "(setq ddiag 2)(done_dialog)")

(start_dialog)
;action si le bouton Annuler est activé
(if (= ddiag 1)
(princ "\n \n ...Exemple terminé \n ")
  )
;action si le bouton OK est activé
(if (= ddiag 2)
    (progn

(setvar "clayer" nomcalque)
(if (= radios "descer")
        (progn
          (setq pt (getpoint "\n Centre du cercle: "))
          (command "circle" pt pause)
        )
        (progn
          (setq pt1 (getpoint "\n Premier Point: "))
          (setq pt2 (getpoint "\n Second Point: "))
```

```
            (command "rectangl" pt1 pt2)
        )
     )
  )
```

b) Définition d'une grille de points et accrochage à la grille

La boîte de dialogue (fig.4.25)

```
grille : dialog {
label = "Création d'une grille d'aide";
:row {

:boxed_column {
label="Accrochage";
fixed_width=true;
width=22;

:toggle {
label="Actif";
mnemonic="A";
key="accractif";
}

:edit_box {
label="Espacement en X";
mnemonic="E";
key="espx";
edit_width=10;
}

:edit_box {
label="Espacement en Y";
mnemonic="s";
key="espy";
edit_width=10;
}
}

:boxed_column {
```

```
label="Grille";
fixed_width=true;
width=22;

:toggle {
label="Actif";
mnemonic="c";
key="griactif";
}

:edit_box {
label="Espacement en X";
mnemonic="p";
key="espax";
edit_width=10;
}

:edit_box {
label="Espacement en Y";
mnemonic="a";
key="espay";
edit_width=10;
}
}
}
ok_cancel;
}
```

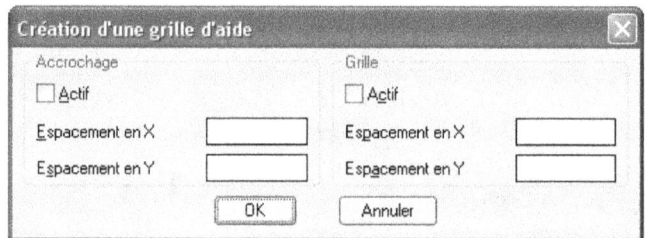

Fig.4.25

Le programme en AutoLISP

```
;création de la fonction AutoLISP
;chargement de la boîte de dialogue
(defun c:ac-grille ( / id snapmode espx espy unitaccr unitgri gridmode
gridsnap espax espay unitgri)
(setq id  (load_dialog "grille.dcl"))
(new_dialog "grille" id)
;Extraction des valeurs existantes des variables snapmode et snapunit
;et écriture dans la boîte de dialogue
(setq snapmode (getvar "snapmode"))
(if (= 1 snapmode)
```

```
(set_tile "accractif" "1")
(set_tile "accractif" "0")
)
;
(setq unitaccr (getvar "snapunit"))
(setq espx (car unitaccr))
(setq espy (cadr unitaccr))
(set_tile "espx" (rtos espx))
(set_tile "espy" (rtos espy))
;
;Extraction des valeurs existantes des variables gridmode et gridunit
;et écriture dans la boîte de dialogue
(setq gridmode (getvar "gridmode"))
(if (= 1 gridmode)
(set_tile "griactif" "1")
(set_tile "griactif" "0")
)
;
(setq unitgri (getvar "gridunit"))
(setq espax (car unitgri))
(setq espay (cadr unitgri))
(set_tile "espax" (rtos espax))
(set_tile "espay" (rtos espay))
;
;lecture des valeurs entrées dans la boîte de dialogue
;et changement du contenu des variables correspondantes
(defun defvar ()
(setq espx (atof (get_tile "espx")))
(setq espy (atof (get_tile "espy")))
(setvar "snapunit" (list espx espy))
(if (= "1" (get_tile "accractif"))
(setvar "snapmode" 1)
(setvar "snapmode" 0))
(setq espax (atof (get_tile "espax")))
(setq espay (atof (get_tile "espay")))
(setvar "gridunit" (list espax espay))
(if (= "1" (get_tile "griactif"))
(progn
(setvar "gridmode" 0)
(setvar "gridmode" 1))
(setvar "gridmode" 0)
```

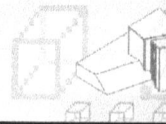

```
   )
(action_tile "accept" (defvar) (done_dialog)")
(start_dialog)
(princ)
   )
```

Outils d'aide à la conception de boîtes de dialogue

Par rapport à la programmation VBA qui comprend un outil de création interactive de boîtes de dialogue, la conception de celles-ci avec AutoLISP doit se faire via le langage DCL. Pour rendre cette tâche plus aisée, il existe plusieurs outils permettant de générer des boîtes de dialogue sans passer par la programmation. A titre d'exemple, on peut citer :

▶ le programme AIDDCL (http ://aidacad.com) (fig.4.26-4.27).

▶ le programme DCL&Lisp Generator (http ://dclgen.cjb.net/) (fig.4.28).

▶ le programme ObjectDCL (http://www.objectdcl.com/ObjectDCL.html) (fig.4.29).

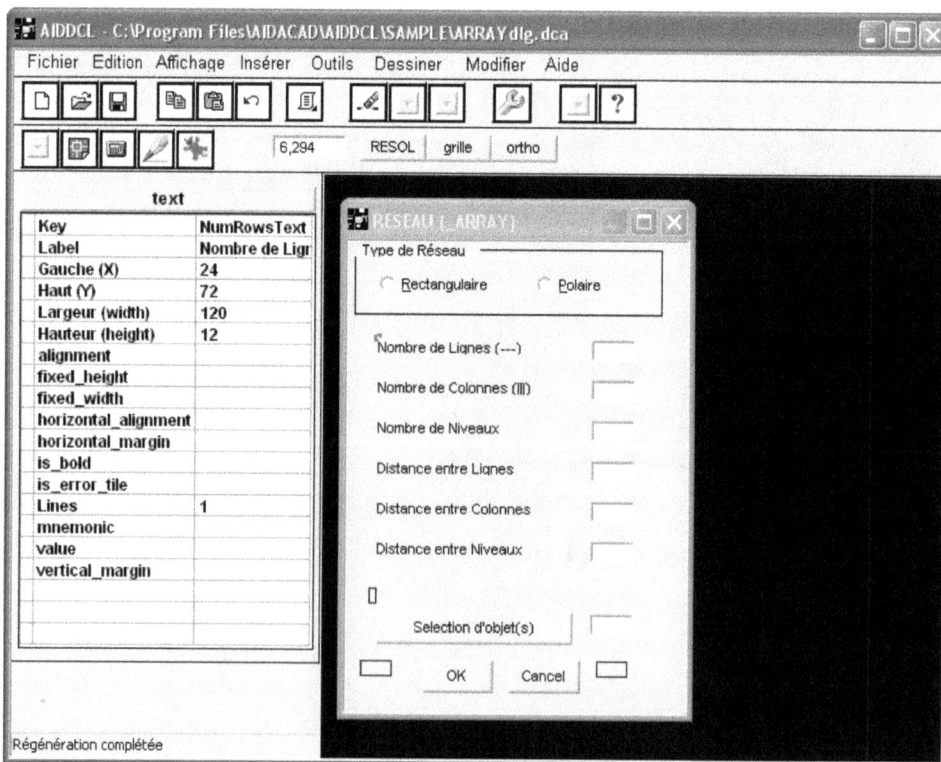

Fig.4.26

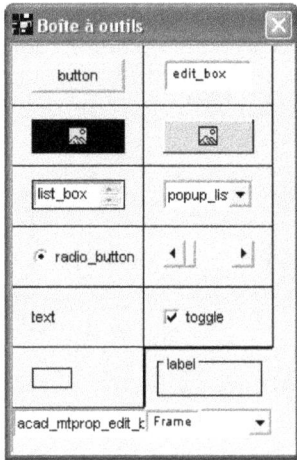

Fig.4.27

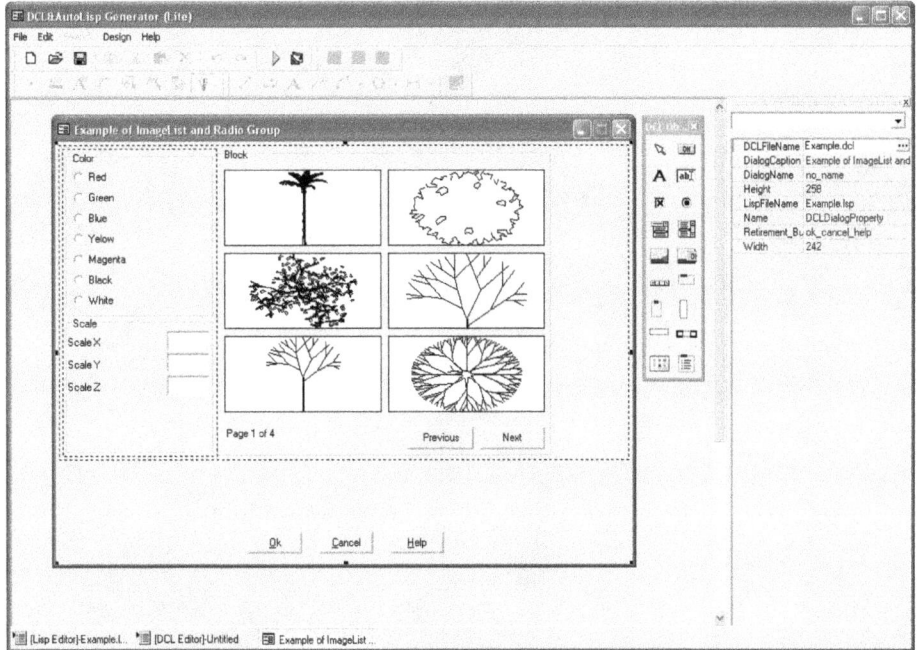

Fig.4.28

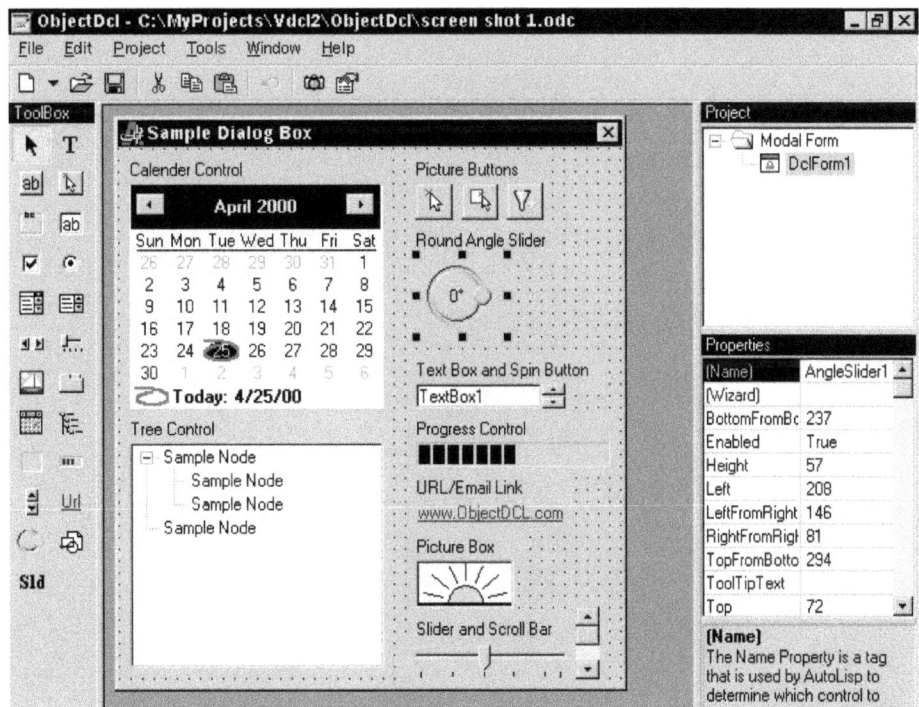

Fig.4.29

CHAPITRE 5
LA PROGRAMMATION VBA

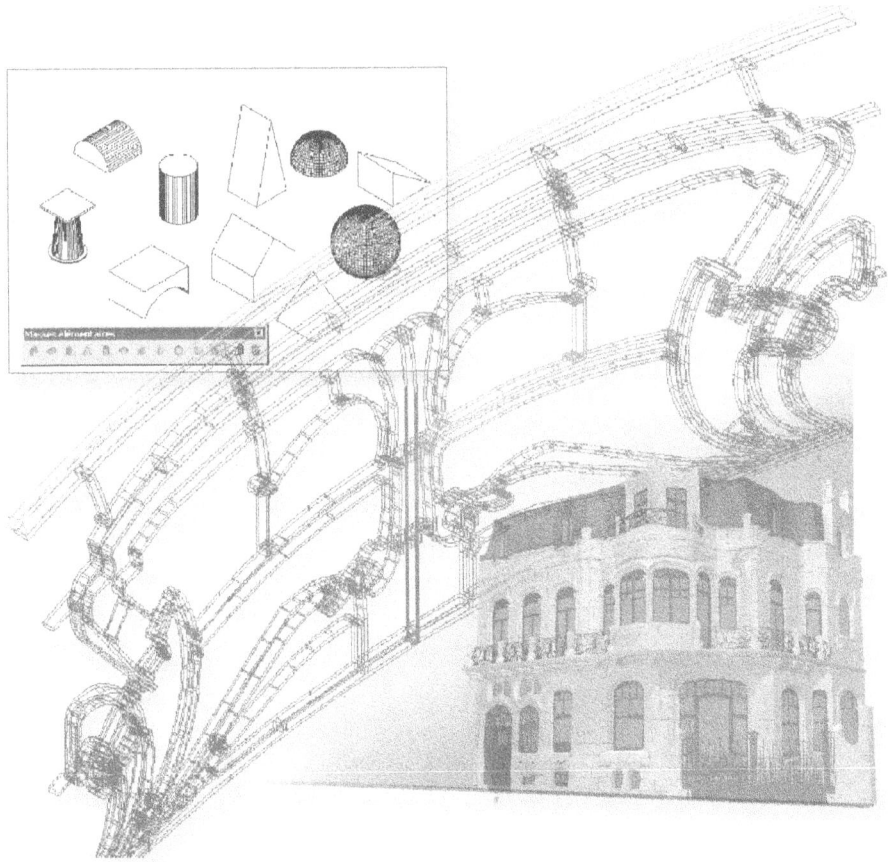

Qu'est-ce que VBA ?

VBA est le sigle de « Visual Basic pour application ». C'est un langage de programmation qui permet à l'utilisateur de concevoir et d'automatiser des tâches courantes dans des applications Windows comme Excel, Word ou AutoCAD.

VBA est un descendant du langage de programmation « BASIC » développé au début des années soixante. Le BASIC a été employé intensivement sur la génération des ordinateurs de bureau qui n'ont pas eu la capacité de recourir à d'autres langues plus sophistiquées.

Les versions suivantes du BASIC ont emprunté des dispositifs à d'autres langues au cours des années de sorte que le nom est devenu de moins en moins approprié. Visuel basic pour Windows (VBW) a été présenté en 1992 comme outil de gestion pour Windows, fournissant des commandes pour manipuler les fenêtres, boîtes de dialogue, indicateurs, menus, barres d'outils, etc.

VBA a été créé pour prolonger ces commandes sur des applications, telles que les cellules dans Excel. Ce dernier a été le premier produit a disposer de VBA. D'autres produits ont eu différents dialectes Basic, tels que WordBasic et Accès Basic. Avec Office 97, VBA a remplacé ces autres dialectes, pour fournir un VBA unifié pour toutes les applications sur Office Windows.

VBA est un environnement de programmation orienté objet conçu pour fournir des fonctions de développement étendues semblables à celles de Visual Basic 6 (VB). La principale différence entre VBA et VB est que VBA est exécuté dans le même espace de traitement qu'AutoCAD et constitue ainsi un environnement de programmation très rapide, capable d'interpréter des commandes AutoCAD. Avec VBA, il n'est donc pas possible de créer des applications indépendantes de l'application hôte, exécutables par exemple à partir du bureau de Windows. Vous devez pour cela vous procurer Visual Basic.

VBA permet également l'intégration à d'autres applications utilisant VBA. Ainsi, en association avec d'autres bibliothèques d'objets d'application, AutoCAD peut constituer un contrôleur d'automatisation pour d'autres applications comme Microsoft Word ou Excel.

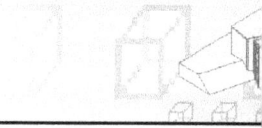

Les modules de développement autonome de Visual Basic 6, qui sont vendus séparément, complètent AutoCAD VBA en proposant des composants supplémentaires tels qu'un moteur de base de données externe ou un module de génération de rapports.

La mise en œuvre de VBA pour AutoCAD présente quatre avantages :

▶ VBA et son environnement sont d'un apprentissage et d'une utilisation plus aisés que VB.

▶ VBA est exécuté parallèlement à AutoCAD. Cela signifie que les programmes sont très rapides.

▶ La création de boîtes de dialogue est rapide et efficace.

▶ Les projets peuvent être autonomes ou incorporés aux dessins. Ce choix vous donne une grande marge de manœuvre pour la distribution des applications.

La notion de Projet VBA

Quand vous réalisez un programme en VBA dans AutoCAD, vous construisez en fait un projet VBA. Il se compose d'une collection de modules de code, de modules de classe et de feuilles qui, ensemble, exécutent une fonction donnée. Les projets peuvent être enregistrés dans un dessin AutoCAD (projets locaux) ou en tant que fichier distinct (projets globaux).

Les projets intégrés (ou locaux) sont enregistrés dans un dessin AutoCAD. Ils sont chargés automatiquement lorsque le dessin dans lequel ils se trouvent est ouvert dans AutoCAD, ce qui facilite la distribution des projets. Ces projets sont limités et ne permettent pas d'ouvrir ni de fermer des dessins AutoCAD, car ils ne fonctionnent que dans le document dans lequel ils résident. Les utilisateurs de projets intégrés n'ont ainsi pas à rechercher et à charger des fichiers de projet avant d'exécuter un programme. Un rapport horaire activé lorsque le dessin est ouvert constitue un exemple de projet intégré à un dessin. Cette macro permet à l'utilisateur d'ouvrir une session et d'enregistrer la durée passée à la réalisation du dessin. Il n'a ainsi pas besoin de charger le projet avant d'ouvrir le dessin, car cette opération est effectuée automatiquement.

Les projets globaux sont enregistrés dans des fichiers distincts et sont d'utilisation plus souple, car ils permettent d'ouvrir, de fermer et d'utiliser des dessins AutoCAD ; ils ne sont toutefois pas chargés automatiquement lorsqu'un dessin est ouvert. L'utilisateur doit savoir quel fichier de projet contient la macro requise, puis charger ce fichier avant d'exécuter la macro. Les projets globaux n'en restent pas moins plus faciles à partager avec d'autres utilisateurs et constituent de parfaites bibliothèques de macros communes. Une macro qui recueille la nomenclature de nombreux dessins est un exemple de projet que vous pouvez enregistrer dans un fichier de projet. Cette macro peut être exécutée par un administrateur à la fin du cycle de travail et recueillir des informations de nombreux dessins.

Organisation de projets avec le Gestionnaire VBA

Vous pouvez afficher tous les projets VBA chargés dans la session AutoCAD active en utilisant le Gestionnaire VBA. Il s'agit d'un outil AutoCAD qui vous permet de charger, décharger, enregistrer, créer, incorporer et extraire des projets VBA.

Pour ouvrir le Gestionnaire VBA

Vous pouvez ouvrir le Gestionnaire VBA à partir du menu Outils ou, dans AutoCAD, en appelant la commande GESTVBA (VBAMAN)

☐ Sélectionnez le Menu **Outils** (Tools).

② Cliquez sur **Macro VBA**.

③ Cliquez sur **Gestionnaire VBA** (VBA Manager).

Pour charger un fichier de projet VBA existant

① Dans le **Gestionnaire VBA** (fig.5.1), cliquez sur **Charger** (Load) pour afficher la boîte de dialogue **Ouvrir un projet VBA** (Open VBA Project).

② Dans cette boîte de dialogue, sélectionnez le fichier de projet à ouvrir. Vous ne pouvez ouvrir que des fichiers DVB corrects. Si vous essayez d'ouvrir un autre type de fichier, un message d'erreur s'affiche. Par exemple le fichier « ibeam3d.dvb » qui se trouve dans le répertoire Samples\VBA d'AutoCAD (fig.5.2).

③ Cliquez sur **Ouvrir** (Open).

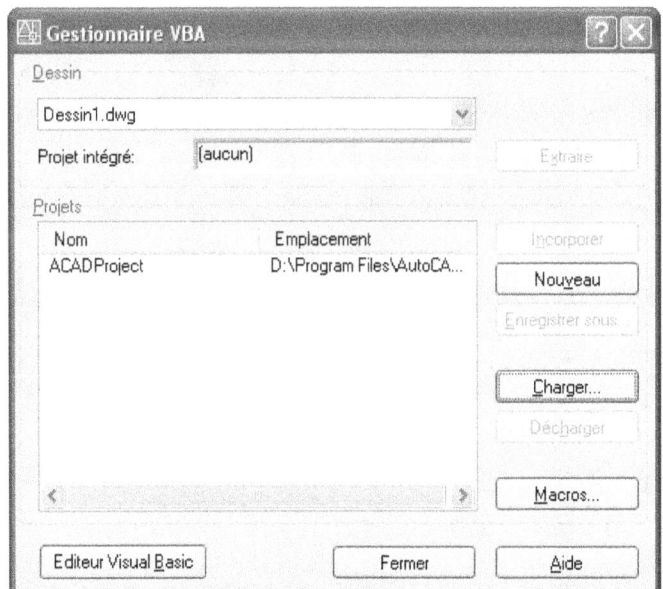

Fig.5.1

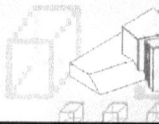

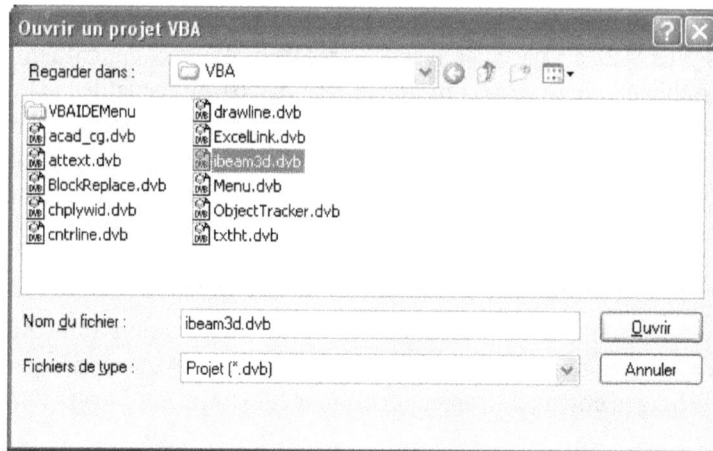

Fig.5.2

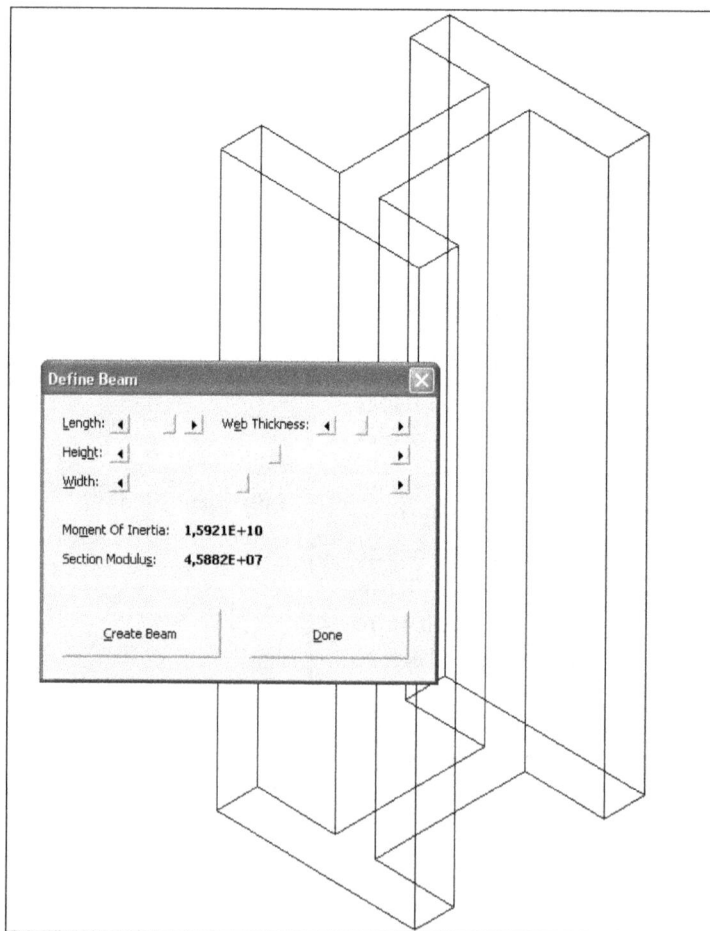

Fig.5.3

④ Pour exécuter la macro située dans le projet ainsi chargé, cliquez sur le bouton Macro puis le bouton Exécuter (Run). Dans le cas de notre exemple, la macro permet de dessiner une poutre métallique en 3D (fig.5.3).

Vous pouvez aussi charger un fichier projet en utilisant l'une des méthodes suivantes :

▶ Entrez la commande CHARGVBA (VBALOAD) pour ouvrir la boîte de dialogue Ouvrir un projet VBA (Open VBA Project).

▶ Faites glisser un fichier DVB depuis l'Explorateur Windows et déposez-le sur un dessin ouvert dans la fenêtre AutoCAD.

Pour décharger un fichier de projet VBA existant

Vous pouvez en cas de besoin, décharger le projet. Le déchargement d'un projet libère de la mémoire et conserve la liste des projets chargés à une taille raisonnable, ce qui facilite nettement la gestion.

Vous ne pouvez pas décharger des projets intégrés ou référencés par d'autres projets chargés.

Vous pouvez décharger le projet VBA de votre choix en le sélectionnant et en cliquant sur Décharger (Unload), ou à l'aide de la commande DECHARGVBA (VBAUNLOAD), qui vous demande de spécifier le projet à décharger.

Incorporation d'un projet dans un dessin

Lorsque vous incorporez un projet, vous placez une copie de ce projet dans la base de données du dessin. Ce projet est ensuite chargé et déchargé lorsque le dessin qui le contient est ouvert ou fermé.

Un dessin ne peut contenir qu'un seul projet intégré à la fois. Si un dessin contient déjà un projet intégré, vous devez d'abord l'extraire avant d'incorporer un autre projet au dessin.

Pour incorporer un projet à un dessin AutoCAD

① Ouvrez le **Gestionnaire VBA** et sélectionnez le projet à incorporer.

② Cliquez sur **Incorporer** (Embed).

③ Sauvegardez votre dessin.

④ Lors de l'ouverture le projet est immédiatement chargé avec une demande d'activation des macros (fig.5.4).

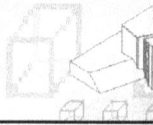

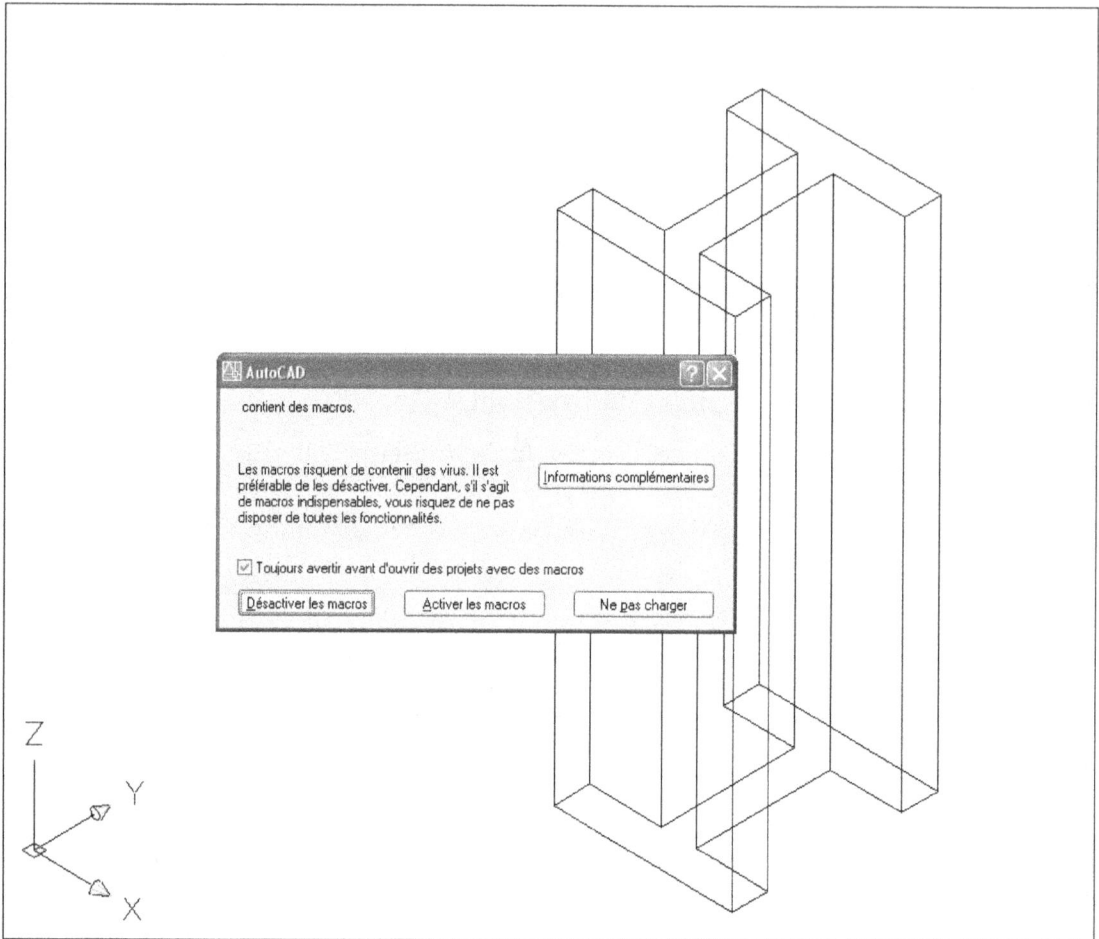

Fig.5.4

Extraction d'un projet figurant dans un dessin

S'il est possible d'incorporer un projet dans un dessin, il l'est aussi de l'extraire. Lorsque vous extrayez un projet, vous le supprimez de la base de données du dessin et vous pouvez l'enregistrer dans un fichier de projet externe. Si vous n'enregistrez pas le fichier dans un fichier de projet externe, les données de ce projet sont supprimées.

Pour extraire un projet d'un dessin AutoCAD

☐ Ouvrez le **Gestionnaire VBA** et sélectionnez le dessin duquel le projet doit être extrait.

☐ Cliquez sur **Extraire** (Extract).

☐ Pour enregistrer les données du projet dans un fichier de projet externe, cliquez sur **Oui** lorsque le message « Voulez-vous exporter le projet VBA avant de le supprimer ? » (Do you want to export VBA project before removing it ?) s'affiche. La boîte de dialogue **Enregistrer sous** (Save As) apparaît pour que vous puissiez enregistrer le fichier.

Pour ne pas enregistrer les données du projet dans un fichier externe, cliquez sur **Non** lorsque le message « Voulez-vous exporter le projet VBA avant de le supprimer ? » s'affiche. Les données du projet sont supprimées du dessin et ne sont pas enregistrées.

Création d'un projet

Les nouveaux projets sont créés sous forme de projets globaux non enregistrés. Une fois un projet créé, vous pouvez l'incorporer à un dessin ou l'enregistrer dans un fichier de projet externe.

Pour créer un nouveau projet VBA

☐ Ouvrez le **Gestionnaire VBA**.

☐ Cliquez sur le bouton **Nouveau** (New).

Un projet est créé avec le nom par défaut ACADProject. Vous pouvez changer le nom du projet dans l'environnement VBA IDE.

Enregistrement de projets

Les projets intégrés sont enregistrés avec le dessin. Par contre, les projets globaux doivent être enregistrés via le Gestionnaire VBA ou l'environnement VBA IDE.

Pour enregistrer un projet dans le Gestionnaire VBA

☐ Ouvrez le gestionnaire et sélectionnez le projet à enregistrer.

☐ Cliquez sur **Enreg. Sous** (Save as). La boîte de dialogue **Enregistrer sous** (Save As) apparaît.

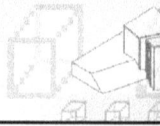

③ Choisissez le nom sous lequel le projet sera enregistré.

④ Cliquez sur Enregistrer (Save).

La notion de macros

Une macro est un sous-programme public (exécutable) contenu dans un projet. Chaque projet contient généralement au moins une macro.

Utilisation de la boîte de dialogue Macros

Cette boîte de dialogue permet d'exécuter, de modifier, de supprimer, de créer des macros et de définir les options du projet VBA. Pour ouvrir la boîte de dialogue Macros :

① Cliquez sur le menu **Outils** (Tools), choisissez **Macro** puis **Macros** ou exécutez EXECVBA (VBARUN) à l'invite de commande AutoCAD.

Les noms de toutes les macros disponibles apparaissent dans la boîte de dialogue. Vous pouvez changer le contenu de la liste des macros affichées via la zone de liste déroulante Emplacement. Cette zone donne la liste des projets ou des dessins dont les macros sont affichées. Vous pouvez afficher les macros dans :

▶ Tous les dessins et projets actifs.

▶ Tous les dessins actifs.

▶ Tous les projets actifs.

▶ Tout dessin actuellement ouvert dans AutoCAD.

▶ Tout projet actuellement chargé dans AutoCAD.

En limitant l'intervalle de sélection, vous pouvez contrôler le nombre de noms de macros affichés dans la liste. Ceci est utile lorsque de nombreuses macros sont disponibles dans les dessins et les projets chargés.

Exécution d'une macro

Lors de l'exécution d'une macro, son code est exécuté dans le contexte de la session AutoCAD active. Le dessin actif est le dessin ouvert qui est sélectionné au moment de l'exécution de la macro. Pour des macros contenues dans des projets globaux, toutes les références VBA à l'objet ThisDrawing (signification voir plus loin dans le texte) sont dirigées vers le dessin actif. Pour des macros contenues dans des projets intégrés, l'objet ThisDrawing se rapporte toujours au dessin dans lequel la macro est incorporée.

1️⃣ Ouvrez la boîte de dialogue **Macros** et sélectionnez la macro à exécuter.

2️⃣ Cliquez sur **Exécuter** (Run).

VBA est un langage orienté objet

VBA est un outil de développement orienté objet. Pour programmer en VBA, il est capital de bien comprendre la notion d'objet, surtout si vous voulez créer des boîtes de dialogue personnalisées ou prendre le contrôle des fonctionnalités de l'application hôte à savoir AutoCAD.

Mais qu'est-ce donc qu'un objet ?

Le plus simple est d'imaginer les objets comme des éléments de votre application AutoCAD. Dans un dessin AutoCAD, un rectangle est un objet, au même titre qu'une ligne reliant deux points. Il en va de même pour chaque calque sur lequel sont disposés les entités du dessin et pour le document (dessin) lui-même. Dans AutoCAD on trouve ainsi une multitude d'objets :

▶ Les objets graphiques comme des lignes, des arcs, du texte et des cotes sont des objets.

▶ Les paramètres de style comme des types de lignes et des styles de cotes sont des objets.

▶ Les éléments de structure comme des calques, des groupes et des blocs sont des objets.

▶ Les éléments d'affichage graphique comme les vues et les fenêtres sont des objets.

▶ Même le dessin et l'application AutoCAD sont considérés comme des objets.

D'un point de vue plus théorique, un objet est simplement un élément doté d'un nom et qui possède des :

▶ **Propriétés** : paramètres que vous pouvez vérifier et modifier. Un cercle par exemple peut avoir un certain rayon et une couleur.

▶ **Méthodes** : actions que l'objet peut effectuer lorsque le programme l'ordonne. La méthode AddCircle, par exemple, permet la création d'un cercle.

▶ **Evénements** : c'est tout ce qui peut arriver à l'objet. Les événements sont initiés lors d'actions dans le programme. Par exemple l'ouverture ou la fermeture d'un document.

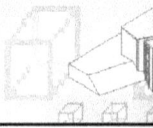

L'information portant sur l'objet est ainsi contenue dans ses propriétés, dans les actions qu'il peut accomplir et par les méthodes permettant de le modifier.

La notion d'objet constitue donc l'élément essentiel dans la programmation d'AutoCAD avec VBA. Les différents objets sont structurés de façon hiérarchique, l'objet Application se trouvant à la racine. La vue de cette structure hiérarchique est appelée modèle d'objet. Le modèle d'objet indique quel objet permet d'accéder au niveau d'objets suivant (fig.5.5).

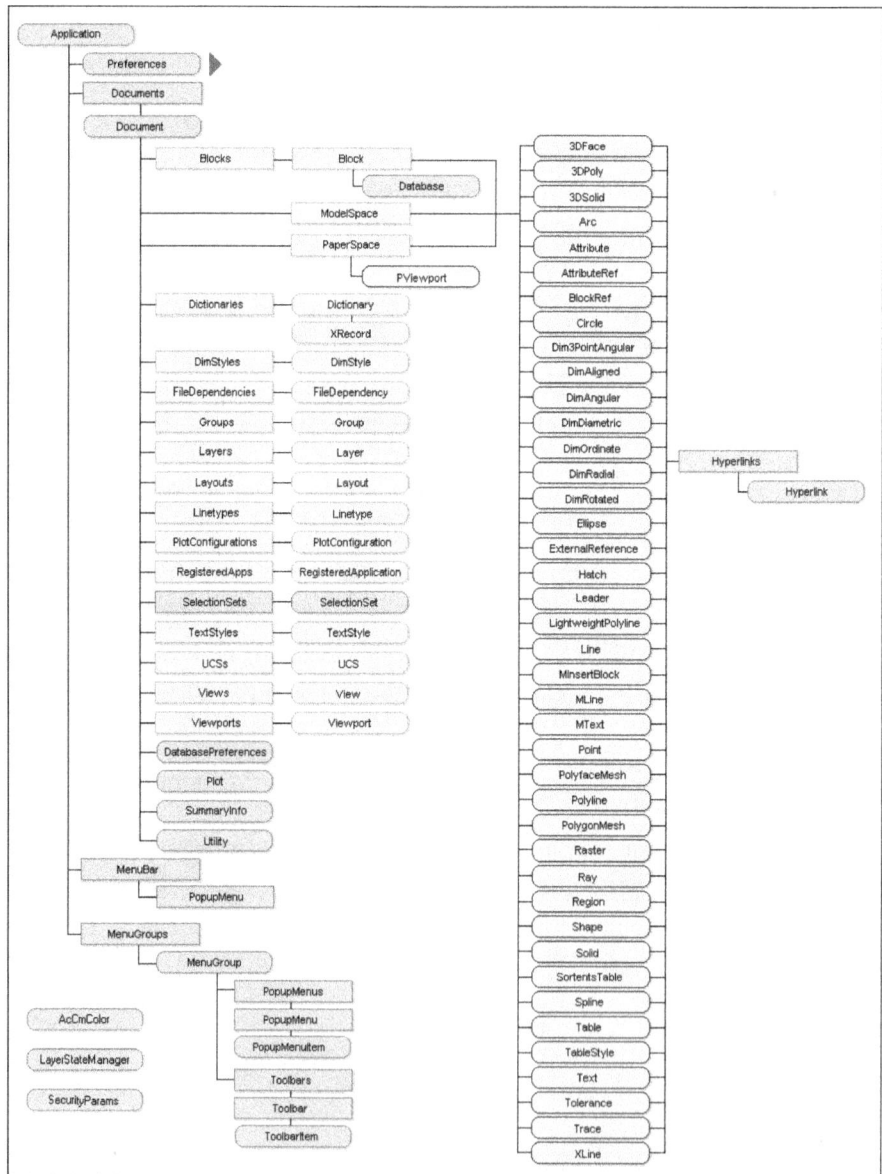

Fig.5.5

Parmi les types d'objet on trouve en particulier :

▶ **L'objet Application :** il constitue l'objet racine du modèle objet d'AutoCAD. Il permet d'accéder aux autres objets ou aux propriétés et méthodes assignées à un objet.

▶ **L'objet Document :** il correspond à un dessin AutoCAD. Il permet d'accéder à tous les objets graphiques et à la plupart des objets non graphiques d'AutoCAD.

▶ **L'objet Collection** : AutoCAD regroupe la plupart des objets dans des collections. Une collection est aussi un objet qui contient un ensemble d'autres objets. L'objet Document, par exemple, se trouve dans la collection Documents. La collection Layers regroupe tous les calques d'un document.

▶ **L'objet graphique** : les objets graphiques, également appelés entités, sont des objets visibles (lignes, cercles, images tramées, etc.) qui constituent le dessin. Chaque objet graphique possède des méthodes qui permettent à une application d'exécuter la plupart des commandes d'édition AutoCAD comme la copie, la suppression, le déplacement, la mise en miroir, etc. Les objets graphiques ont des propriétés types comme Layer, Linetype, Color et Handle. En fonction de leur type, ils possèdent en outre des propriétés spécifiques, comme Center, Radius et Area.

▶ **L'objet non graphique** : les objets non graphiques sont des objets invisibles (pour information) qui font partie d'un dessin comme Layers, Linetypes, DimStyles, SelectionSets, etc. Chaque objet non graphique possède des méthodes et des propriétés qui lui sont propres.

Les composantes du modèle objet d'AutoCAD

Comme indiqué précédemment, le modèle objet d'AutoCAD est défini par une structure hiérarchique. Les principaux composants sont décrits ci-après :

L'objet **Application** contient l'objet Préférences et trois collections d'objets, à savoir les collections Preferences, Documents, MenuBar et MenuGroups (fig.5.6).

L'objet **Preferences** permet le contrôle des paramètres d'opération d'AutoCAD. Il regroupe à son tour un ensemble d'objets, chacun correspondant à un onglet de la boîte de dialogue Options (fig.5.7). Ces objets permettent d'accéder à tous les paramètres de la boîte de dialogue Options enregistrés dans la base de registre.

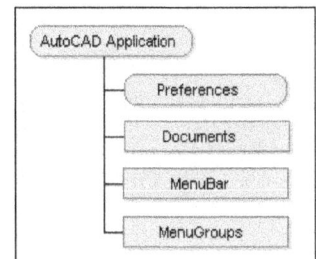

Fig.5.6

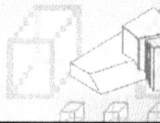

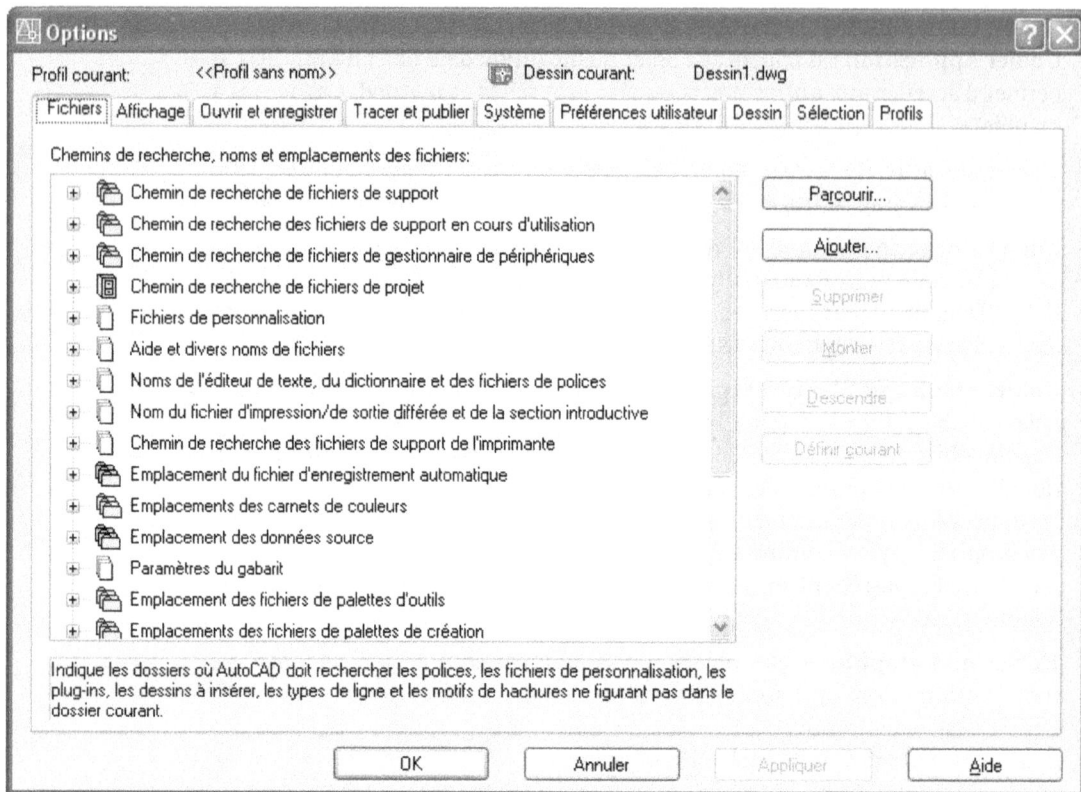

Fig.5.7

La collection **MenuBar** contient tous les menus déroulants actuellement visibles dans l'interface utilisateur d'AutoCAD.

La collection **MenuGroups** contient les groupes de menus chargés dans la session AutoCAD courante. Ces groupes contiennent, à leur tour, tous les menus disponibles pour la session AutoCAD, certains ou l'ensemble pouvant être affichés dans la barre de menus d'AutoCAD. En plus des menus, les groupes de menus contiennent toutes les barres d'outils disponibles pour la session AutoCAD courante. Les groupes de menus représentent également les menus d'images, les menus écran ou les menus tablette.

Chaque groupe de menus contient une collection PopupMenus et une collection Toolbars. La collection PopupMenus contient tous les menus affichés dans la barre de menus. La collection Toolbars contient toutes les barres d'outils affichées dans le groupe de menus.

Chaque collection PopupMenu contient un objet individuel pour chaque option affichée dans ce menu. De même, chaque collection Toolbar contient un objet individuel pour chaque option affichée dans cette barre d'outils (fig.5.8).

L'objet **Document**, qui est en fait un dessin AutoCAD, se trouve dans la collection Documents et permet d'accéder à tous les objets graphiques et à la plupart des objets non graphiques d'AutoCAD (fig.5.9). Les collections ModelSpace et PaperSpace permettent d'accéder à des objets graphiques (lignes, arcs, cercles, etc.) et des collections de noms similaires comme Layers, Linetypes et TextStyles permettent d'accéder à des objets non graphiques. L'objet Document permet également d'accéder aux objets Plot et Utility.

AutoCAD comporte deux environnements de dessin, l'espace objet et l'espace papier (ou de présentation). Ils sont respectivement représentés par les

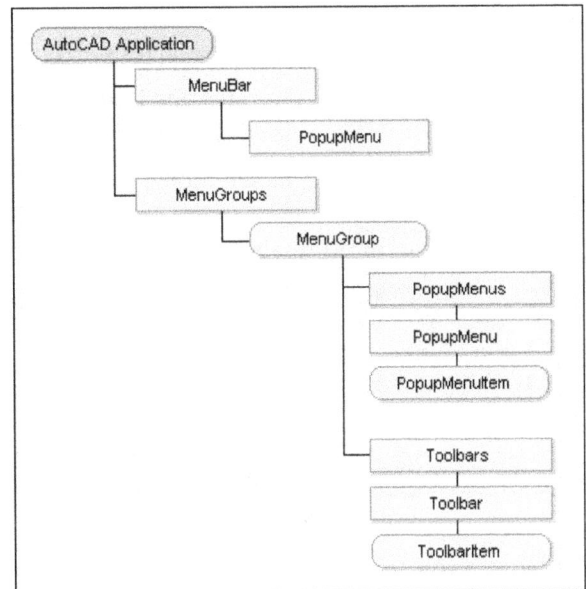

Fig.5.8

collections **ModelSpace** et **PaperSpace**. L'espace objet comprend l'ensemble des entités graphiques qui composent le dessin, tandis que l'espace papier contient des annotations diverses, le cadre et le cartouche ainsi que l'objet PViewport qui concerne les vues placées sur la feuille.

En plus des collections ModelSpace et PaperSpace, les objets graphiques peuvent être regroupés dans un objet **Block**. Un dessin peut comporter plusieurs objets Block qui sont tous regroupés dans la collection **Blocks**. Chaque instance d'un objet Block (c'est-à-dire chaque insertion d'un bloc donné dans le dessin) est connue sous le nom de référence de bloc et est représentée par l'objet BlockReference.

La collection **Dictionaries** contient tous les objets **Dictionary** disponibles dans un dessin. Un objet Dictionary permet de stocker des données textuelles non graphiques comme des mots-clés permettant de retrouver des objets associés. L'objet Xrecord permet de stocker arbitrairement des données et des identificateurs d'objets.

Les collections **DimStyles** et **TextStyles** contiennent les objets DimStyle et TextStyle qui à leur tour contiennent les définitions des styles de cotes et de texte.

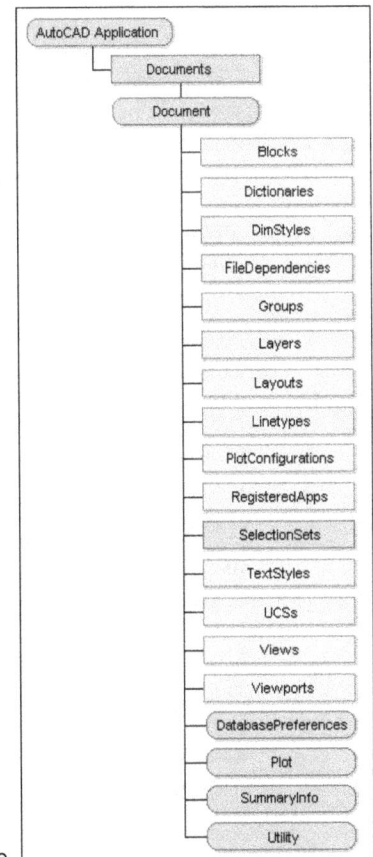

Fig.5.9

La collection **Layers** contient l'ensemble des calques définis dans le dessin. Chaque calque est défini par un objet Layer de la collection.

La collection **Linetypes** contient l'ensemble des types de lignes disponibles dans le dessin. Chaque type de ligne est défini par un objet Linetype de la collection.

La sélection d'entités dans un dessin constitue aussi un objet. Il s'agit d'un objet temporaire représenté par l'objet **SelectionSet**. Il est possible de créer plusieurs sélections d'entités regroupées dans la collection SelectionSets.

Contrairement à la sélection d'entités qui est représentée par un objet temporaire, un groupe d'entités est représenté par un objet permanent. L'ensemble des groupes fait partie de la collection **Groups**.

Les présentations de l'espace papier forment la collection **Layouts**. A chaque présentation correspond un objet Layout. AutoCAD comprend par défaut deux onglets de présentation : Présentation1 et Présentation2. L'utilisateur peut les renommer comme il le souhaite.

En ce qui concerne l'impression, l'objet **Plot** regroupe les différentes méthodes et propriétés nécessaires pour cette opération. L'objet **PlotConfiguration** contient les différentes valeurs d'une configuration d'impression. L'ensemble de ces configurations est regroupé dans la collection **PlotConfigurations**.

Pour être reconnu par AutoCAD, toutes les applications externes doivent être enregistrées par leur nom. L'objet **RegisteredApplication** permet d'enregistrer le nom de l'application ; il est enregistré dans la collection **RegisteredApplications**.

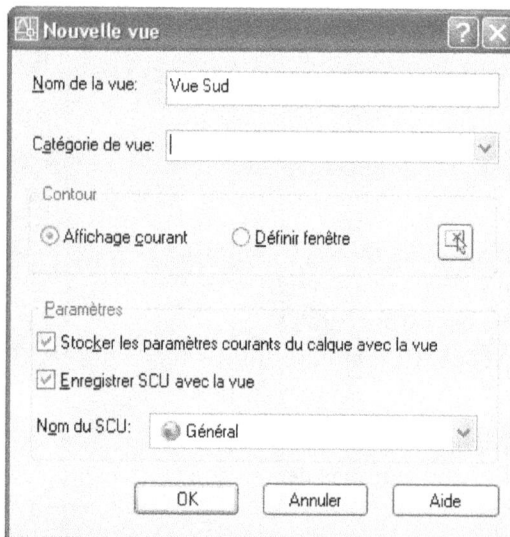

Le système de coordonnées SCU utilisées par l'utilisateur est défini dans l'objet **UCS**. L'ensemble des objets est regroupé dans la collection **UCSs**.

AutoCAD permet de sauvegarder un point de vue sous la forme d'une vue enregistrée (fig.5.10) qui est représentée par l'objet **View**. L'ensemble des vues est contenu dans la collection **Views**.

AutoCAD permet d'afficher le contenu du dessin dans des fenêtres. Il existe deux types de fenêtre : la fenêtre dans l'espace objet qui est représentée par l'objet **Viewport** et la fenêtre dans l'espace papier

Fig.5.10

qui est représentée par l'objet **PViewport**. Le premier objet fait partie de la collection Viewports et le second de la collection PaperSpace.

L'objet **DatabasePreferences** est utilisé pour lire et modifier les paramètres spécifiques au dessin contenu dans la boîte de dialogue **Options**. Par exemple, le nombre de lignes de contour par surface (fig.5.11).

L'objet **Utility** offre au programmeur, comme son nom l'indique, une aide pour gérer l'entrée des données de l'utilisateur via la zone de commande d'AutoCAD ou l'écran graphique.

La collection **Hyperlinks** contient tous les objets **Hyperlink** associés à un dessin donné. Chaque objet Hyperlink représente une URL et une description de l'URL.

L'objet **IDPair** ne fait pas à proprement parler du modèle objet d'AutoCAD. Il est utilisé par la méthode CopyObjects pour identifier l'identité des objets originaux et copiés.

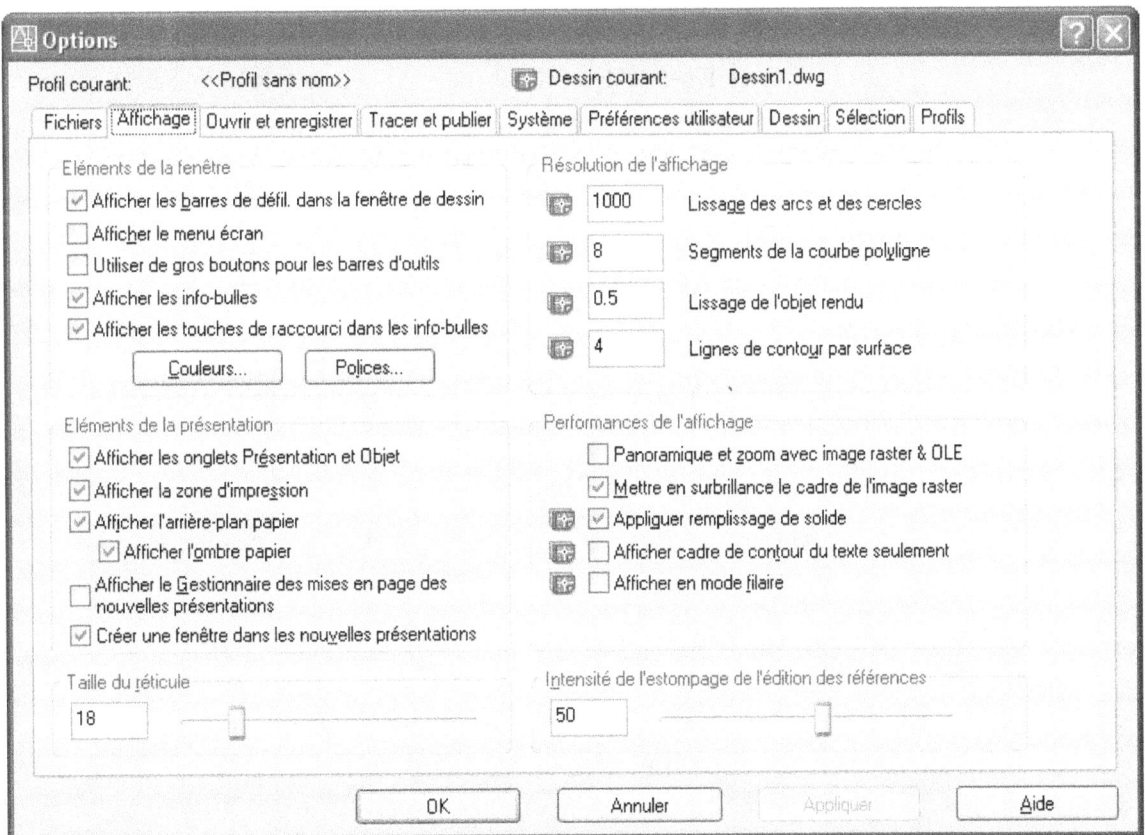

Fig.5.11

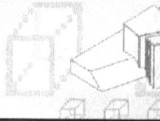

REMARQUE

Dans la mesure où vous devez indiquer à VBA sur quel objet vous travaillez, une bonne compréhension du modèle objet d'AutoCAD est essentielle.

L'interface de développement VBA

En VBA, tout travail de programmation se déroule dans un environnement de développement intégré (IDE en anglais, pour Integrated Development Environment). Cet éditeur s'appelle l'Editeur Visual Basic. C'est une véritable fenêtre d'application dotée de menus et de barres d'outils grâce à laquelle vous avez accès à une série d'autres fenêtres avec tous les outils nécessaires pour créer vos programmes.

L'éditeur Visual Basic

Pour accéder à l'éditeur, cliquez sur le menu **Outils** (Tools) puis sélectionnez **Macro VBA** et ensuite **Editeur Visual Basic** (Visual Basic Editor).

Les différentes fenêtres de l'éditeur (fig.5.12) peuvent être affichées à l'aide du menu Affichage (View) :

▶ **La fenêtre Explorateur de projets ❶ :** elle affiche la hiérarchie de chaque projet actuellement en cours. Elle donne la liste des objets, des formes et des modules utilisés dans le projet. Dans le cas de l'illustration, la section AutoCAD Objects contient l'objet ThisDrawing qui correspond au dessin en cours dans AutoCAD. La section Feuilles (Forms) comprend UserForm1 qui est la boîte de dialogue en cours de réalisation. La section Modules contient le code Module1 qui comprend les instructions liées au projet en cours.

▶ **La fenêtre Code ❷ :** elle permet d'afficher, d'ajouter et de modifier du code VBA. De nombreux outils sont disponibles dans VBA pour écrire plus facilement du code : affichage automatique des options, affichage d'informations sur les fonctions utilisées, etc.

▶ **La fenêtre UserForm ❸ :** elle permet de créer des feuilles personnalisées comme des fenêtres ou des boîtes de dialogue, sur lesquelles ont peut placer des boutons, des boîtes de saisie de texte, des listes déroulantes, etc.

▶ **La fenêtre Propriétés ❹ :** elle permet de décrire les caractéristiques ou l'état d'un objet. Elle permet en particulier de définir l'aspect des contrôles (boutons, zones de textes...) placés dans une boîte de dialogue.

▶ **La fenêtre Exécution ❺ :** elle permet d'exécuter sur-le-champ des instructions VBA individuelles.

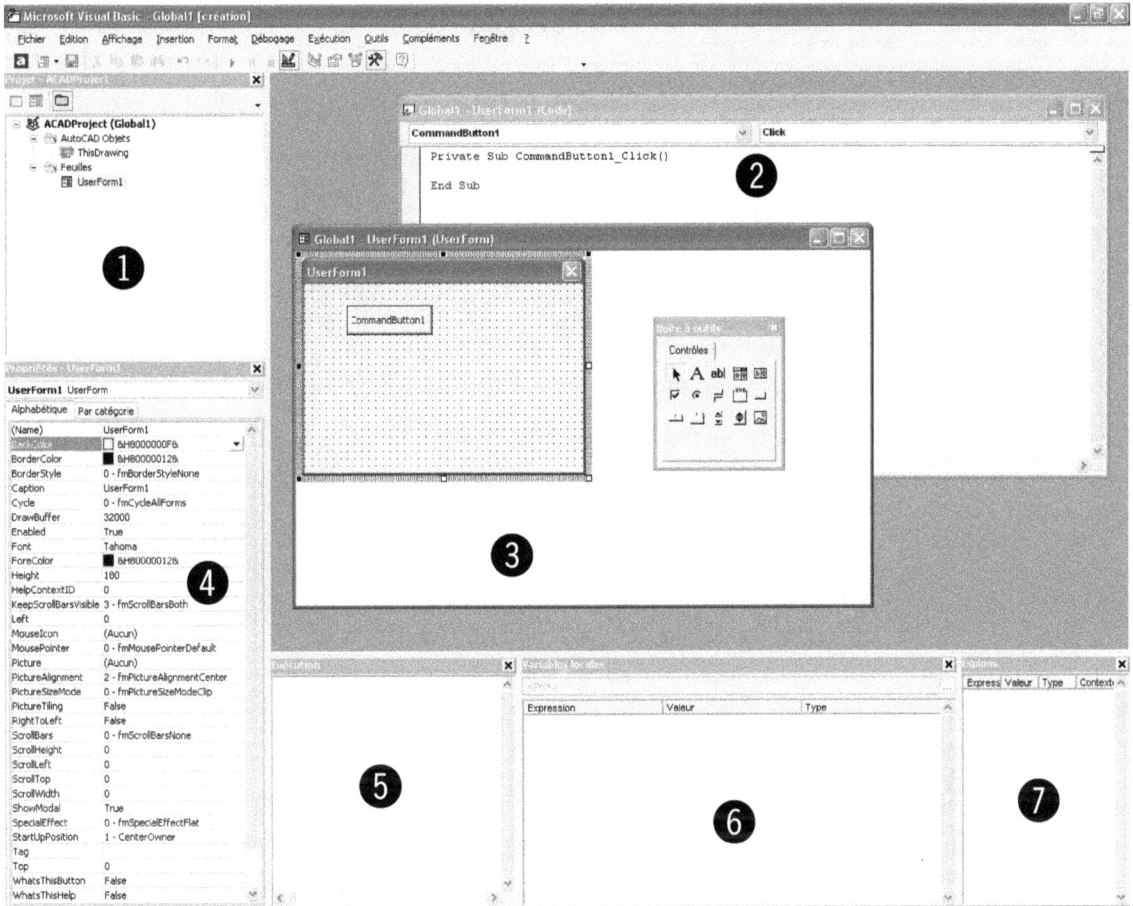

Fig.5.12

▶ **La fenêtre Espion ❻ :** elle permet d'afficher les valeurs courantes d'objets ou variables sélectionnées. Elles peuvent provenir de n'importe quelle partie de votre programme et pas uniquement de la procédure en cours d'exécution.

▶ **La fenêtre Variables locales ❼ :** elle permet d'afficher des informations sur les objets et variables utilisées dans la procédure en cours d'exécution.

Pour faire connaissance avec l'Editor Visual Basic nous allons écrire un petit programme dont le but est de dessiner un cercle centré au point 5,5,0 avec un rayon de 2. La procédure est la suivante :

[1] Démarrez un nouveau dessin AutoCAD.

[2] Choisissez Menu **Outils** (Tools) > **Macro VBA** > **Editeur Visual Basic** (Visual Basic Editor) (fig.5.13).

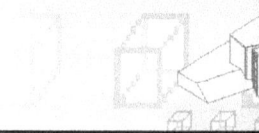

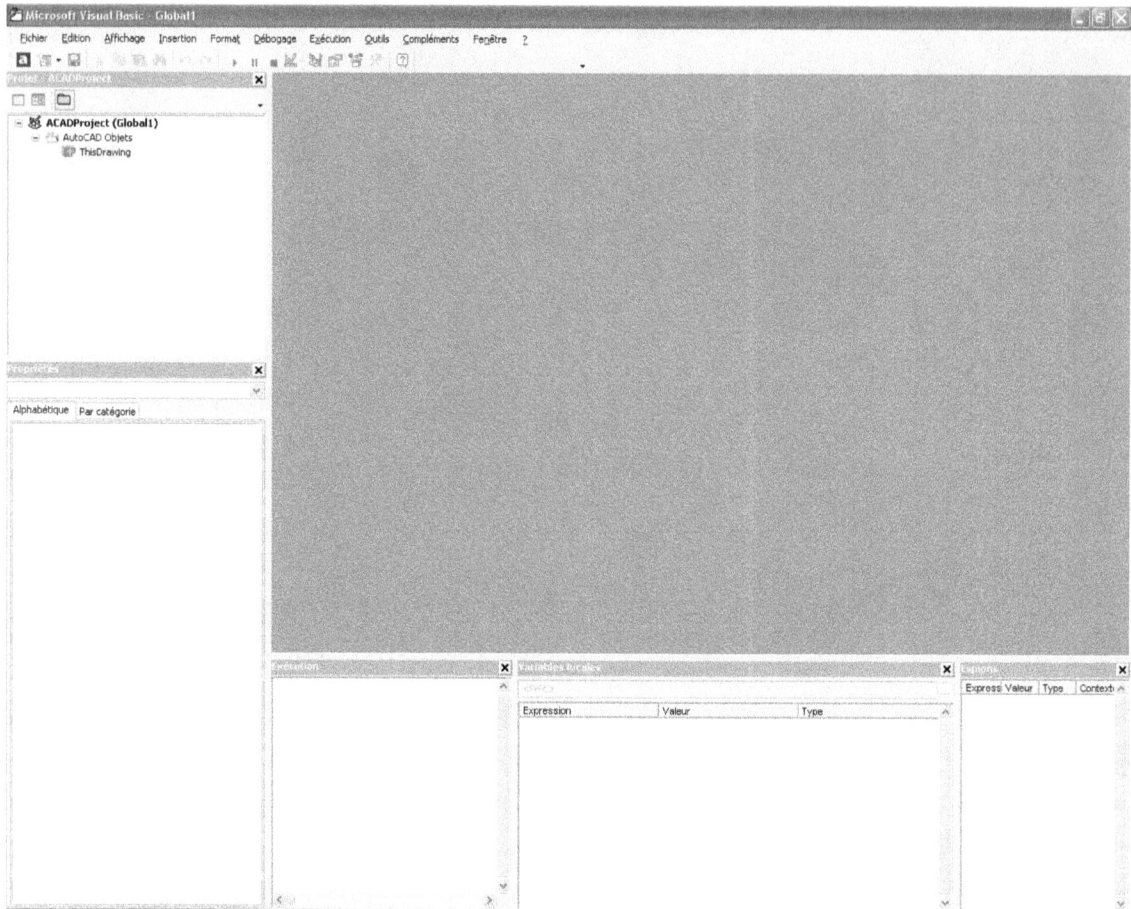

Fig.5.13

[3] Cliquez sur **Insertion** (Insert) › **Module**.

[4] Cliquez sur **Insérer** (Insert) › **UserForm** afin de créer une boîte de dialogue.

[5] Dans la boîte à outils (Toolbox) sélectionnez le **Bouton de commande** (Command Button) et glissez-le sur la feuille (fig.5.14).

[6] Redimensionnez la boîte de dialogue et le bouton.

[7] Cliquez sur le bouton et dans la fenêtre **Propriétés** (Properties), changez le texte du bouton dans le champ **Caption** (fig.5.15).

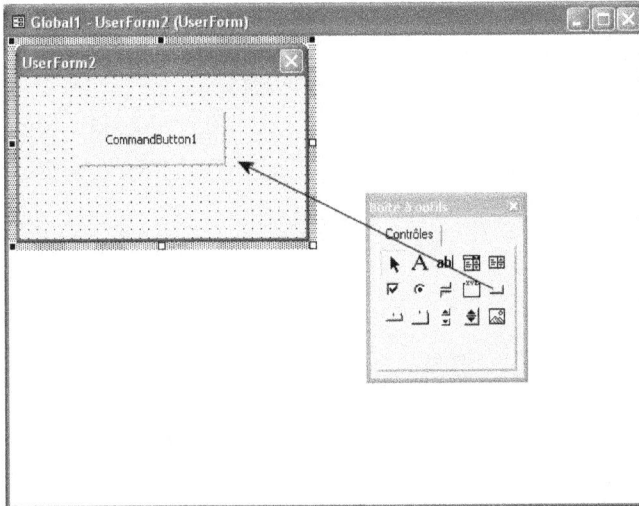

Fig.5.14

⑧ Modifiez l'aspect de la police via le champ **Font**.

⑨ Pour paramétrer le fonctionnement du bouton, effectuez un double-clic sur le bouton. La fenêtre du code s'affiche.

⑩ Entrez le code suivant entre les lignes " Private Sub CommandButton1_Click() " et " End Sub " (fig.5.16) :

```
Private Sub CommandButton1_Click()
```

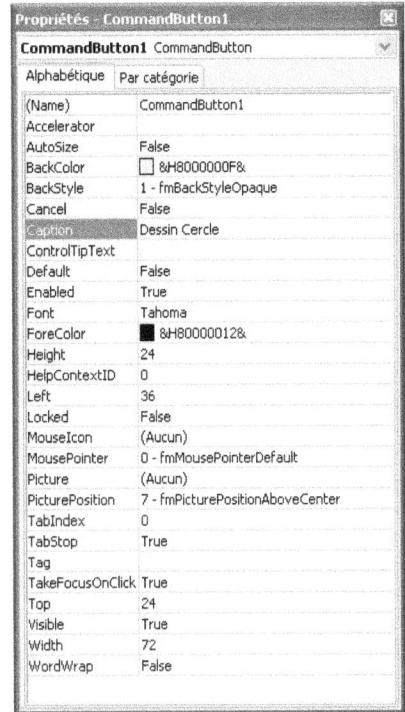

Fig.5.15

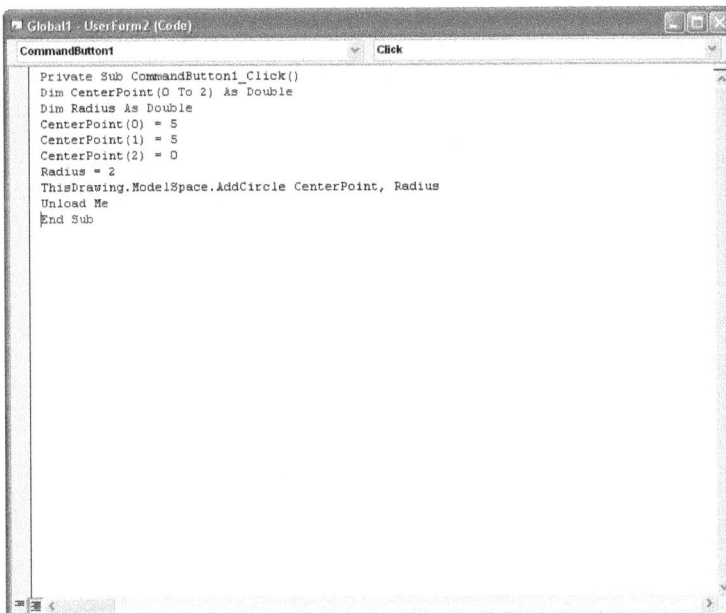

```
Private Sub CommandButton1_Click()
Dim CenterPoint(0 To 2) As Double
Dim Radius As Double
CenterPoint(0) = 5
CenterPoint(1) = 5
CenterPoint(2) = 0
Radius = 2
ThisDrawing.ModelSpace.AddCircle CenterPoint, Radius
Unload Me
End Sub
```

Fig.5.16

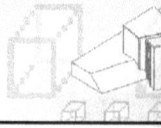

Cette ligne est ajoutée automatiquement, elle indique le début du code.

```
Dim CenterPoint(0 To 2) As Double
Dim Radius As Double
```

Les deux lignes précédentes permettent de définir la propriété « double préci-sion » pour les variables CenterPoint et Radius qui sont utilisées par la métho-de AddCircle.

```
CenterPoint(0) = 5
CenterPoint(1) = 5
CenterPoint(2) = 0
```

Les trois lignes précédentes permettent de définir les coordonnées (x,y,z) du centre.

```
Radius = 2
```

Cette ligne permet de définir le rayon du cercle

```
ThisDrawing.ModelSpace.AddCircle CenterPoint, Radius
```

Cette ligne permet d'appliquer la méthode AddCircle à l'objet ModelSpace qui fait partie de l'objet ThisDrawing (dessin en cours). Les arguments de AddCircle sont CenterPoint (coordonnées du centre) et Radius (le rayon).

```
Unload Me
```

Cette ligne permet de supprimer la boîte de dialogue et de retourner à AutoCAD.

```
End Sub
```

Cette ligne est générée automatiquement. Elle indique la fin du code.

⑪ Cliquez sur Module1 et entrez le code qui suit (fig.5.17). L'objectif est de créer le nom de la macro DrawCircle qui apparaîtra dans le menu Macro VBA > Macro.

```
Sub DrawCircle()
UserForm1.Show
End Sub
```

⑫ Sauvegardez le projet par **Fichier** (Files) > **Enregistrer** (Save).

⑬ Dans AutoCAD, cliquez sur **Outils** (Tools) > **Macro VBA** > **Charger projet** (Load Project) et sélectionnez le projet.

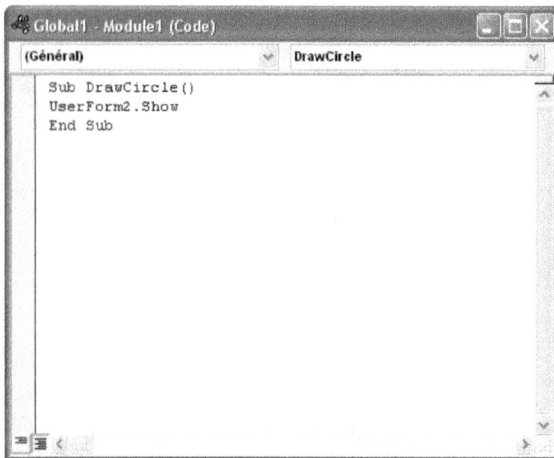

Fig.5.17

⒕ Sélectionnez ensuite **Macro VBA** ›
Macro › sélectionnez la macro › **Exécuter**
(Run) (fig.5.18).

⒖ La boîte de dialogue s'affiche. Cliquez sur
le bouton, le cercle s'affiche à l'écran
(fig.5.19).

REMARQUE

Pour vous aider à programmer en
VBA, l'aide fournie avec AutoCAD
vous permet de copier/coller des instructions toutes faites. La section
CODE EXAMPLES contient ainsi des
dizaines d'exemples prêts à l'emploi
(fig.5.20).

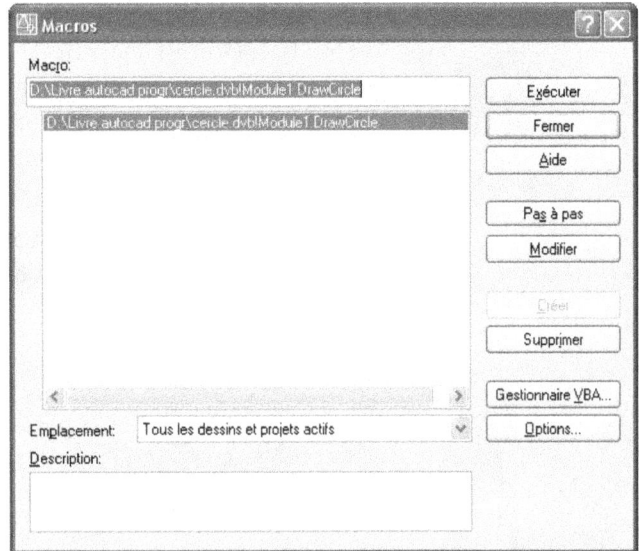

Fig.5.18

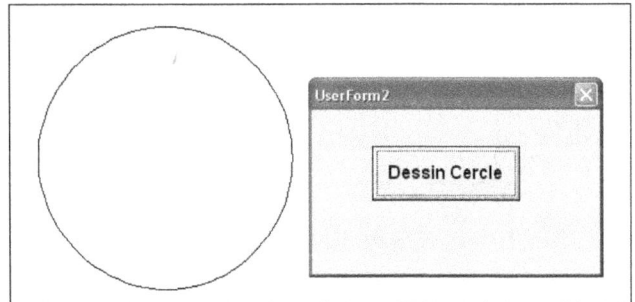

Fig.5.20

Fig.5.19

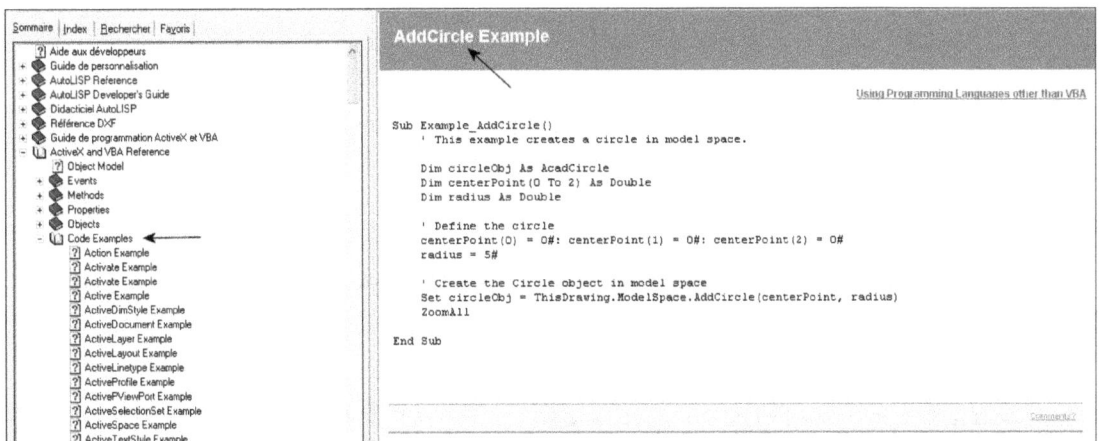

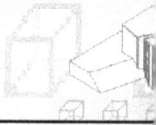

La création de fenêtres personnalisées (UserForm)

L'objet UserForm est une sorte de canevas sur lequel vous pouvez concevoir visuellement votre application afin de fournir à l'utilisateur une fenêtre d'interaction comme une boîte de dialogue par exemple. Chaque UserForm a ses propres propriétés, méthodes et événements que vous pouvez utiliser pour contrôler son aspect et comportement.

Pour ajouter un UserForm à votre application, sélectionnez le menu **Insérer** (Insert) puis **UserForm** ou cliquez sur le bouton **Ajouter UserForm** (Insert UserForm) (fig.5.21).

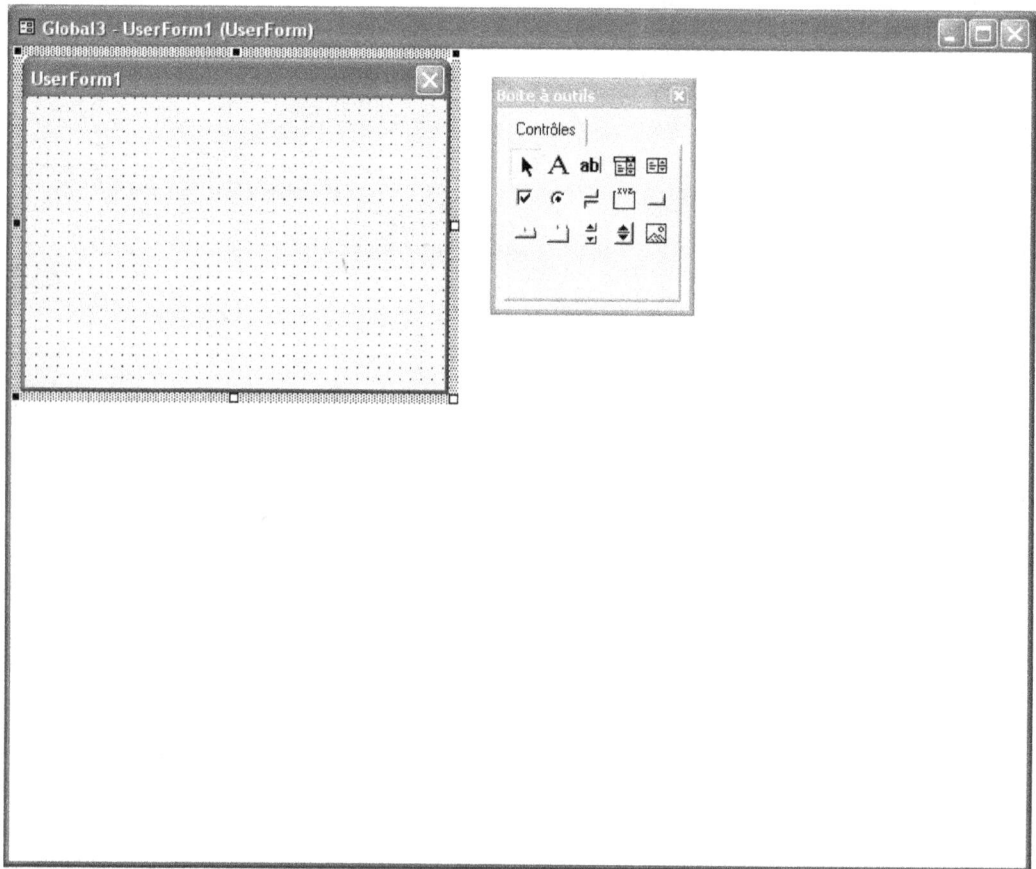

Fig.5.21

Vous pouvez changer l'aspect et la position du UserForm à l'aide de la fenêtre **Propriétés** (Properties) :

▶ **Caption** : tapez un nouveau nom pour la fenêtre, par exemple « Ma boîte de dialogue ».

▶ **Width** : entrez une valeur de largeur en pixels, par exemple 200.

▶ **Height** : entrez une valeur de largeur en pixels, par exemple 150 (fig.5.22).

▶ **Left** : entrez une valeur pour définir le décalage horizontal de la fenêtre par rapport à votre écran, par exemple 150.

▶ **Top** : entrez une valeur pour définir le décalage vertical de la fenêtre par rapport à votre écran, par exemple 150 (fig.5.23).

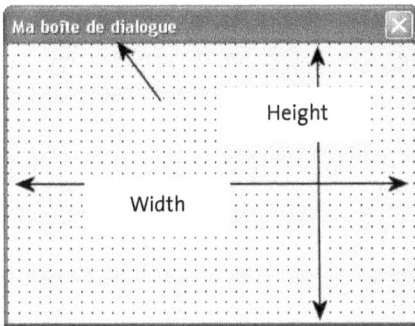

Fig.5.22

Lorsque vous ajoutez un UserForm à votre projet, la fenêtre Boîte à outils (Toolbox) s'affiche à l'écran. Elle comprend des composants encore dénommés « Contrôles ActiveX » qui ont comme objectif de permettre une interaction avec l'utilisateur. Chaque fois que vous placez un contrôle sur la UserForm, VBA lui ajoute automatiquement un nom et un index. Par exemple pour une zone de texte, le contrôle sera nommé TextBox1 par défaut.

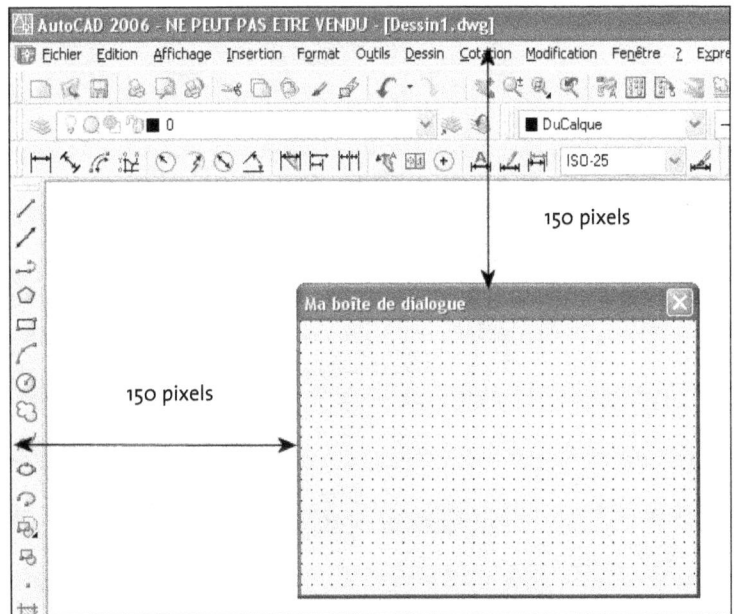

Fig.5.23

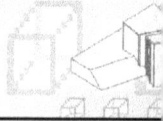

Les principaux contrôles Visual Basic ActiveX sont les suivants :

Intitulé (Label)

Il sert à afficher des messages d'erreur, à compter le nombre d'entités AutoCAD comme des blocs, etc. (fig.5.24). Utilisez par exemple le code suivant pour tester le contrôle (fig.5.25) :

```
Private Sub UserForm_Activate()
Label1.Caption = "Nombre de blocs = " & ThisDrawing.Blocks.Count
End Sub
```

Cliquez sur le bouton **Exécuter Sub/UserForm** (Run Sub/UserForm) pour tester le contrôle (fig.5.26).

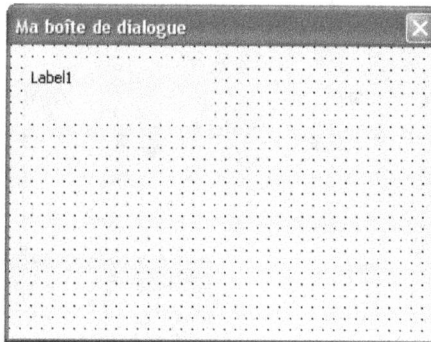

Fig.5.24

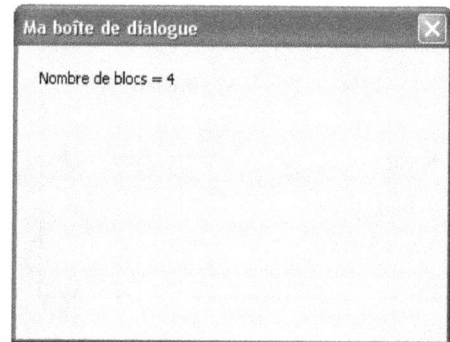

Fig.5.26

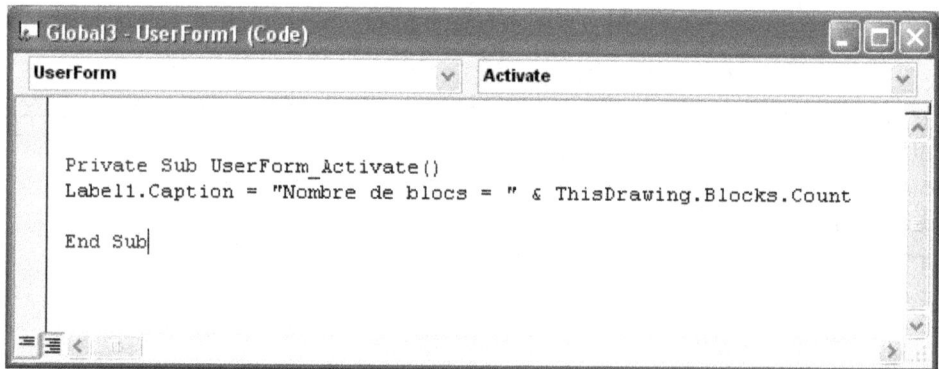

Fig.5.25

Zone de texte (TextBox)

La zone de texte peremt à l'utilisateur d'entrer des données (fig.5.27). En général il s'agit d'une simple ligne de texte, mais il est possible de permettre une entrée de texte multiligne. La zone de texte peut accepter des événements comme KeyDown, KeyUp et KeyPress. KeyDown et KeyUp interviennent successivement lorsqu'un utilisateur appuie sur une touche puis la relâche. KeyDown se produit lorsque l'utilisateur appuie sur une touche. KeyUp se produit lorsque l'utilisateur relâche la touche.

KeyDown et KeyUp peuvent être utilisés pour n'importe quelle utilisation de touche de clavier ; par contre KeyPress peut être utilisé pour n'importe quelle touche (caractère) imprimable, pour la touche Ctrl combinée avec une autre, pour la touche Arrière (Backspace) et la touche Echap (Esc). Il ne peut pas être utilisé avec les touches Tab, Entrée (Enter), les flèches.

Pour tester l'utilisation de la zone de texte :

1. Affichez la fenêtre de code par Affichage (View) › Code

2. Sélectionnez TextBox et KeyUp dans les listes déroulantes (fig.5.28)

3. Entrez le code suivant :

```
Private Sub TextBox1_KeyUp(ByVal KeyCode As
MSForms.ReturnInteger, ByVal Shift As Integer)
If KeyCode = 13 Then
MsgBox = "Vous avez entré le texte: " & TextBox1.Text
End If
End Sub
```

4. En appuyant sur la touche Entrée (Enter) un message est affiché dans une MsgBox

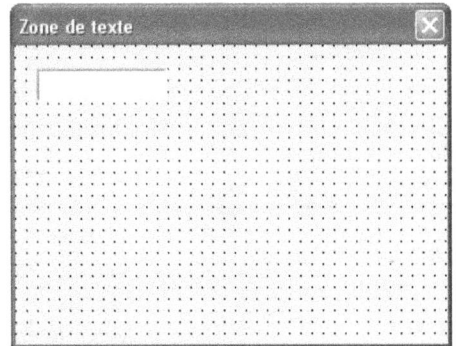

Fig.5.27

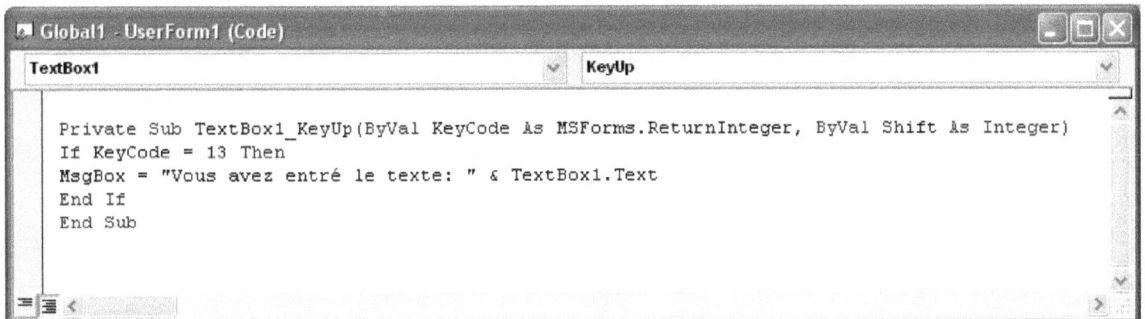

Fig.5.28

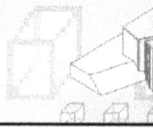

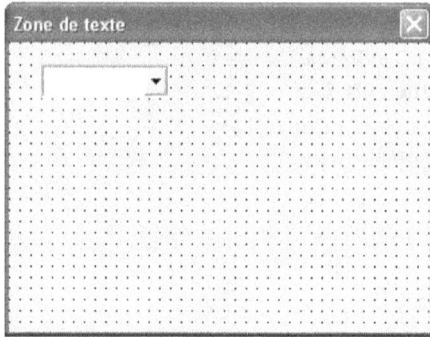

Fig.5.29

Zone de liste modifiable (ComboBox)

La zone de liste modifiable permet à l'utilisateur de sélectionner un élément dans une liste prédéfinie (fig.5.29).

Si vous voulez utiliser un contrôle **ComboBox** et limiter les valeurs à celles contenues dans la liste, vous pouvez définir la propriété **Style** du contrôle **ComboBox** de sorte que le contrôle ait l'aspect d'une zone de liste déroulante. Dans la fenêtre **Propriétés** (Properties) vous pouvez modifier le paramètre **Style** avec :

fmStyleDropDownCombo	0	Le contrôle **ComboBox** se comporte comme une liste modifiable déroulante. L'utilisateur peut saisir une valeur dans la zone d'édition ou en sélectionner une dans la liste déroulante (par défaut).
fmStyleDropDownList	2	Le contrôle **ComboBox** se comporte comme une zone de liste. L'utilisateur doit choisir une valeur dans la liste.

Dans l'exemple qui suit vous allez sélectionner un choix dans la liste et une boîte MsgBox affiche ensuite votre choix (fig.5.30). Entrez pour cela le code suivant :

```
Private Sub UserForm_Activate()
With ComboBox1
.AddItem "Choix 1"
.AddItem "Choix 2"
.AddItem "Choix 3"
.AddItem "Choix 4"
End With
End Sub

Private Sub ComboBox1_Click()
MsgBox "Votre choix est :   " &
ComboBox1.List(ComboBox1.ListIndex)
End Sub
```

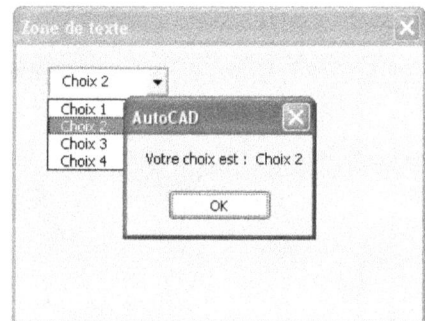

Fig.5.30

Zone de liste (ListBox)

La zone de liste affiche une liste de valeurs et vous permet d'en sélectionner une ou plusieurs (fig.5.31). Par rapport à la ComboBox, tous les éléments de la liste sont directement visibles et d'autre part l'utilisateur ne peut pas ajouter d'élément à la liste.

L'exemple qui suit illustre une liste de 4 éléments. Après la sélection, un message affiche votre sélection (fig.5.32).

```
Private Sub UserForm_Activate()
With ListBox1
.AddItem "Choix 1"
.AddItem "Choix 2"
.AddItem "Choix 3"
.AddItem "Choix 4"
End With
End Sub

Private Sub ListBox1_Click()
MsgBox "Votre choix est: " &
ListBox1.List(ListBox1.ListIndex)
End Sub
```

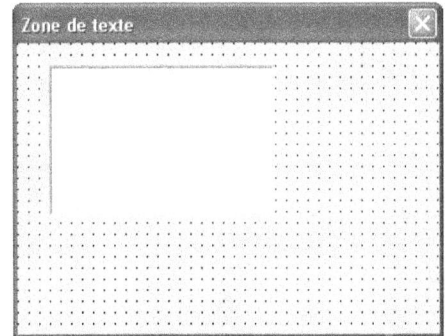

Fig.5.31

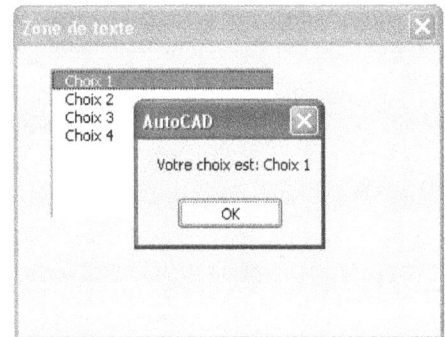

Fig.5.32

Case à cocher (CheckBox)

La case à cocher permet d'afficher l'état de la sélection d'un élément (fig.5.33). Vous pouvez utiliser un contrôle CheckBox pour permettre à l'utilisateur de choisir entre deux valeurs telles que *Oui/Non, Vrai/Faux* ou *Actif/Inactif.* Quand l'utilisateur sélectionne un contrôle CheckBox, une marque spéciale (un X, par exemple) s'affiche et sa valeur courante est *Oui, Vrai* ou *Actif* ; si l'utilisateur ne sélectionne pas le contrôle CheckBox, celui-ci est vide et sa valeur est *Non, Faux* ou *Inactif.* Selon la valeur de la propriété TripleState, un contrôle CheckBox peut aussi avoir une valeur nulle.

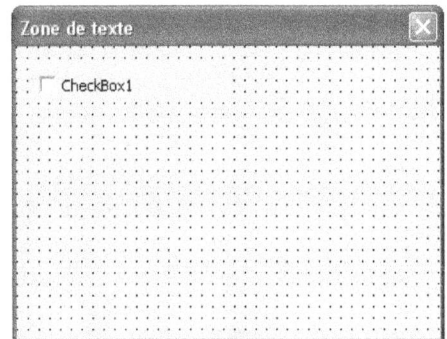

Fig.5.33

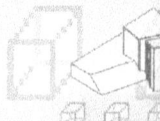

La propriété par défaut d'un contrôle ComboBox est la propriété **Value** et l'événement par défaut d'un contrôle ComboBox est l'événement **Change**.

L'exemple qui suit affiche une case à cocher et affiche le message « Case activée » ou « Case non activée » selon l'état de la case (fig.5.34) :

```
Private Sub CheckBox1_Click()
If CheckBox1.Value Then
MsgBox "Case Activée"
Else
MsgBox "Case Non activée"
End If
End Sub
```

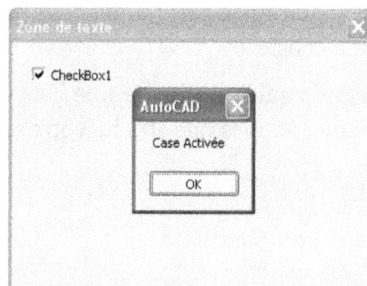

Fig.5.34

Bouton d'option (OptionButton)

Le bouton d'option permet à l'utilisateur d'effectuer un choix entre plusieurs options (par exemple : Homme, Femme). Le bouton d'option est généralement placé dans un cadre (contrôle Frame) afin de faire partie d'un groupe d'options. Un seul bouton d'option peut être activé sur une feuille (UserForm) ou dans un cadre (Frame). Par contre il est possible d'activer plusieurs boutons à condition qu'ils soient dans des cadres distincts.

L'exemple qui suit contient deux cadres et chaque cadre deux boutons (fig.5.35-5.36). Il est possible de cocher un bouton par cadre. Le code est le suivant :

```
Private Sub OptionButton1_Click()
MsgBox "Bouton 1 activé"
End Sub

Private Sub OptionButton2_Click()
MsgBox "Bouton 2 activé"
End Sub

Private Sub OptionButton3_Click()
MsgBox "Bouton 3 activé"
End Sub

Private Sub OptionButton4_Click()
MsgBox "Bouton 4 activé"
End Sub
```

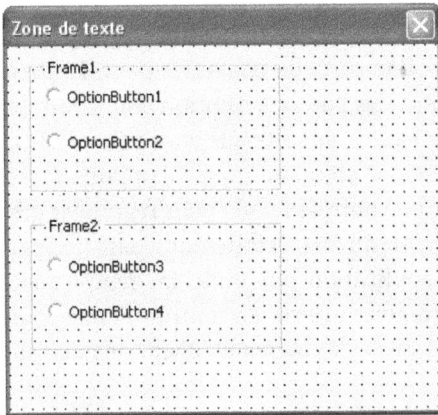

Fig.5.35

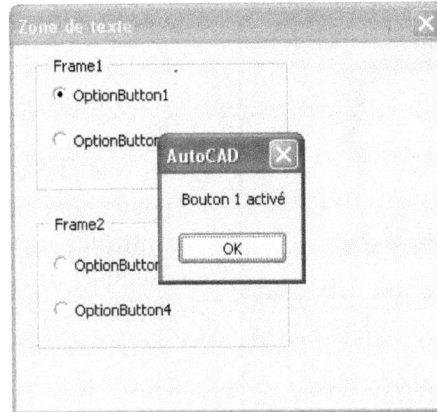

Fig.5.36

Bouton bascule (ToggleButton)

Le bouton bascule permet à l'utilisateur d'activer une option et laisse celle-ci dans cet état jusqu'à ce que l'utilisateur appuie à nouveau sur le bouton. Le bouton se présente comme un interrupteur Actif/Inactif dont l'apparence change en fonction de l'état. La propriété Picture permet d'ajouter une image au bouton. Dans l'exemple, nous avons ainsi ajouté une image au bouton1 (fig.5.37). Pour cela il faut d'une part définir l'image dans la propriété Picture du bouton à bascule et d'autre part il faut dans le code spécifier le chargement de l'image. En cliquant sur l'image un message indique s'il est activé ou non (fig.5.38).

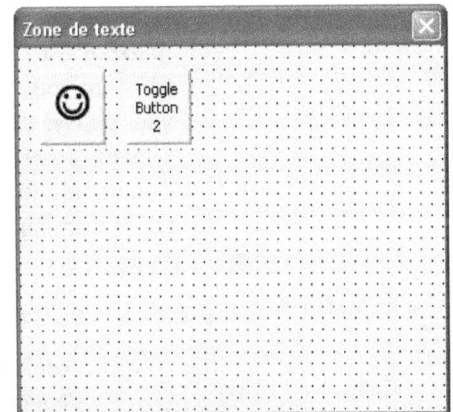

Fig.5.37

```
Private Sub UserForm_Activate()
ToggleButton1.Picture = LoadPicture("c:\bouton1.jpg")
End Sub

Private Sub ToggleButton1_Click()
Select Case ToggleButton1.Value
Case False
MsgBox "Le bouton est désactivé"
Case True
MsgBox "Le bouton est activé"
End Select
End Sub
```

Fig.5.38

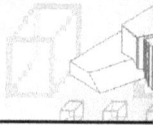

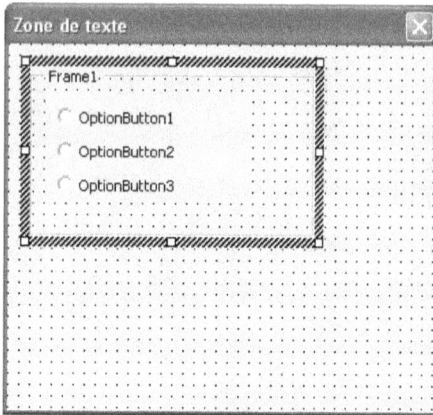

Fig.5.39

Cadre (Frame)

Un cadre (Frame) est une sorte de container pour d'autres contrôles (fig.5.39). Tous les boutons d'option d'un contrôle Frame s'excluent l'un l'autre, de sorte que vous pouvez utiliser le contrôle Frame pour créer un groupe d'options. Vous pouvez aussi utiliser un contrôle Frame pour regrouper des contrôles dont le contenu est étroitement associé. Par exemple, dans une application qui traite du remplissage d'un cartouche, vous pouvez utiliser un contrôle Frame pour regrouper noms, adresses et numéros de téléphone de l'architecte.

Bouton de commande (CommandButton)

Le bouton de commande permet de lancer, terminer ou interrompre une action ou une série d'actions. La macro ou la procédure d'événements affectée à l'événement Click du contrôle CommandButton détermine l'action de celui-ci. Par exemple, vous pouvez créer un contrôle CommandButton qui ouvre une autre feuille. Vous pouvez aussi afficher un texte, une image ou les deux sur un contrôle CommandButton. L'usage le plus courant de ce contrôle est la création des boutons OK et Annuler (Cancel).

REMARQUE

Il convient de ne pas confondre le nom (Name) d'un contrôle et la légende (Caption) du contrôle. Ainsi dans le cas du bouton de commande OK vous pouvez entrer cmdOK dans le champ Name et OK dans le champ Caption. Dans le cas d'un bouton Annuler, vous pouvez entrer cmdAnnuler dans le champ Name et Annuler dans le champ Caption.

Exemple : les boutons OK et Annuler (fig.5.40)

```
Private Sub cmdAnnuler_Click()
Unload Me
End Sub

Private Sub cmdOK_Click()
Unload Me
End Sub
```

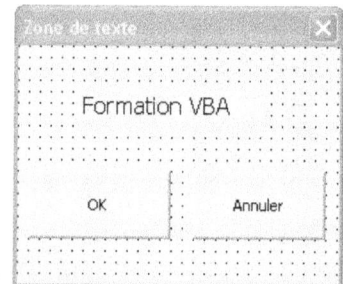

Fig.5.40

Autres contrôles

VBA comprend une série d'autres contrôles que vous pouvez placer dans une fenêtre ou une boîte de dialogue (fig.5.41). Il s'agit de :

Contrôle onglet (TabStrip)	Permet de définir plusieurs pages pour la même zone d'une fenêtre ou d'une boîte de dialogue de votre application. Le format des données de chaque onglet est identique.
Multipage	Permet d'organiser une grande quantité d'informations. Chaque page fonctionne comme une fenêtre (UserForm) en soi et est séparée des autres pages.
Barre de défilement (ScrollBar)	Permet de définir la valeur d'un autre contrôle en fonction de la position du curseur de défilement. Il permet en général de définir des valeurs croissantes ou décroissantes avec un minimum et un maximum.
Toupie (SpinButton)	Permet d'incrémenter ou de décrémenter des nombres. Par exemple, vous pouvez utiliser ce contrôle pour changer le mois, le jour ou l'année dans une date.
Image	Permet d'afficher une image comme partie des données contenues dans une feuille. Par exemple, vous pouvez utiliser ce contrôle pour afficher l'image d'un bloc dans une fenêtre de sélection.

Cas pratique

Cet exercice a comme objectif de créer une boîte de dialogue avec deux boutons (OK et Annuler) et une zone de liste qui reprend les calques du dessin. Le but est de sélectionner un calque de la liste et de le définir comme calque courant. La procédure est la suivante :

Création de la boîte de dialogue

1. Cliquez sur la fenêtre UserForm1 et changer son nom dans le champ **Caption** par « Définition Calque courant ».

2. Glissez un bouton de commande sur la feuille et modifiez ses propriétés :

   - (Name) : cmdOK

   - Caption : OK

   - Default : True

   - Font : Arial-Gras-12

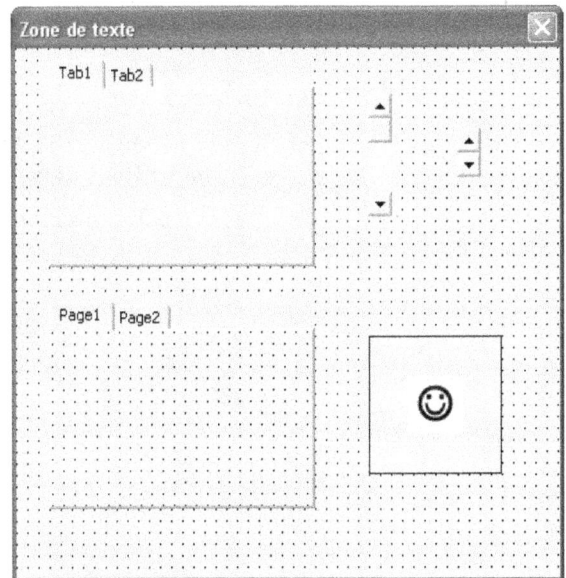

Fig.5.41

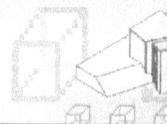

③ Glissez un second bouton de commande sur la feuille et modifiez ses propriétés (fig.5.42) :

- (Name) : cmdAnnuler
- Caption : Annuler
- Default : True
- Font : Arial-Gras-12

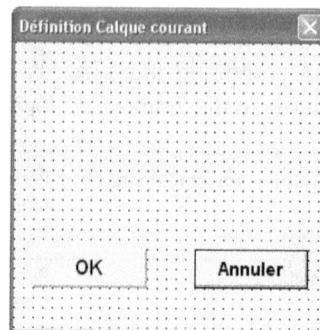

Fig.5.42

④ Ajoutez un intitulé (Label) sur la feuille avec les propriétés suivantes (fig.5.43) :

- (Name) : Label1
- Caption : Sélectionnez un calque
- Font : Arial-Gras-12

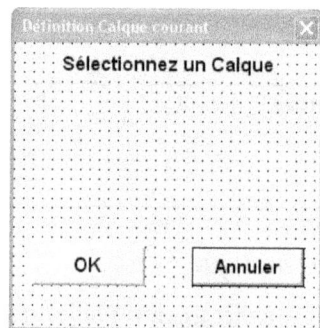

Fig.5.43

⑤ Ajoutez une zone de liste (Listbox) sur la feuille avec les propriétés suivantes (fig.5.44) :

- (Name) : Listbox1
- Font : Arial-Gras-12

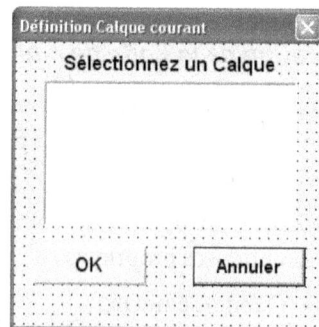

Fig.5.44

Définition du code associé à la boîte de dialogue

[1] Pour pouvoir lancer l'application à partir d'AutoCAD, il est nécessaire de créer un module d'exécution. Cliquez sur le menu **Insertion** (Insert) puis **Module**.

[2] Entrez le code suivant (fig.5.45) :

```
Sub chcalque()
```

Chcalque est le nom de la fonction

```
UserForm1.Show
```

Affiche la boîte de dialogue UserForm1

```
End Sub
```

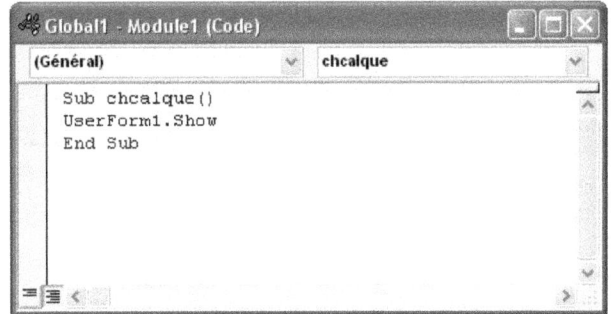

Fig.5.45

[3] Cliquez deux fois sur le bouton Annuler. La fenêtre du code s'affiche.

[4] Sélectionnez cmdAnnuler dans la liste et entrez le code suivant :

```
Private Sub cmdAnnuler_Click()
End
End Sub
```

[5] Cliquez deux fois sur la zone liste (Listbox) afin de définir son comportement, à savoir afficher la liste des calques.

[6] Sélectionnez UserForm et Initialize dans les listes déroulantes.

[7] Entrez le code suivant :

```
Private Sub UserForm_Initialize()
Dim AllLayers As Object
Dim Layer As Object
```

Les deux lignes précédentes servent à déclarer les variables locales

```
Set AllLayers = ThisDrawing.Layers
```

Extraction des calques de la collection des calques

```
For Each Layer In AllLayers
```

Pour chaque calque de la liste

```
ListBox1.AddItem Layer.Name
```

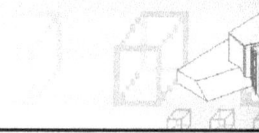

Ajouter le nom du calque dans la zone liste

```
Next
End Sub
```

⑧ Cliquez sur le bouton Exécuter Sub/UserForm pour tester la boîte de dialogue. La liste des calques s'affiche mais le bouton OK est encore inactif.

⑨ Cliquez deux fois sur le bouton OK.

⑩ Entrez le code suivant dans la fenêtre d'encodage :

```
Private Sub cmdOK_Click()
Me.Hide
```

Cacher la boîte

```
ThisDrawing.ActiveLayer = ThisDrawing.Layers(ListBox1.Text)
```

Définir le calque sélectionné dans la liste comme calque courant

```
End Sub
```

⑪ Testez la macro. Le calque sélectionné devient courant (fig.5.46).

Cet exercice vous a permis de constater qu'une boîte de dialogue seule n'est pas très utile et qu'il faut y ajouter du code pour la rendre opérationnelle. Vous avez aussi pu constater qu'une série d'instructions méritent d'être abordées pour créer des macros utiles. C'est l'objectif des chapitres suivants.

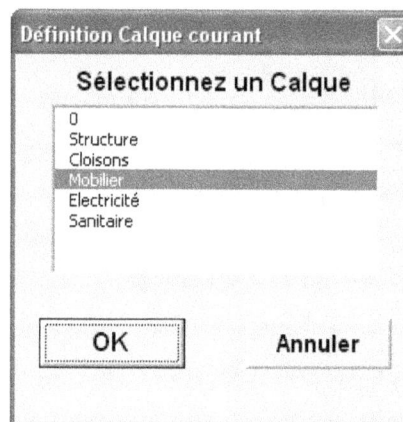

Fig.5.46

L'acquisition des données

L'interactivité d'un programme ne se limite pas à l'usage de boîtes de dialogue, il faut aussi permettre à l'utilisateur d'interagir avec son dessin. AutoCAD VBA dispose de deux outils à cet effet : l'objet Utility et l'objet SelectionSet. Le premier permet à l'utilisateur de rentrer ou d'obtenir des données via la zone de commande ou la zone graphique (angle, distance, pointer un objet, etc.) tandis que le second permet de sélectionner une série d'entités et d'y appliquer des opérations comme déplacer, copier, supprimer, etc.

L'objet Utility

L'objet Utility, qui est l'enfant de l'objet Document, définit les méthodes d'entrée utilisateur. Ces méthodes affichent un message sur la ligne de commande d'AutoCAD pour demander différents types d'entrées. Ce type d'entrée utilisateur est particulièrement utile pour la saisie interactive de coordonnées d'affichage, de sélection d'entités et de valeurs numériques et de type chaîne courte. Si votre application requiert l'entrée de nombreuses options et valeurs, une boîte de dialogue sera sans doute plus appropriée que des messages individuels.

Chaque méthode d'entrée utilisateur affiche un message sur la ligne de commande d'AutoCAD et renvoie une valeur en fonction du type d'entrée requis. Par exemple, GetString renvoie une chaîne, GetPoint renvoie un variant (contenant un tableau de doubles à trois éléments) et GetInteger renvoie un nombre entier. Vous pouvez contrôler encore davantage les entrées de l'utilisateur grâce à la méthode InitializeUserInput. Elle vous permet de contrôler des éléments comme l'entrée de la valeur NULL (en appuyant sur ENTREE), de zéro ou de nombres négatifs et de valeurs de texte arbitraires.

REMARQUE

Vous pouvez consulter la rubrique ActiveX and VBA Reference – Section Objects de l'aide AutoCAD pour avoir l'ensemble des données concernant l'objet Utility.

L'entrée de données

Toutes les méthodes d'entrée de données requièrent que l'utilisateur interagisse avec le dessin AutoCAD ou avec la zone de commande. Pour pouvoir utiliser ces méthodes à partir d'une fenêtre ou d'une boîte de dialogue (UserForm) il est nécessaire de faire disparaître celle-ci avant de pouvoir entrer des données.

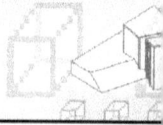

L'exemple qui suit place un bouton de commande cmdGetReal sur un UserForm et est ensuite caché pour permettre une entrée de données via la méthode GetReal. Il convient ensuite d'afficher à nouveau le bouton afin de poursuivre la procédure (fig.5.47).

```
Private Sub cmdGetReal_Click()
Dim dblInput As Double
```

Déclaration de la variable en double précision

```
Me.Hide
```

Cache la boîte de dialogue

```
dblInput = ThisDrawing.Utility.GetReal("Entrez un nombre réel:")
```

Entrée des données dans la zone de commande

```
Me.Show
```

Affiche à nouveau la boîte de dialogue

```
End Sub
```

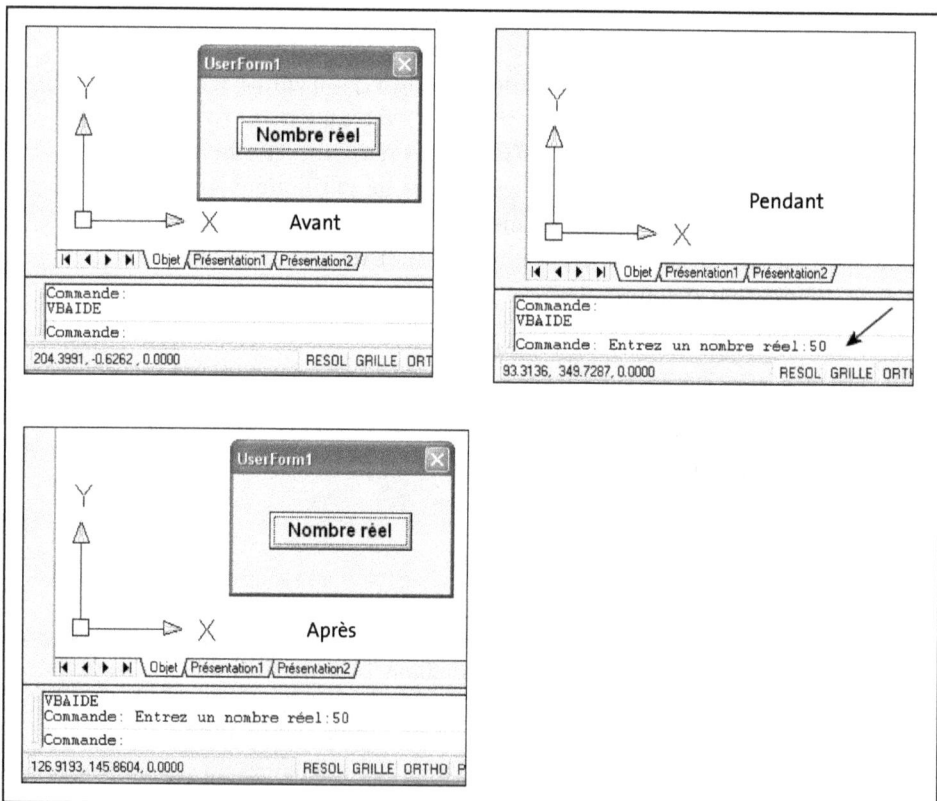

Fig.5.47

Il est aussi possible d'envoyer un simple message sur la ligne de commande à l'aide de la méthode Prompt selon la syntaxe :

`UtilityObject.Prompt` *Message*

Il est utile d'ajouter un retour à la ligne avant le message afin d'éviter que celui-ci ne s'ajoute à la ligne précédente. Le code à cet effet est : **vbCrLf**

Entrez le code suivant la fenêtre Code de l'éditeur Visual Basic et consultez ensuite le résultat dans AutoCAD (fig.5.48) :

```
Sub Example_Prompt()
ThisDrawing.Utility.prompt vbCrLf & "Appuyer sur une touche..."
End Sub
```

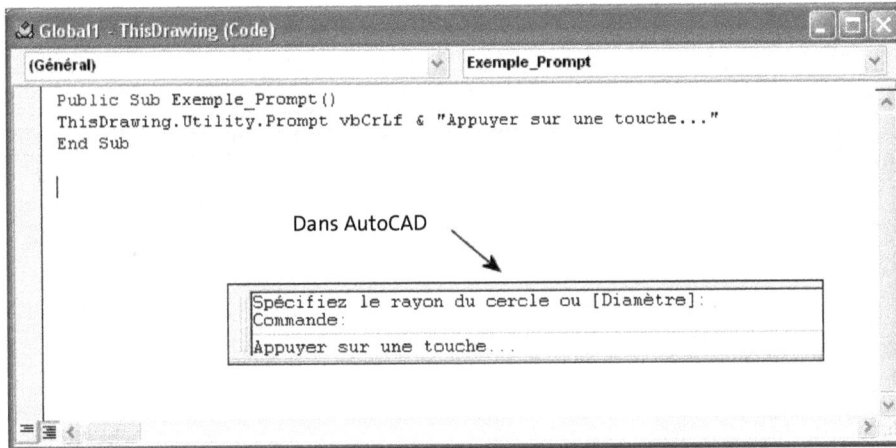

Fig.5.48

Lorsque vous utilisez des fonctions dans AutoCAD la ligne de commande affiche la plupart du temps les options disponibles. Pour activer celles-ci vous utilisez habituellement des raccourcis comme C pour Chanfrein ou R pour Raccord dans la commande Rectangle. En VBA il faut déclarer ces raccourcis sous la forme de mots-clés à l'aide de la méthode GetKeyword. Cette méthode doit elle-même être initialisée par la méthode InitializeUserInput selon la syntaxe :

```
UtilityObject.InitializeUserInput OptionBits[, KeywordList]
```

Avec :

- **UtilityObject :** type d'objet auquel est appliquée la méthode. Par exemple : ThisDrawing.Utility

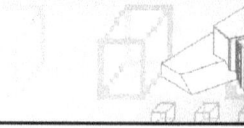

- **OptionBits :** nombre entier qui correspond à la somme des valeurs de bits utilisées (voir tableau).

- **KeywordList :** la liste des mots-clés séparés par des espaces. Par exemple : « Chanfrein/Elévation/Raccord/Hauteur/Largeur » pour le dessin d'un rectangle.

Valeurs de Bit	Description
0	Pas de conditions
1	Refuse une entrée Nulle (touche entrée ou espace)
2	Refuse la valeur 0 (zéro)
4	Refuse toute valeur négative
8	Permet d'entrer un point en dehors des limites du dessin même si la variable LIMCHECK est activée
16	Pas utilisé
32	Utilisation de lignes pointillées plutôt que continues lors de ????
64	Ignore la coordonnée Z lors de l'utilisation de la méthode GetDistance.

Exemple :

```
Sub InitializeUserInput()
Dim motscles As String
Dim choixfonctions As String
motscles = "Ligne Cercle Arc"
ThisDrawing.Utility.InitializeUserInput 1, motscles
choixfonctions = ThisDrawing.Utility.GetKeyword(vbCr & "Fonctions
[Ligne/Cercle/Arc]: ")
End Sub
```

Dans cet exemple vous pouvez taper L pour une ligne, C pour un cercle et A pour un arc. Si vous tapez une autre lettre comme B par exemple, l'option est rejetée car elle ne fait pas partie des mots-clés (fig.5.49).

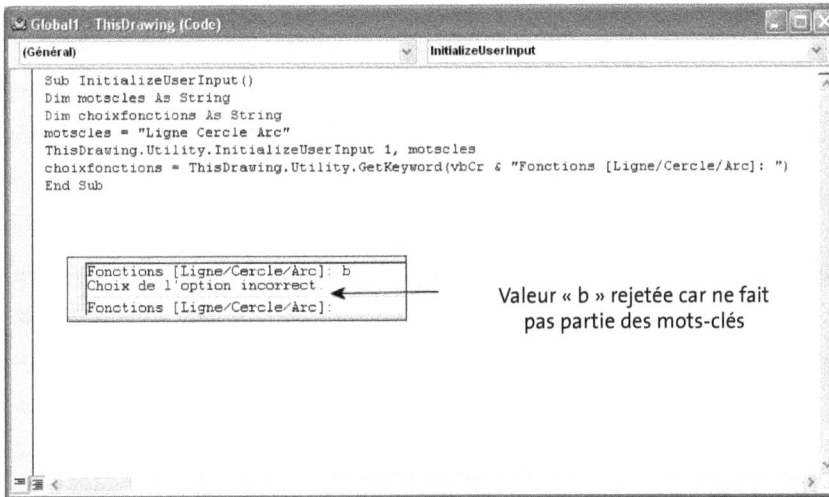

```
Global1 - ThisDrawing (Code)
(Général)                                    InitializeUserInput

Sub InitializeUserInput()
Dim motscles As String
Dim choixfonctions As String
motscles = "Ligne Cercle Arc"
ThisDrawing.Utility.InitializeUserInput 1, motscles
choixfonctions = ThisDrawing.Utility.GetKeyword(vbCr & "Fonctions [Ligne/Cercle/Arc]: ")
End Sub



Fonctions [Ligne/Cercle/Arc]: b
Choix de l'option incorrect.              Valeur « b » rejetée car ne fait
Fonctions [Ligne/Cercle/Arc]:             pas partie des mots-clés
```

Fig.5.49

L'entrée de données avec la méthode GetXXX

La méthode GetXXX permet à l'utilisateur d'entrer une série de données spécifiques. Cette méthode fait une pause dans l'utilisation d'AutoCAD afin de permettre à l'utilisateur d'entrer une valeur sur la ligne de commande ou de pointer
un point à l'écran. Les méthodes sont les suivantes :

▶ **La méthode GetAngle**

Cette méthode permet à l'utilisateur d'entrer un angle au clavier ou de pointer un
point à l'écran. La valeur Z est ignorée et la valeur retournée est exprimée en
radians. La syntaxe est la suivante :

```
dblUserAngle = ThisDrawing.Utility.GetAngle([BasePoint] [, Prompt])
```

- **dblUserAngle :** valeur de l'angle retourné en double précision.
- **ThisDrawing.Utility :** type d'objet auquel est appliquée la méthode GetAngle.
- **BasePoint :** optionnel. Spécification d'un point de base pour l'angle.
  L'utilisateur doit encore pointer un second point.
- **Prompt :** optionnel. Un message pour l'entrée des données.

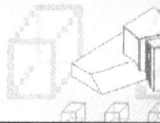

Exemple (fig.5.50) :

```
Sub Exemple_GetAngle()
Dim dblAngle As Double
dblAngle = ThisDrawing.Utility.GetAngle(, "Entrer un angle: ")
MsgBox "La valeur de l'angle en radians est : " & dblAngle
End Sub
```

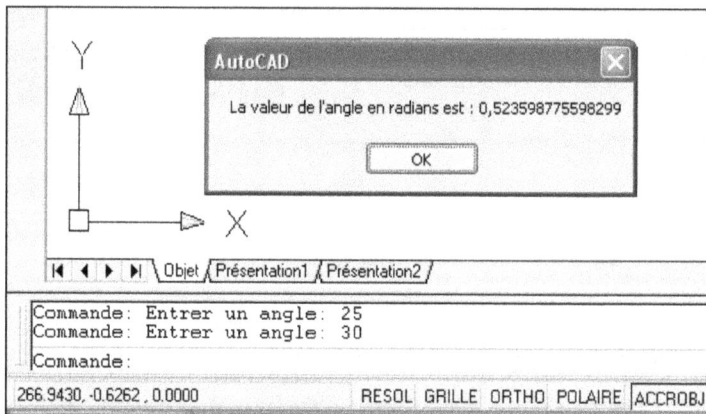

Fig.5.50

▶ **La méthode GetCorner**

Cette méthode permet à l'utilisateur d'entrer un second coin d'un rectangle par rapport à un premier point défini. La syntaxe est la suivante :

```
varUserCorner = ThisDrawing.Utility.GetCorner(BasePoint [, Prompt])
```

- **varUserCorner :** valeur en coordonnées xyz du coin du rectangle.

- **ThisDrawing.Utility :** type d'objet auquel est appliquée la méthode GetCorner.

- **BasePoint :** spécification du premier coin du rectangle.

- **Prompt :** optionnel. Un message pour l'entrée des données.

Exemple (fig.5.51) :

```
Sub Exemple_GetCorner()
Dim varCorner As Variant
Dim basePnt(0 To 2) As Double
basePnt(0) = 2#: basePnt(1) = 2#: basePnt(2) = 0#
```

```
varCorner = ThisDrawing.Utility.GetCorner(basePnt, "Entrer un autre
coin: ")
MsgBox "Le point désigné a comme coordonnées: " & varCorner(0) & ", "
& varCorner(1) & ", " & varCorner(2)
End Sub
```

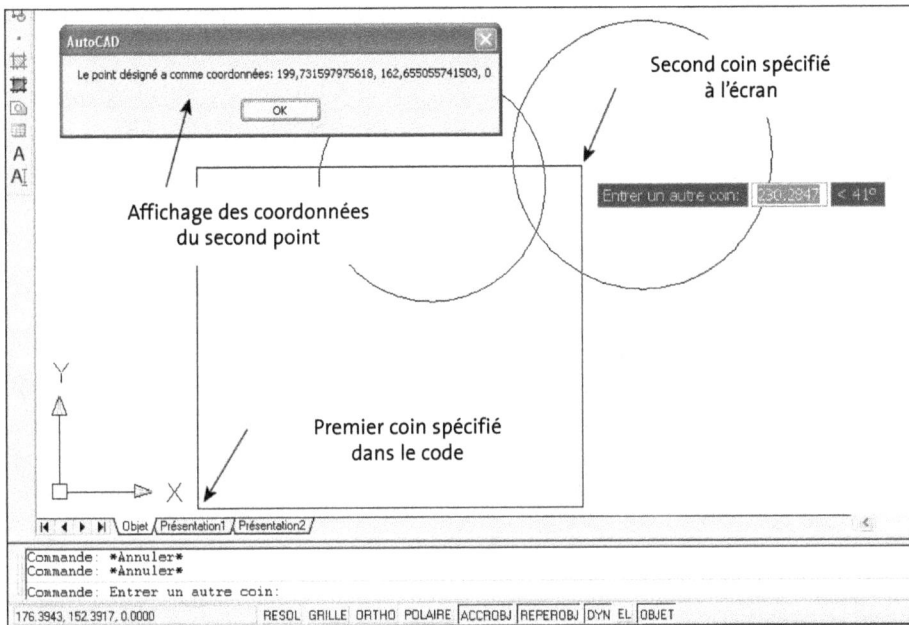

Fig.5.51

▶ **La méthode GetDistance**

Cette méthode permet à l'utilisateur d'entrer une distance soit comme valeur dans la zone de commande, soit en pointant deux points dans l'écran graphique. La syntaxe est la suivante :

```
dblUserDistance = ThisDrawing.Utility.GetDistance([BasePoint]
[, Prompt])
```

- **dblUserDistance :** la valeur entrée au clavier ou celle obtenue en pointant deux points à l'écran.

- **ThisDrawing.Utility :** type d'objet auquel est appliquée la méthode GetDistance.

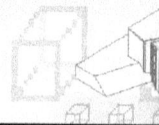

- **BasePoint :** optionnel. Spécification du premier point de mesure de la distance.
- **Prompt :** optionnel. Un message pour l'entrée des données.

Exemple (fig.5.52) :

Dans le premier cas, il convient de pointer deux points, dans le second cas le premier point est prédéfini.

```
Sub Exemple_GetDistance()
Dim dblDistance As Double
dblDistance = ThisDrawing.Utility.GetDistance(, "Pointez deux points: ")
MsgBox "La distance mesurée est de " & dblDistance
End Sub

Sub Exemple_GetDistance()
Dim dblDistance As Double
Dim basePnt(0 To 2) As Double
basePnt(0) = 0#: basePnt(1) = 0#: basePnt(2) = 0#
dblDistance = ThisDrawing.Utility.GetDistance(basePnt, "Pointez un
second point: ")
MsgBox "La distance mesurée est de " & dblDistance
End Sub
```

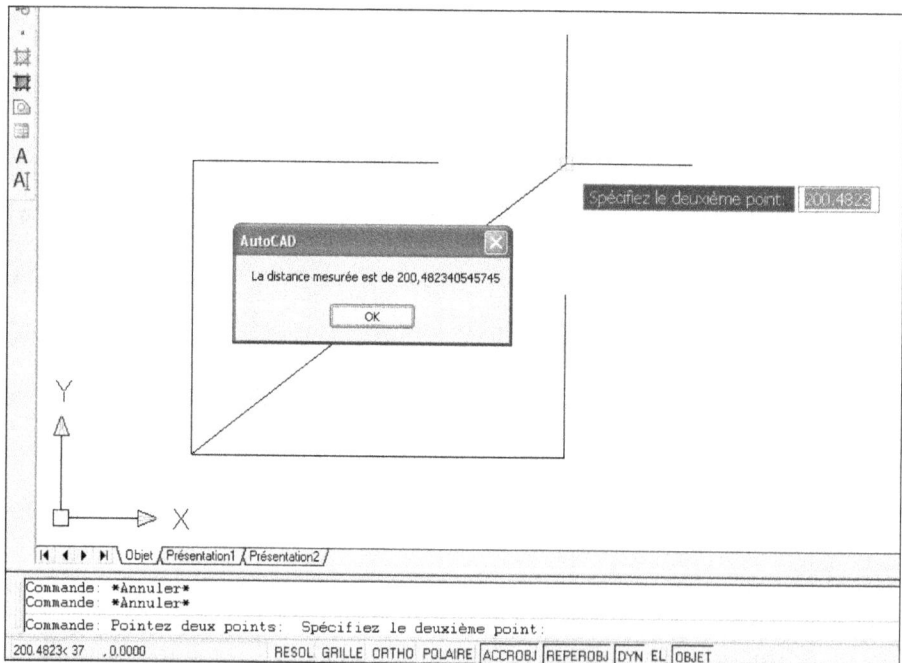

Fig.5.52

▶ La méthode GetEntity

Cette méthode permet à l'utilisateur de sélectionner un objet graphique d'AutoCAD. La syntaxe est la suivante :

```
ThisDrawing.Utility.GetEntity PickedEntity, PickedPoint [, Prompt]
```

- **ThisDrawing.Utility :** type d'objet auquel est appliquée la méthode GetEntity.
- **PickedEntity :** sortie. Référence de l'entité sélectionnée par l'utilisateur.
- **PickedPoint :** sortie. Coordonnées du point selon lequel l'entité a été sélectionnée.
- **Prompt :** optionnel. Un message pour l'entrée des données.

Exemple (fig.5.53) :

Le programme permet de sélectionner une entité graphique et indique le type d'objet dans une boîte de dialogue. Si vous pointez en dehors de tout objet le message « Programme arrêté » s'affiche.

```
Sub Exemple_GetEntity()
Dim objEnt As AcadObject
Dim varPick As Variant

On Error Resume Next

RETRY:

ThisDrawing.Utility.GetEntity objEnt, varPick, "Pointez un objet"

If Err <> 0 Then
Err.Clear
MsgBox "Programme arrêté"
Exit Sub
Else
objEnt.Update
MsgBox "Le type d'entité est: " & objEnt.EntityName"
objEnt.Update
End If
GoTo RETRY
End Sub
```

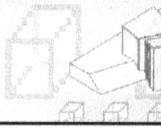

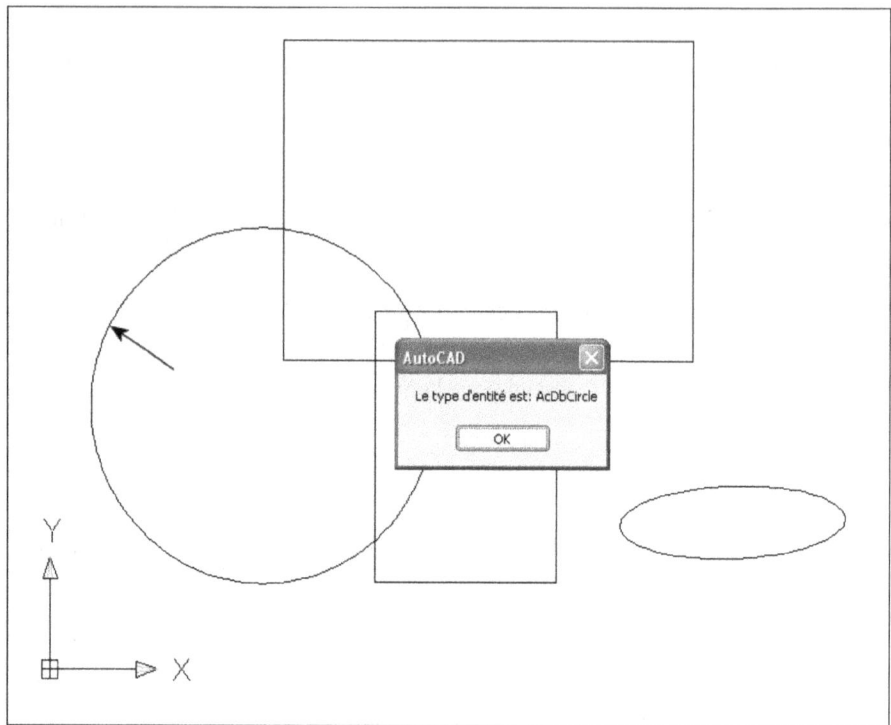

Fig.5.53

▶ La méthode GetInteger

Cette méthode permet à l'utilisateur d'entrer un nombre entier. La syntaxe est la suivante :

```
intUserInteger = ThisDrawing.Utility.GetInteger([Prompt])
```

- **intUserInteger :** valeur entière entrée par l'utilisateur.
- **ThisDrawing.Utility :** type d'objet auquel est appliquée la méthode GetInteger.
- **Prompt :** optionnel. Un message pour l'entrée des données.

Exemple (fig.5.54) :

```
Sub Example_GetInteger()
Dim IntInteger As Integer
IntInteger = ThisDrawing.Utility.GetInteger("Entrer un nombre entier: ")
MsgBox "Le nombre entier entré est: " & intInteger
End Sub
```

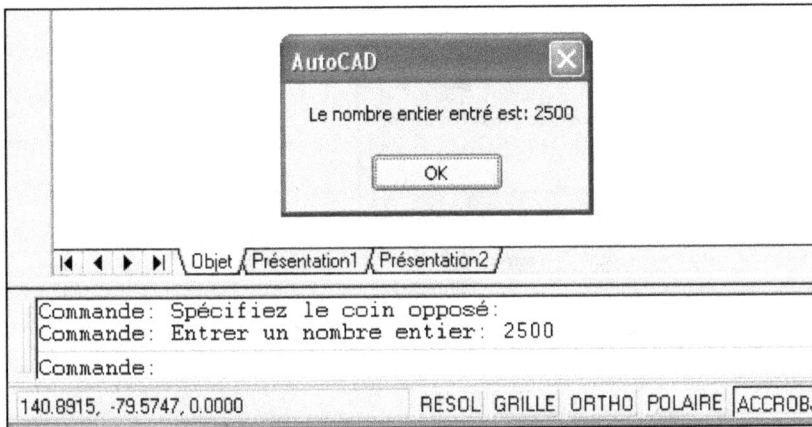

Fig.5.54

► **La méthode GetKeyword**

Cette méthode permet à l'utilisateur d'entrer un mot-clé parmi une liste. Par exemple la première lettre d'une option. Une liste des mots-clés autorisés doit d'abord être définie par la méthode InitializeUserInput décrite plus haut dans le texte. La syntaxe est la suivante :

```
strUserKeyword = ThisDrawing.Utility.GetKeyword([Prompt])
```

- **strUserKeyword** : le mot-clé entré par l'utilisateur.
- **ThisDrawing.Utility** : type d'objet auquel est appliquée la méthode GetKeyword.
- **Prompt** : optionnel. Un message pour l'entrée des données.

Exemple (fig.5.55) :

```
Sub Example_GetKeyword()
Dim kwordList As String
kwordList = "Largeur Hauteur Profondeur"
ThisDrawing.Utility.InitializeUserInput 1, kwordList
Dim strInput As String
strInput = ThisDrawing.Utility.GetKeyword("Sélectionnez une
option(Largeur)(Hauteur)(Profondeur): ")
MsgBox "Vous avez sélectionné " & strInput
End Sub
```

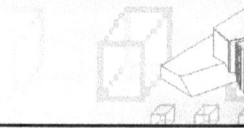

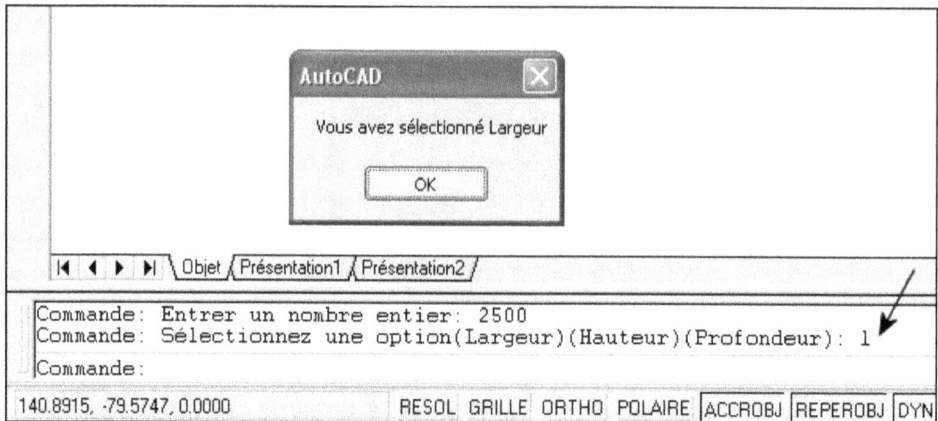

Fig.5.55

▶ **La méthode GetOrientation**

Cette méthode est similaire à la méthode GetAngle, mais ignore la direction de l'angle o stockée dans la variable système Angbase. L'angle o utilisé par GetOrientation est toujours orienté vers la droite, donc à l'Est. La syntaxe est la suivante :

```
dblUserOrientation = ThisDrawing.Utility.GetOrientation([BasePoint]
[, Prompt])
```

- **dblUserOrientation :** valeur de l'angle retourné en double précision.

- **ThisDrawing.Utility :** type d'objet auquel est appliquée la méthode GetOrientation.

- **BasePoint :** optionnel. Spécification d'un point de base pour l'angle. L'utilisateur doit encore pointer un second point.

- **Prompt :** optionnel. Un message pour l'entrée des données.

Exemple :

```
Sub Exemple_GetOrientation()
Dim dblOrientation As Double
dblOrientation = ThisDrawing.Utility.GetAngle(, "Entrer un angle: ")
MsgBox "La valeur de l'angle est : " & dblOrientation
End Sub
```

▶ **La méthode GetPoint**

Cette méthode permet d'obtenir les coordonnées d'un point sélectionné sur l'écran graphique d'AutoCAD. La syntaxe est la suivante :

```
varUserPoint = ThisDrawing.Utility.GetPoint([BasePoint] [, Prompt])
```

■ **varUserPoint :** coordonnées xyz du point sélectionné

■ **ThisDrawing.Utility :** type d'objet auquel est appliquée la méthode GetPoint

■ **BasePoint :** optionnel. Spécification d'un point de base de référence pour définir le second point.

■ **Prompt :** optionnel. Un message pour l'entrée des données.

Exemple (fig.5.56) :

```
Sub Exemple_GetPoint()
Dim varPoint As Variant

varPoint = ThisDrawing.Utility.GetPoint(, "Entrer un point: ")
    MsgBox "Les coordonnées SCG du point sont: " & varPoint(0) & ",
" & varPoint(1) & ", " & varPoint(2)
End Sub
```

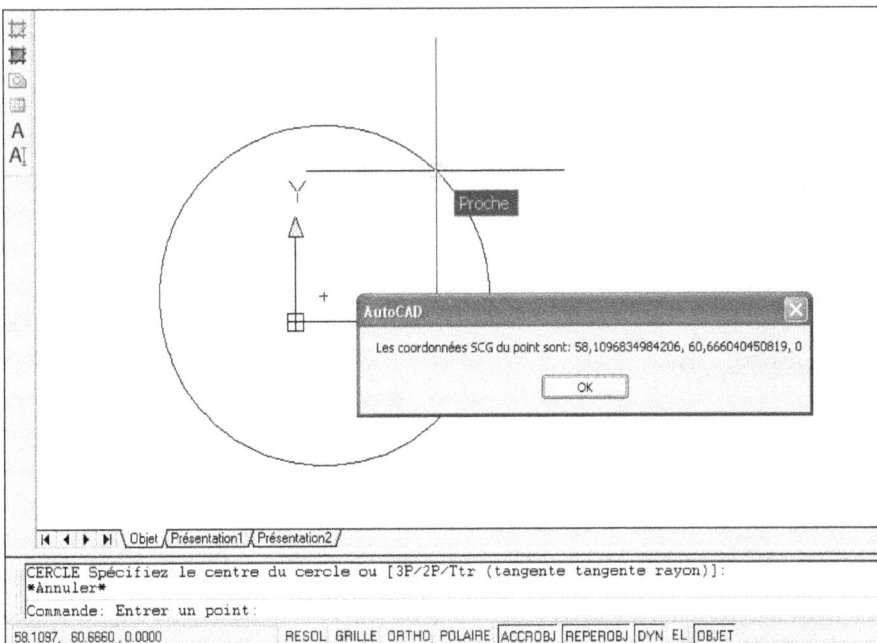

Fig.5.56

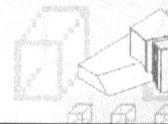

▶ La méthode GetReal

Cette méthode est similaire à GetInteger, mais elle permet à l'utilisateur d'entrer un nombre réel à double précision. La syntaxe est la suivante :

```
dblUserReal = ThisDrawing.Utility.GetReal([Prompt])
```

- **dblUserReal :** valeur réelle entrée par l'utilisateur.
- **ThisDrawing.Utility :** type d'objet auquel est appliquée la méthode GetReal.
- **Prompt :** optionnel. Un message pour l'entrée des données.

Exemple :

```
Sub Exemple_GetReal()
Dim dblReal As Double
dblReal = ThisDrawing.Utility.GetReal("Entrer un nombre réel: ")
MsgBox "Le nombre réel entré est: " & dblReal
End Sub
```

▶ La méthode GetString

Cette méthode permet l'entrée de texte de la part de l'utilisateur. La syntaxe est la suivante :

```
dblUserString = ThisDrawing.Utility.GetString(EspacesBl [, Prompt])
```

- **dblUserString :** textes entrés par l'utilisateur.
- **ThisDrawing.Utility :** type d'objet auquel est appliquée la méthode GetString
- **EspacesBl :** paramètre permettant de spécifier si des blancs sont acceptés ou non dans le texte. Une valeur True accepte des blancs et une valeur False les refuse.
- **Prompt :** Optionnel. Un message pour l'entrée des données.

Exemple (fig.5.57) :

```
Sub Exemple_GetString()
Dim dblString As String
dblString = ThisDrawing.Utility.GetString(True, "Entrez un texte et
appuyez sur Enter pour terminer:")
MsgBox "Le texte entré est: " & dblString
End Sub
```

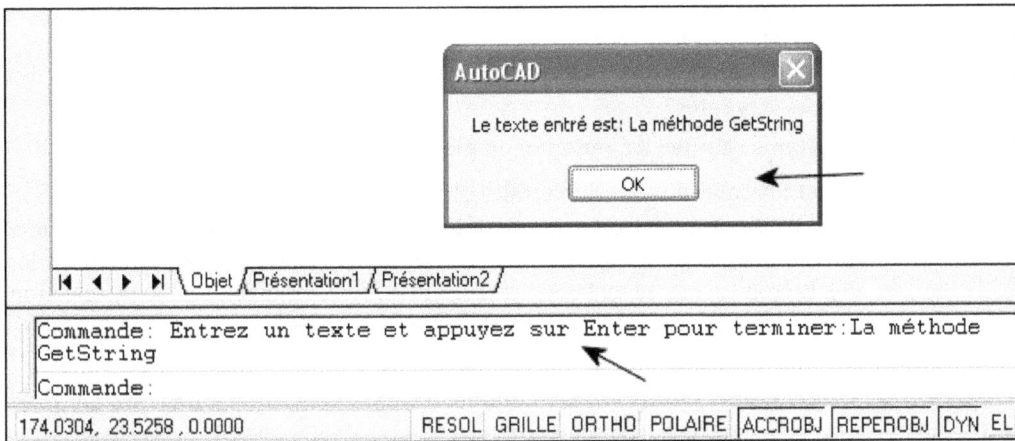

Fig.5.57

L'objet SelectionSet

Utilisation des jeux de sélection

Un jeu de sélection peut être composé d'un seul objet ou d'un groupement plus complexe : par exemple, le jeu d'objets d'un certain calque. La définition d'un jeu de sélection se fait en deux étapes. Tout d'abord, vous devez créer un jeu de sélection et l'ajouter à la collection SelectionSets. Une fois ce jeu créé, vous pouvez le remplir avec les objets à traiter.

Création d'un jeu de sélection

Pour créer un jeu de sélection nommé, vous devez utiliser la méthode Add. Cette méthode ne requiert qu'un paramètre : le nom du jeu de sélection.

Si un jeu de sélection porte déjà ce nom, AutoCAD affiche un message d'erreur. Nous vous conseillons de supprimer les jeux de sélection que vous n'utilisez plus. Pour supprimer un jeu de sélection vous devez utiliser la méthode Delete dont la syntaxe est la suivante :

```
ThisDrawing.SelectionSets.Item("MaSelection").Delete
```

L'exemple qui suit illustre la création d'un nouveau jeu de sélection :

```
Sub Exemple_CreateSelectionSet()
Dim selectionSet1 As AcadSelectionSet
Set selectionSet1 = ThisDrawing.SelectionSets.Add("MaSelection")
End Sub
```

Cette sélection est vide. Il convient donc d'y ajouter des éléments.

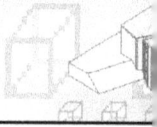

Ajout d'objets à un jeu de sélection

Vous pouvez ajouter des objets au jeu de sélection actif en utilisant l'une des méthodes suivantes :

▶ **AddItems** : permet d'ajouter un ou plusieurs objets au jeu de sélection spécifié.

▶ **Select** : permet de sélectionner des objets et les placer dans le jeu de sélection actif. Vous pouvez sélectionner tous les objets, des objets au sein ou croisant une zone rectangulaire, des objets au sein ou croisant une zone polygone, tous les objets croisant un trajet, l'objet créé le plus récent, les objets du jeu de sélection le plus récent, les objets au sein d'une fenêtre ou les objets au sein d'un polygone de fenêtre.

▶ **SelectAtPoint** : permet de sélectionner des objets passant par un point donné et les placer dans le jeu de sélection actif.

▶ **SelectByPolygon** : permet de sélectionner des objets au sein d'un trajet et les ajouter au jeu de sélection actif.

▶ **SelectOnScreen** : invite l'utilisateur à sélectionner des objets à l'écran et les ajouter au jeu de sélection actif.

Dans l'exemple qui suit, l'utilisateur doit sélectionner des objets, puis les ajouter au jeu de sélection (fig.5.58) :

```
Sub Exemple_AddToASelectionSet()
```

Création d'un nouveau jeu de sélection

```
Dim sel As AcadSelectionSet

Set sel = ThisDrawing.SelectionSets.Add("SEL1")
```

Demande à l'utilisateur de sélectionner des objets

Les ajouter au jeu de sélection

Appuyer sur Entrée pour terminer la sélection

```
sel.SelectOnScreen

End Sub
```

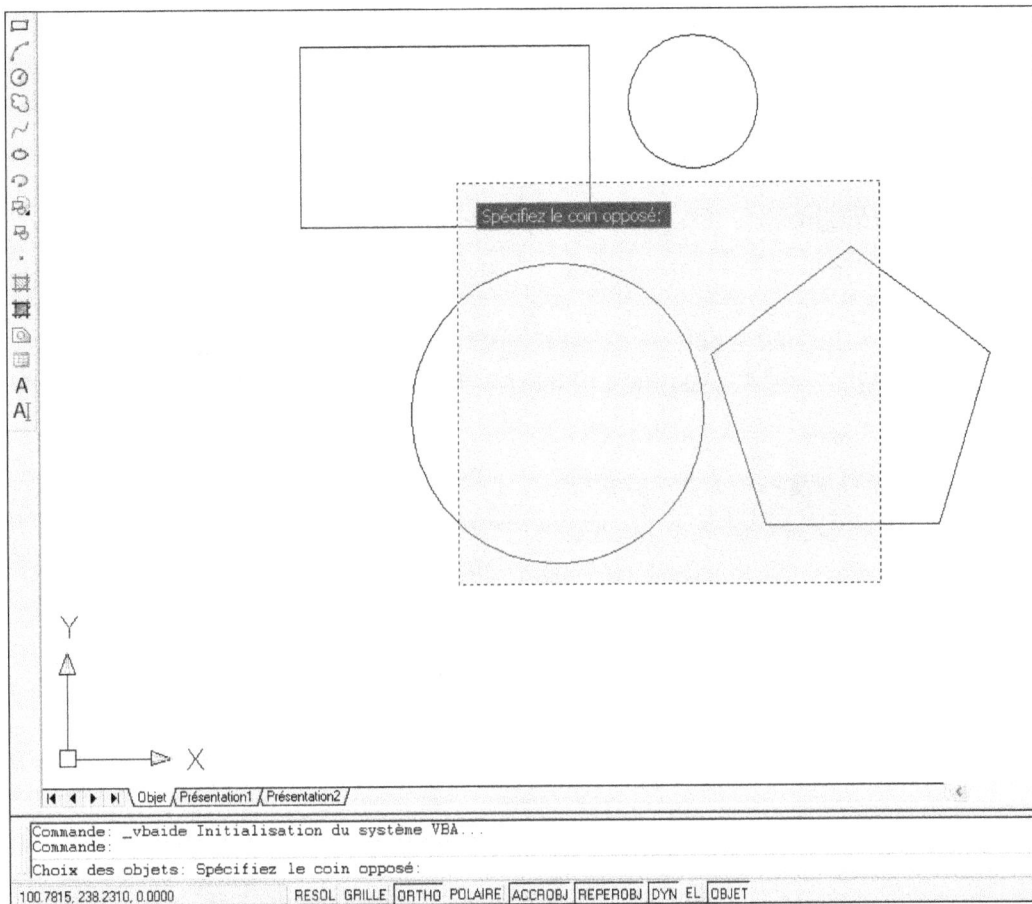

Fig.5.58

Définition de règles pour les jeux de sélection

Vous pouvez limiter les jeux de sélection par propriété ou par type d'objet à l'aide de listes de filtre. Vous pouvez, par exemple, copier uniquement les objets bleus d'un circuit imprimé ou uniquement les objets faisant partie du même calque. Vous pouvez également combiner les critères de sélection dans vos filtres. Ainsi, vous pouvez demander à AutoCAD de n'inclure un objet dans un jeu de sélection que s'il s'agit d'un cercle bleu situé sur un calque spécifique. Les listes de filtre peuvent être utilisées avec les méthodes Select, SelectAtPoint, SelectByPolygon et SelectOnScreen.

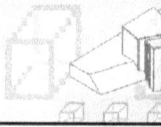

REMARQUE

Le filtrage reconnaît uniquement les types de ligne explicitement assignés aux objets, et non ceux hérités par le calque.

Utilisation de listes de filtre pour définir les règles des jeux de sélection

Les listes de filtre se composent de deux arguments. Le premier identifie le type du filtre (un objet, par exemple), le second spécifie la valeur sur laquelle vous souhaitez effectuer le filtrage (les cercles, par exemple). Le type de filtre est un code de groupe DXF qui spécifie le filtre à utiliser. Certains types de filtres courants sont répertoriés ici.

Codes DXF pour filtres ordinaires	
Code DXF	**Type de filtre**
0	Type d'objet (chaîne) Tel que « Ligne », « Circle », « Arc », etc.
2	Nom d'objet (chaîne) Le nom de table (attribué) d'un objet nommé.
8	Nom de calque (chaîne) Tel que « Calque 0 ».
60	Visibilité de l'objet (entier) 0 = visible, 1 = invisible.
62	Numéro de couleur (entier) Valeur d'index numérique comprise entre 0 et 256. Zéro indique la propriété DUBLOC. 256 indique DUCALQUE. Une valeur négative indique que le calque est désactivé.
67	Indicateur d'espace objet/papier (entier) 0 ou omis = espace objet, 1 = espace papier.

Les arguments de filtres sont déclarés en tant que tableaux (« arrays »). Le type du filtre est déclaré comme entier, sa valeur comme variant. Tout type de filtre doit être combiné à une valeur. Par exemple :

```
FilterType(0) = 0
```

Indique que le filtre fait référence au type Objet

```
FilterData(0) = "Circle"
```

Indique que le type d'objet est "cercle"

Dans l'exemple suivant, l'utilisateur choisit les objets devant être inclus dans un jeu de sélection (par exemple, des formes géométriques), mais seuls les cercles sont effectivement ajoutés (fig.5.59) :

```
Sub Exemple_FiltreGeom()
Dim selgeom As AcadSelectionSet
Dim FilterType(0) As Integer
Dim FilterData(0) As Variant
Set selgeom = ThisDrawing.SelectionSets.Add("SEL2")
FilterType(0) = 0
FilterData(0) = "Circle"
sstext.SelectOnScreen FilterType, FilterData
End Sub
```

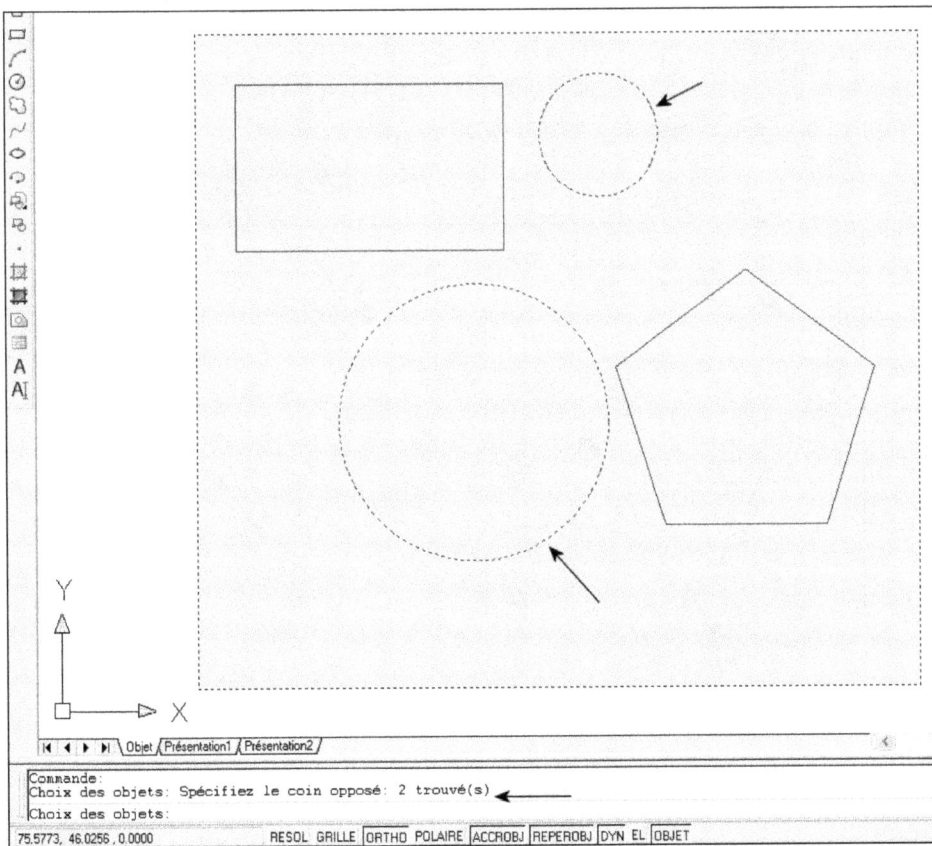

Fig.5.59

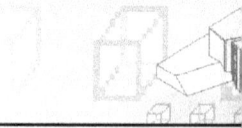

Utilisation de plusieurs critères dans une liste de filtre

Pour spécifier plusieurs critères de sélection, déclarez un tableau composé de suffisamment d'éléments pour représenter tous les critères, puis affectez chaque critère à un élément.

L'exemple suivant spécifie deux critères (fig.5.60) : l'objet doit être un cercle et il doit résider sur le calque 3. Le code déclare FilterType et FilterData comme tableaux de deux éléments et affecte chaque critère à un élément :

```
Sub Exemple_FiltreCercleSurCalque()
Dim selgeom As AcadSelectionSet
Dim FilterType(1) As Integer
Dim FilterData(1) As Variant
Set selgeom = ThisDrawing.SelectionSets.Add("SEL3")
FilterType(0) = 0
FilterData(0) = "Circle"
FilterType(1) = 8
FilterData(1) = "3"
selgeom.SelectOnScreen FilterType, FilterData
End Sub
```

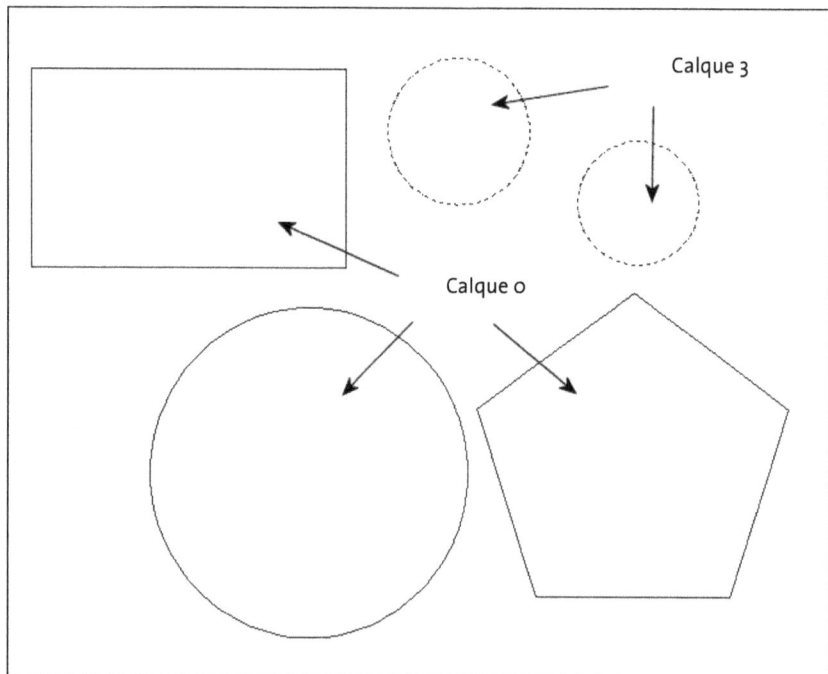

Fig.5.60

Affichage des informations concernant les jeux de sélection

Si vous devez faire référence à un jeu de sélection dont vous connaissez le nom, vous pouvez le faire en utilisant ce nom. L'exemple suivant complète le précédent :

```
Sub Exemple_FiltreCercleSurCalque()
Dim selgeom As AcadSelectionSet
Dim FilterType(1) As Integer
Dim FilterData(1) As Variant
Set selgeom = ThisDrawing.SelectionSets.Add("SEL3")
FilterType(0) = 0
FilterData(0) = "Circle"
FilterType(1) = 8
FilterData(1) = "3"
selgeom.SelectOnScreen FilterType, FilterData
MsgBox ("Le jeu de sélection " & selgeom.Name & " contient " & sel-
geom.Count & " éléments")
End Sub
```

Vous pouvez ensuite vider le jeu de sélection, de l'exemple précédent, selon trois méthodes :

▶ **selgeom.clear :** la sélection est vidée sans être détruite. Si vous relancez l'exemple précédent, AutoCAD vous signale que le jeu de sélection « SEL3 » existe déjà.

▶ **selgeom.Delete :** la sélection est détruite et est retranchée de la collection. Si vous relancez l'exemple précédent, AutoCAD n'affiche plus le message.

▶ **selgeom.Erase :** la sélection est détruite et tous les objets contenus dans le jeu de sélection sont supprimés.

Les variables et les types de données

Dans le but d'exploiter tout le potentiel de VBA, les programmes ont besoin de variables afin de stocker les informations susceptibles de changer. Pour utiliser les variables il faut d'abord les déclarer. La plupart des déclarations se servent généralement de l'instruction **Dim** qui est la forme abrégée du terme Dimension. Une instruction de déclaration peut être placée dans une procédure pour créer une variable de niveau procédure. Elle peut être également placée au début d'un module, dans la section Déclarations, pour créer une variable de niveau module.

L'exemple suivant crée la variable **strName** et spécifie le type de données String.

```
Dim strName As String
```

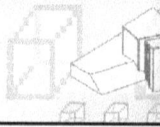

Si cette instruction apparaît dans une procédure, la variable **strName** peut être utilisée uniquement dans cette procédure. Si l'instruction apparaît dans la section Déclarations du module, la variable **strName** est accessible dans toutes les procédures du module, mais pas dans les procédures des autres modules du projet. Pour faire en sorte que cette variable soit accessible dans toutes les procédures du projet, faites-la précéder de l'instruction **Public**, comme dans l'exemple suivant :

```
Public strName As String
```

Les variables peuvent être déclarées dans les types de données suivants :

- **Boolean** : logique True ou False
- **Byte** : petit nombre entier (de 0 à 255)
- **Integer** : nombre entière assez petit (de -32 768 à 32 767)
- **Long** : grand nombre entière (de -2 147 483 648 à 2 147 483 647)
- **Currency** : grand nombre de 19 chiffres
- **Single** : valeur en virgule flottante à simple précision
- **Double** : valeur en virgule flottante à double précision
- **Date** : dates et heures
- **String** : chaîne de caractère de longueur variable
- **String** * *length* : chaîne de caractère de longueur fixe
- **Object** : objet VBA
- **Variant** : données de toutes sortes (numérique, chaîne de caractères...)

Si vous ne spécifiez pas le type de données, **Variant** est pris par défaut.

Vous pouvez déclarer plusieurs variables dans une instruction. Pour spécifier un type de données, vous devez inclure le type de données pour chaque variable. Dans l'instruction suivante, les variables intX, intY et intZ sont déclarées avec le type **Integer**.

```
Dim intX As Integer, intY As Integer, intZ As Integer
```

Dans l'instruction suivante, intX et intY sont déclarés avec le type **Variant** ; seul intZ est déclaré avec le type **Integer**.

```
Dim intX, intY, intZ As Integer
```

Vous pouvez omettre le type de données de la variable dans l'instruction de déclaration. Dans ce cas, la variable prend le type **Variant**.

Création et modification d'entités AutoCAD

Introduction

Vous pouvez créer une gamme d'objets, allant de simples lignes et cercles à des courbes splines, des ellipses et des aires hachurées associatives. Généralement, vous ajoutez les objets à l'espace objet à l'aide de l'une des méthodes Add. Vous pouvez également créer des objets dans l'espace papier ou dans un bloc.

Une fois un objet créé, vous pouvez modifier son calque, sa couleur et son type de ligne. Vous pouvez également ajouter du texte afin d'annoter le dessin.

Les objets graphiques sont créés dans la collection ModelSpace, la collection PaperSpace ou un objet Block

La collection ModelSpace est renvoyée par la propriété ModelSpace et la collection PaperSpace par la propriété PaperSpace

Vous pouvez référencer ces objets directement ou via une variable définie par l'utilisateur. Pour référencer les objets directement, incluez l'objet dans la hiérarchie appelante. Par exemple, l'instruction suivante ajoute une ligne à l'espace objet :

```
Set objLigne = ThisDrawing.ModelSpace.AddLine(PointDépart, PointFin)
```

> #### REMARQUE
>
> Bien qu'il existe souvent plusieurs méthodes pour créer le même objet graphique dans AutoCAD, l'automatisation ActiveX ne propose qu'une seule méthode de création par objet. Par exemple, dans AutoCAD, il existe quatre manières différentes de créer un cercle : (1) en spécifiant le centre et le rayon, (2) à l'aide de deux points définissant le diamètre, (3) à l'aide de trois points définissant la circonférence ou (4) à l'aide de deux tangentes et d'un rayon. Toutefois, l'automatisation ActiveX n'offre qu'une méthode de création de cercle, qui consiste à utiliser le centre et le rayon.
>
> Dans le cas du cercle on a affaire à l'objet AcadCircle et pour créer le cercle il faut utiliser la méthode AddCircle. Une fois le cercle créé vous pouvez le modifier par d'autres méthodes comme ArrayPolar, Mirror, Offset, etc.

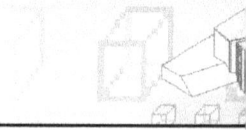

La création de lignes

La ligne est l'élément de base du dessin dans AutoCAD. Vous pouvez créer une grande variété de lignes : lignes uniques, segments de ligne multiples avec ou sans arcs. En général, il suffit de spécifier des points de coordonnées pour tracer des lignes. Le type de ligne utilisé par défaut correspond à une ligne continue (CONTINUOUS) mais divers types de lignes utilisant des points et des tirets sont disponibles.

Pour créer une ligne, utilisez l'une des méthodes suivantes :

▶ **AddLine** : permet de créer une ligne passant par deux points.

▶ **AddLightweightPolyline** : permet de créer une polyligne fine 2D à partir d'une liste de sommets.

▶ **AddMLine** : permet de créerune multiligne.

▶ **AddPolyline** : permet de créer une polyligne 2D ou 3D.

Les lignes et les multilignes standard sont créées dans le plan XY du système de coordonnées général (SCG). Les polylignes et les polylignes fines sont créées dans le système de coordonnées de l'objet (SCO). Conversion de coordonnées.

L'exemple suivant (fig.5.61) utilise la méthode **AddLightweightPolyline** pour créer une polyligne simple à deux segments en utilisant les coordonnées 2D (2,4), (4,2) et (6,4). Ce type de polyligne ne contient pas de paramètre de hauteur donc pas de valeur en Z. La syntaxe est la suivante :

```
plineObj = ThisDrawing.ModelSpace.AddLightWeightPolyline(ListeSommets)
```

▶ **plineObject :** le nouvel objet créé.

▶ **ThisDrawing.ModelSpace:** objet sur lequel la méthode AddLightWeightPolyline est appliquée.

▶ **AddLightWeightPolyline :** la méthode appliquée.

▶ **ListeSommets :** sommets de la polyligne.

Le code de l'exemple :

```
Sub Exemple_AddLightWeightPolyline()
```

Déclaration des variables

```
Dim plineObj As AcadLWPolyline
Dim points(0 To 5) As Double
```

Définition des points 2D de la polyligne

```
points(0) = 2: points(1) = 4
points(2) = 4: points(3) = 2
points(4) = 6: points(5) = 4
```

Création d'une polyligne dans l'espace objet

```
Set plineObj = ThisDrawing.ModelSpace.AddLightWeightPolyline(points)
```

Zoom étendu

```
ThisDrawing.Application.ZoomExtents

End Sub
```

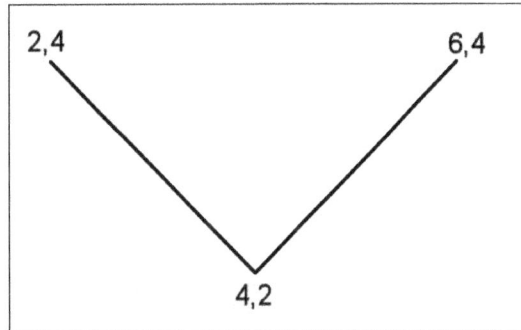

Fig.5.61

La création d'objets de type courbe

AutoCAD permet de créer différents types d'objets incurvés, y compris des courbes splines, des cercles, des arcs et des ellipses. Toutes les courbes sont créées sur le plan XY du système SCG courant. Pour créer une courbe, utilisez l'une des méthodes suivantes :

▶ **AddArc :** permet de créer un arc suivant un centre, un rayon et des angles de départ et de fin.

▶ **AddCircle :** permet de créer un cercle suivant le centre et le rayon.

▶ **AddEllipse :** permet de créer une ellipse suivant un point de centre, un point sur le grand axe et le rapport des rayons.

▶ **AddSpline :** permet de créer une courbe spline quadratique ou cubique.

L'exemple suivant crée une spline (fig.5.62) dans l'espace objet à l'aide des coordonnées (1, 1, 0), (5, 5, 0) et (10, 0, 0). La courbe spline possède des tangentes de départ et de fin (0.5, 0.5, 0.0). La syntaxe est la suivante :

```
splineObj = ThisDrawing.ModelSpace.AddSpline(ReseauSommets,
TangenteDepart, TangenteFin)
```

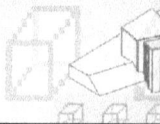

- ▶ **splineObject :** le nouvel objet créé.

- ▶ **ThisDrawing.ModelSpace :** objet sur lequel la méthode AddSpline est appliquée.

- ▶ **AddSpline :** la méthode appliquée

- ▶ **TangenteDepart :** vecteur spécifiant la direction de la tangente de départ de la polyligne.

- ▶ **TangenteFin :** vecteur spécifiant la direction de la tangente de fin de la polyligne.

- ▶ **ReseauSommets :** liste des sommets de la spline.

Le code de l'exemple :

```
Sub Exemple_CreateSpline()
```

Déclaration des variables

```
Dim splineObj As AcadSpline
Dim tanDepart(0 To 2) As Double
Dim tanFin(0 To 2) As Double
Dim sommet(0 To 8) As Double
```

Définition du contenu des variables

```
tanDepart(0) = 0.5: tanDepart(1) = 0.5: tanDepart(2) = 0
tanFin(0) = 0.5: tanFin(1) = 0.5: tanFin(2) = 0
sommet(0) = 1: sommet(1) = 1: sommet(2) = 0
sommet(3) = 5: sommet(4) = 5: sommet(5) = 0
sommet(6) = 10: sommet(7) = 0: sommet(8) = 0
```

Création de la courbe spline

```
Set splineObj = ThisDrawing.ModelSpace.AddSpline(sommet, tanDepart,
tanFin)
ThisDrawing.Application.ZoomExtents
End Sub
```

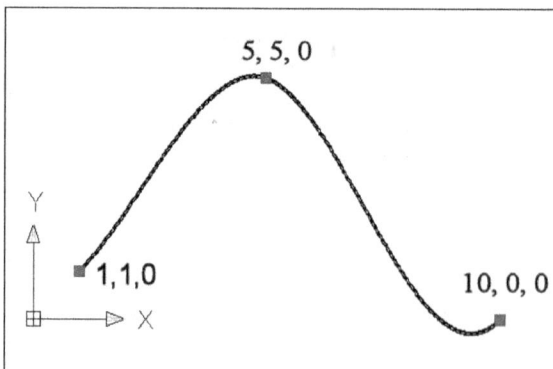

Fig.5.62

La création d'objets Point

Vous pouvez utiliser ce type d'objet comme points de référence dans le dessin. AutoCAD permet non seulement de définir le style du point mais aussi sa taille (exprimée par rapport aux dimensions de l'écran ou en unités absolues). Les variables système PDMODE et PDSIZE contrôlent l'aspect des objets Point. Les valeurs PDMODE 0, 2, 3 et 4 spécifient une figure à dessiner à l'aide du point. La valeur 1 ne sélectionne rien à afficher. L'ajout de 32, 64 ou 96 à la valeur précédente sélectionne une forme à dessiner autour du point en plus de la figure dessinée au travers de celui-ci. Ainsi : 34 correspond au cercle (valeur 32) plus la croix (valeur 2) (fig.5.63).

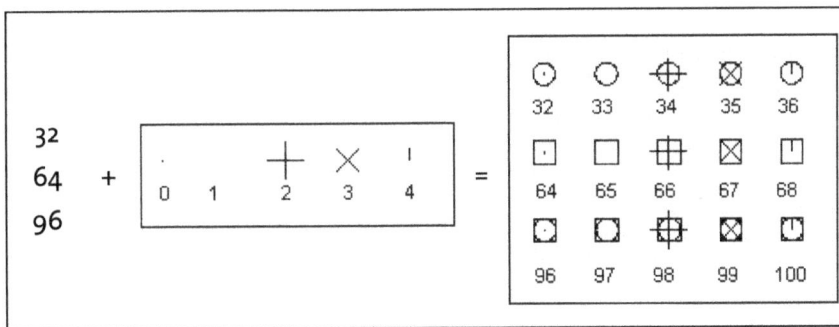

Fig.5.63

La variable PDSIZE contrôle la taille des points, sauf pour les valeurs de PDMODE 0 et 1. Une valeur PDSIZE positive spécifie une taille absolue en unité de dessin. Une valeur négative est interprétée comme un pourcentage de la taille de la fenêtre. La taille de tous les points est recalculée au moment de la régénération du dessin.

Une fois les variables PDMODE et PDSIZE modifiées, l'aspect des points existants change lors de la prochaine régénération du dessin.

Pour définir les variables PDMODE et PDSIZE, vous devez utilisez la méthode SetVariable

L'exemple de code suivant crée un objet Point dans l'espace objet à la coordonnée (5, 5, 0). Les variables système PDMODE et PDSIZE sont ensuite mises à jour.

La syntaxe est la suivante :

```
pointObj = ThisDrawing.ModelSpace.AddPoint(Point)
```

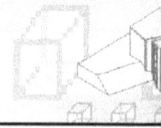

- ▶ **pointObject :** le nouvel objet créé.
- ▶ **ThisDrawing.ModelSpace :** objet sur lequel la méthode AddPoint est appliquée.
- ▶ **AddPoint :** la méthode appliquée.
- ▶ **Point :** coordonnées du point à créer.

Le code de l'exemple:

```
Sub Exemple_CreatePoint()
```

Déclaration des variables

```
Dim pointObj As AcadPoint
Dim position(0 To 2) As Double
```

Définition de la position du point

```
position(0) = 5#: position(1) = 5#: position(2) = 0#
```

Création du point

```
Set pointObj = ThisDrawing.ModelSpace.AddPoint(position)
```

Modification de l'aspect du point

```
ThisDrawing.SetVariable "PDMODE", 34
ThisDrawing.SetVariable "PDSIZE", 1
ZoomAll
End Sub
```

La création d'un solide 3D

Un solide (objet 3DSolid) représente le volume d'un objet. Le solide constitue le type de modèle 3D le moins ambigu qui donne le plus d'informations sur l'objet. D'autre part, les solides complexes sont plus faciles à construire et à manipuler que les modèles filaires ou les maillages.

Vous pouvez créer des solides à partir des figures élémentaires proposées par AutoCAD (parallélépipèdes, cônes, cylindres, sphères, tores et biseaux), en extrudant un objet 2D sur une trajectoire ou en faisant pivoter un objet 2D autour d'un axe. Utilisez l'une des méthodes de création de solides suivantes :

AddBox, AddCone, AddCylinder, AddEllipticalCone, AddEllipticalCylinder, AddExtrudedSolid, AddExtrudedSolidAlongPath, AddRevolvedSolid, AddSolid, AddSphere, AddTorus ou AddWedge.

Les solides sont affichés par défaut comme des représentations filaires, jusqu'à ce que vous utilisiez les commandes CACHE, SHADE ou RENDU. Vous pouvez analyser leurs propriétés mécaniques (volume, moments d'inertie, centre de gravité, etc.) à l'aide des propriétés suivantes : MomentOfInertia, PrincipalDirections, PrincipalMoments, ProductOfInertia, RadiiOfGyration et Volume.

La propriété ContourlinesPerSurface définit le nombre de lignes de courbure utilisées pour visualiser les portions courbes de l'objet filaire. La propriété RenderSmoothness ajuste le lissage des objets ombrés ou à lignes cachées.

A titre d'exemple nous allons créer un solide en forme de biseau dans l'espace objet. La direction de visualisation de la fenêtre active est mise à jour de façon à ce que le caractère tridimensionnel du solide soit plus facilement visible. La syntaxe est la suivante :

```
wedgeObject = ThisDrawing.ModelSpace.AddWedge(Centre, Longueur,
Largeur, Hauteur)
```

► **wedgeObject :** le nouvel objet créé.

► **ThisDrawing.ModelSpace:** objet sur lequel la méthode AddWedge est appliquée.

► **AddWedge :** la méthode appliquée.

► **Center :** les coordonnées du centre de la face du biseau.

► **Longueur :** la longueur du biseau correspondant à l'axe des X. La valeur doit être positive.

► **Largeur :** la largeur du biseau correspondant à l'axe des Y. La valeur doit être positive.

► **Hauteur :** la hauteur du biseau correspondant à l'axe des Z. La valeur doit être positive.

Le code de l'exemple (fig.5.64) :

```
Sub Exemple_CreateWedge()
```

Déclaration des variables

```
Dim wedgeObj As Acad3DSolid
Dim centre(0 To 2) As Double
Dim longueur As Double
Dim largeur As Double
Dim hauteur As Double
```

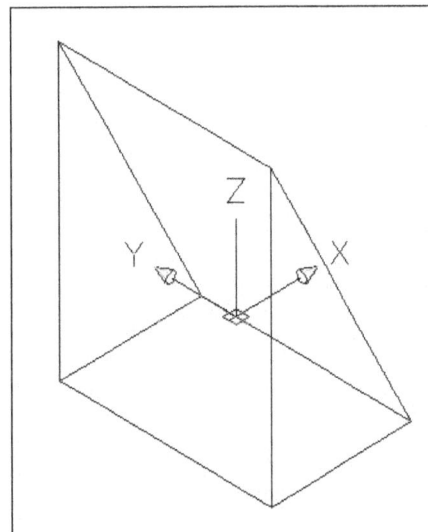

Fig.5.64

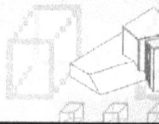

Définition du biseau

```
centre(0) = 5#: centre(1) = 5#: centre(2) = 0
longueur = 10#: largeur = 15#: hauteur = 20#
```

Création du biseau dans l'espace objet

```
Set wedgeObj = ThisDrawing.ModelSpace.AddWedge(centre,longueur,lar-
geur,hauteur)
```

Modification du point de vue

```
Dim NouvDirection(0 To 2) As Double
NouvDirection(0) = -1
NouvDirection(1) = -1
NouvDirection(2) = 1
ThisDrawing.ActiveViewport.direction = NouvDirection
ThisDrawing.ActiveViewport = ThisDrawing.ActiveViewport
Zoom.All
End Sub
```

Utilisation des outils d'aide pour créer des objets

L'objectif de ce chapitre n'étant pas de détailler l'ensemble des fonctions de dessin, vous pouvez trouver des exemples concrets dans l'aide fourni avec le VBA Integrated Development Environment. Il suffit d'activer l'outil d'aide et de se rendre dans la rubrique AciveX and VBA Reference puis de cliquer sur Code Examples (fig.5.65). Toutes les fonctions qui commencent avec Add servent à la création d'entité de dessin. Il vous reste à copier/coller les instructions dans votre programme.

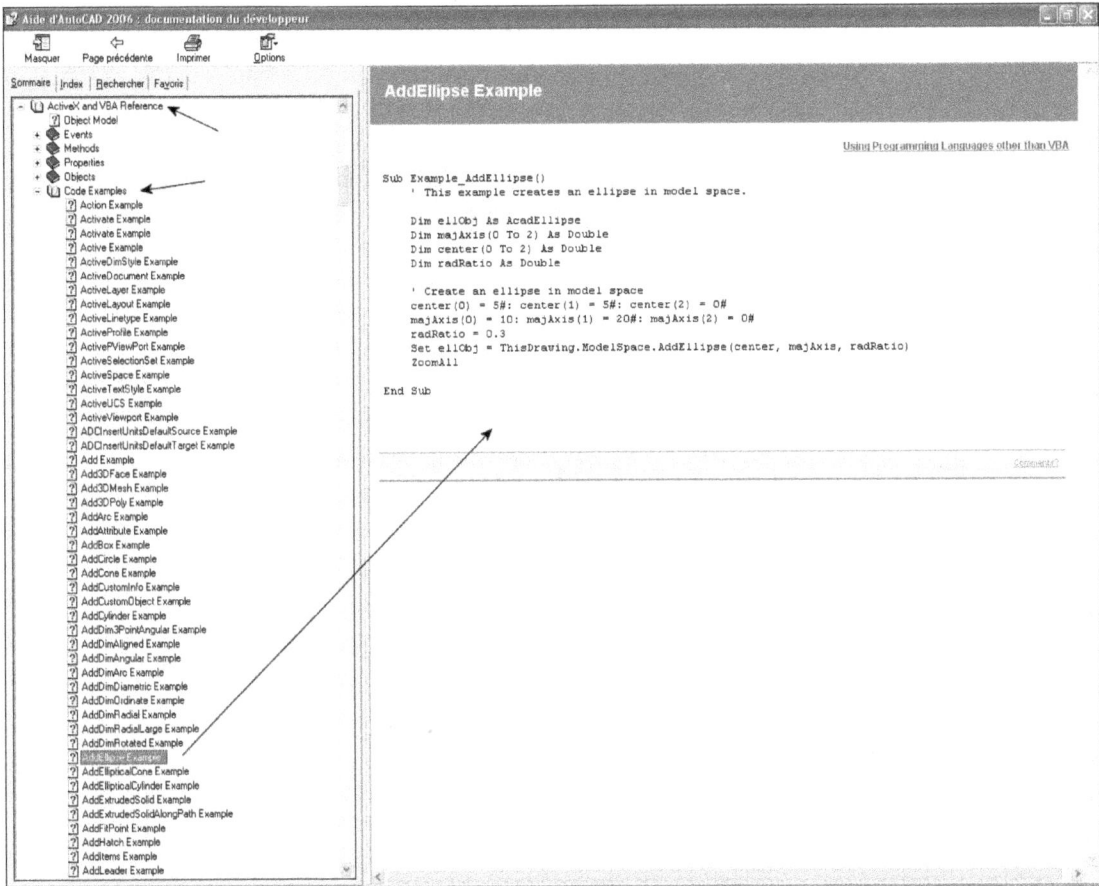

Fig.5.65

La modification des objets

Pour modifier un objet existant, il convient d'utiliser les méthodes et propriétés qui lui sont associées. Si vous modifiez une propriété visible d'un objet graphique, vous pouvez utiliser la méthode Update pour redessiner l'objet à l'écran.

La modification des objets s'effectue de deux manières différentes en VBA :

▶ Via l'utilisation de **Méthodes** qui permettent de modifier la taille et la position de l'objet ainsi que de créer de nouveaux objets basés sur l'original.

▶ Via l'utilisation de **Propriétés** qui peuvent changer l'aspect de l'objet (couleur, type de ligne, etc.).

La plupart des objets disposent de méthodes communes, comme Copy, Delete, Mirror, etc., et d'autres qui leurs sont propres.

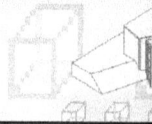

Les méthodes pour copier des objets

Vous pouvez copier un ou plusieurs objets au sein du dessin courant. La fonction de décalage permet de créer des objets à une distance et dans une direction données des objets sélectionnés, ou par rapport à un point donné. La fonction de copie-miroir permet de reproduire le même objet en fonction d'un axe de symétrie. La fonction de copie en réseau permet de disposer les différents exemplaires en forme de cercle ou de rectangle.

La copie simple d'un objet

La méthode **object.Copy** permet de copier un objet en conservant sa position. Pour déplacer l'objet copié vous devez ensuite utiliser la fonction **object.Move**.

L'exemple qui suit vous permet de sélectionner un objet et de le copier vers un point de destination (fig.5.66-5.67) :

```
Sub Exemple_CopyObject()
```

Déclaration des variables

```
Dim objetSelect As AcadEntity
Dim objetCopie As Object
Dim pointSelect As Variant
Dim pointDest As Variant
```

Gestion des erreurs et sélection de l'objet

```
On Error Resume Next
ThisDrawing.Utility.GetEntity objetSelect, pointSelect, "Pointez une
entité:"
If objetSelect Is Nothing Then
MsgBox "Vous n'avez pas sélectionné d'objet"
Exit Sub
End If
```

Copie et déplacement de l'objet

```
Set objetCopie = objetSelect.Copy()
pointDest = ThisDrawing.Utility.GetPoint(, "Pointez le point de desti-
nation:")
objetCopie.Move pointSelect, pointDest
objetCopie.Update
End Sub
```

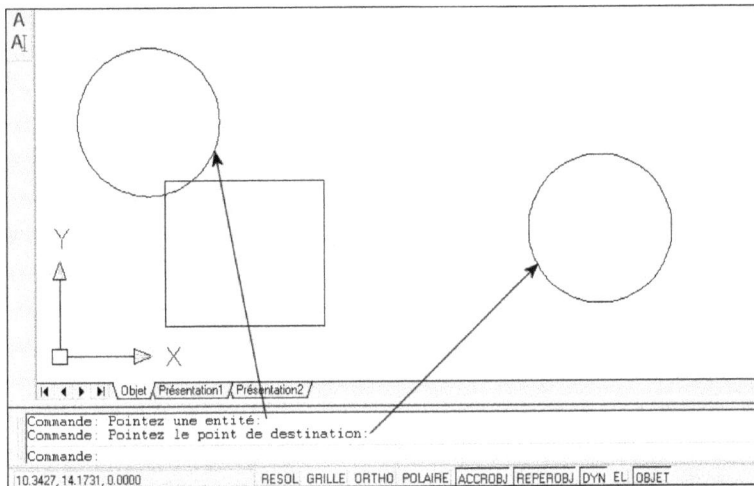

Fig.5.67

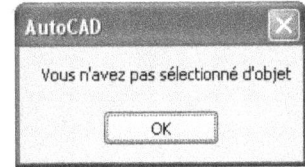

Fig.5.66

La copie miroir d'un objet

La copie-miroir crée une copie d'un objet autour d'un axe (ligne de symétrie). Vous pouvez effectuer une copie miroir de tous les objets d'un dessin. Cette méthode qui est de la forme **object.Mirror(Point1, Point2)** requiert la saisie de deux coordonnées. Les deux coordonnées spécifiées deviennent les extrémités de la ligne de symétrie autour de laquelle l'objet de base est réfléchi. En 3D, cette ligne définit l'orientation d'un plan miroir perpendiculaire au plan XY du SCU qui contient la ligne de symétrie.

A la différence de la commande Miroir d'AutoCAD, cette méthode place l'image réfléchie dans le dessin et conserve l'objet source. (Pour supprimer l'objet source, utilisez la méthode Erase.)

L'exemple qui suit permet à l'utilisateur de sélectionner une série d'objets et d'en faire une copie miroir (fig.5.68) :

```
Sub Exemple_MirrorObjects()
```

Déclaration des variables

```
Dim jeuSelection As AcadSelectionSet
Dim objetSelect As AcadEntity
Dim objetMiroir As AcadEntity
Dim pointSelect As Variant
Dim Point1 As Variant
Dim Point2 As Variant
```

Définition de la variable Mirrtext pour supprimer l'effet miroir des textes

```
ThisDrawing.SetVariable "Mirrtext", 0
```

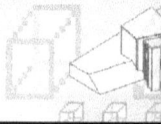

Définition d'un jeu de sélection temporaire et contrôle de son inexistence actuelle

```
On Error Resume Next
ThisDrawing.SelectionSets("SEL1").Delete
Set jeuSelection = ThisDrawing.SelectionSets.Add("SEL1")
```

Sélection des entités à l'écran

```
ThisDrawing.Utility.Prompt "Sélectionnez les objets à copier en miroir
" & vbCrLf
jeuSelection.SelectOnScreen
```

Définition de l'axe de symétrie

```
Point1 = ThisDrawing.Utility.GetPoint(, "Pointez le premier point de
l'axe de symétrie :")
Point2 = ThisDrawing.Utility.GetPoint(Point1, "Pointez le second point
de l'axe de symétrie :")
```

Création de la copie miroir

```
For Each objetSelect In jeuSelection
Set objetMiroir = objetSelect.Mirror(Point1, Point2)
objetMiroir.Update
Next
```

Suppression du jeu de sélection

```
jeuSelection.Delete
End Sub
```

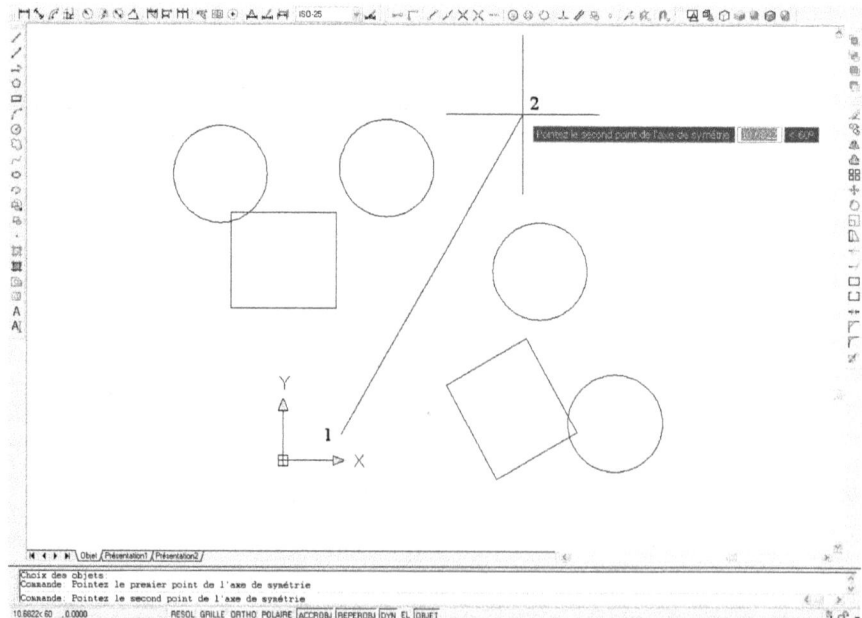

Fig.5.68

Les méthodes pour déplacer des objets

Vous pouvez déplacer des objets le long d'un vecteur sans modifier leur orientation ni leur taille. Vous pouvez également faire pivoter des objets autour d'un point de base.

Le déplacement d'objets

Vous pouvez déplacer tous les objets d'un dessin et les objets de référence d'attribut le long d'un vecteur spécifié. Pour déplacer un objet, utilisez la méthode Move fournie pour cet objet. Cette méthode requiert la saisie de deux coordonnées. Ces coordonnées définissent un vecteur de déplacement qui indique la distance et la direction du déplacement de l'objet. La syntaxe est la suivante :

```
object.Move Point1, Point2
```

Avec :

- ▶ **Object :** tout objet ou groupe d'objets sur lesquels est appliquée la méthode Move.
- ▶ **Point1 :** point de base du déplacement.
- ▶ **Point2 :** point de destination du déplacement.

L'exemple qui suit illustre le déplacement d'une sélection d'objets (fig.5.69) :

```
Sub Exemple_MoveObjects()
```

Déclaration des variables

```
Dim Point1 As Variant
Dim Point2 As Variant
Dim jeuSelection As AcadSelectionSet
Dim objetSelect As AcadEntity
```

Définition d'un jeu de sélection temporaire et contrôle de l'inexistence de celui-ci

```
On Error Resume Next
ThisDrawing.SelectionSets("SEL2").Delete
Set jeuSelection = ThisDrawing.SelectionSets.Add("SEL2")
```

Sélection des entités à l'écran

```
ThisDrawing.Utility.Prompt "Sélectionnez les objets à déplacer " &
vbCrLf
jeuSelection.SelectOnScreen
```

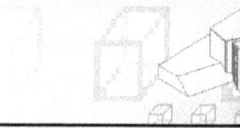

Définition des points de départ et de destination

```
Point1 = ThisDrawing.Utility.GetPoint(, "Pointez le point de base du
déplacement:")
Point2 = ThisDrawing.Utility.GetPoint(Point1, "Pointez le point de
destination:")
```

Déplacement des objets

```
For Each objetSelect In jeuSelection
objetSelect.Move Point1, Point2
objetSelect.Update
Next
```

Suppression du jeu de sélection

```
jeuSelection.Delete
End Sub
```

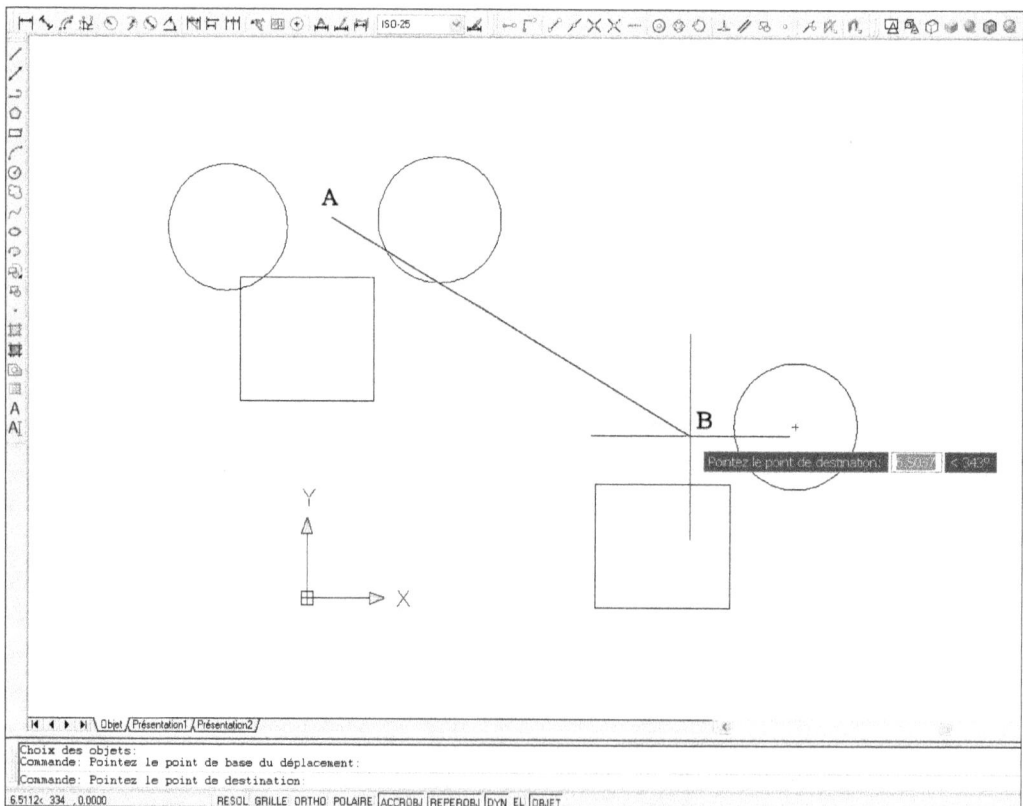

Fig.5.69

La rotation d'objets

Pour faire pivoter un objet, utilisez la méthode Rotate fournie pour cet objet. Cette méthode requiert la saisie d'un point de base et d'un angle de rotation. Le point de base est un tableau de type Variant avec trois coordonnées doubles. Ces coordonnées doubles représentent une coordonnée SCG 3D qui spécifie le point au travers duquel est défini l'axe de rotation. L'angle de rotation est exprimé en radians. Il détermine la distance de rotation d'un objet autour du point de base par rapport à son emplacement actuel. La syntaxe est la suivante :

```
object.Rotate PointBase, AngleRotation
```

- **Object :** tout objet ou groupe d'objets sur lesquels est appliquée la méthode Rotate.
- **PointBase :** point de base de la rotation.
- **AngleRotation :** angle de rotation d'un ou de plusieurs objets exprimé en radians.

L'exemple qui suit illustre la rotation d'un objet (fig.5.70) :

```
Sub Exemple_RotateObject()
```

Déclaration des variables

```
Dim PointBase As Variant
Dim AngleRotation As Double
Dim pointSelection As Variant
Dim objetSelect As AcadEntity
```

Sélection d'un objet et contrôle de la sélection

```
On Error Resume Next
ThisDrawing.Utility.GetEntity objetSelect, pointSelection,
"Sélectionnez l'objet à pivoter"
If objetSelect Is Nothing Then
MsgBox " Vous n'avez pas sélectionné d'objet "
Exit Sub
End If
```

Définition de la rotation

```
PointBase= ThisDrawing.Utility.GetPoint(, "Entrez un point de base : ")
AngleRotation=ThisDrawing.Utility.GetReal("Entrez l'angle de rotation")
AngleRotation=
ThisDrawing.Utility.AngleToReal(CStr(AngleRotation),acDegrees)
```

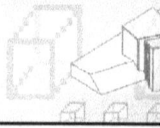

```
objetSelect.Rotate PointBase, AngleRotation
objetSelect.Update
End Sub
```

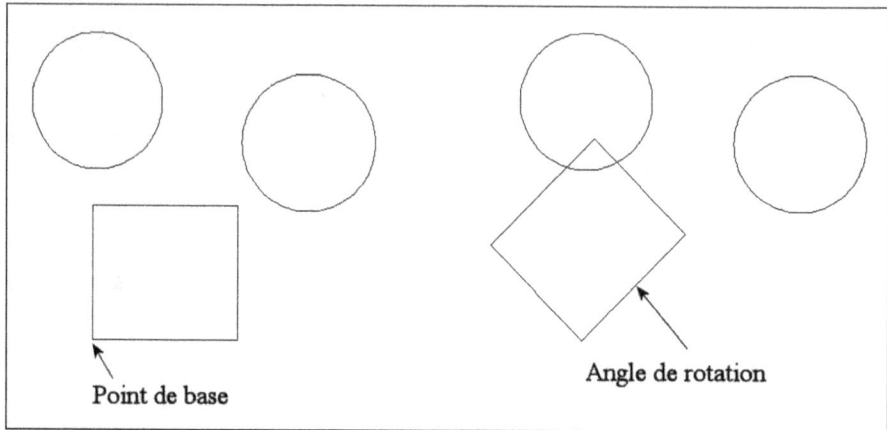

Fig.5.70

Changer les propriétés d'un objet

Le second type de modification que vous pouvez apporter à des objets AutoCAD concerne la modification des propriétés des objets. Vous pouvez ainsi changer par exemple la couleur d'un objet. Dans ce cas, la syntaxe de la propriété Couleur est : **object.Color**

L'exemple qui suit permet de sélectionner une série d'objets, de choisir une couleur et d'assigner cette couleur à la sélection (fig.5.71) :

```
Sub Exemple_ColorObjects()
```

Définition des variables

```
Dim selectionObjets As AcadSelectionSet
Dim objetSelect As AcadEntity
Dim numCouleur As Variant
```

Sélection des objets

```
On Error Resume Next
ThisDrawing.SelectionSets("SEL1").Delete
Set selectionObjets = ThisDrawing.SelectionSets.Add("SEL1")
selectionObjets.SelectOnScreen
```

Sélection du numéro de la couleur

```
selectCouleur = ThisDrawing.Utility.GetInteger("Entrez un numéro de
couleur entre 0 et 255: ")
```

Modification de la couleur de chacun des objets sélectionnés

```
For Each objetSelect In selectionObjets
objetSelect.color = selectCouleur
objetSelect.Update
Next
selectionObjets.Delete
End Sub
```

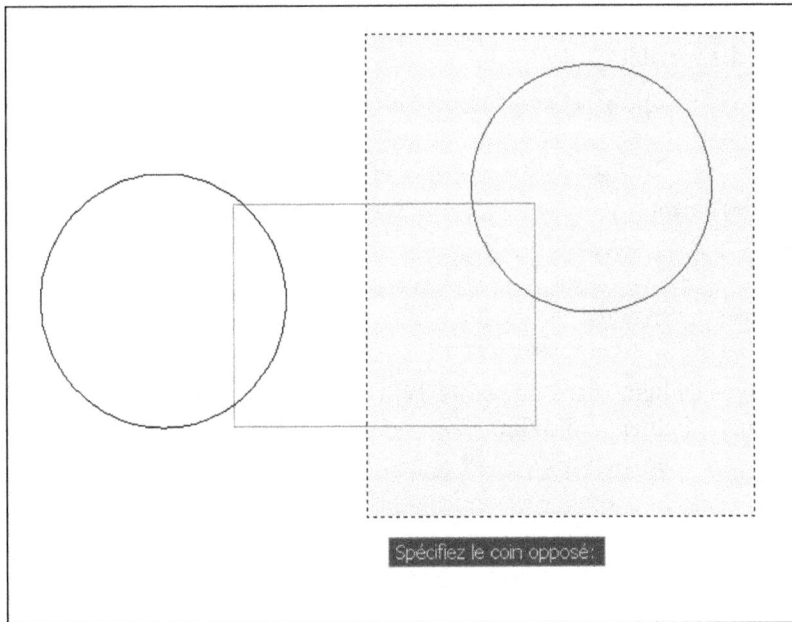

Fig.5.71

Dans le cas des types de ligne les opérations courantes sont :

■ Charger un type de ligne.

■ Assigner un type de ligne.

■ Rendre courant un type de ligne.

■ Modifier l'échelle d'un type de ligne.

▶ Chargement d'un type de ligne

Les types de ligne sont en général absents lorsque vous démarrez un nouveau dessin. Vous devez donc les charger à partir du fichier de définition, qui est habituellement ACADISO.LIN. La syntaxe est la suivante :

```
Set typeLigne = ThisDrawing.Linetypes.Load(nomTypeDeLigne,
nomFichierTypesDeLigne)
```

L'exemple qui suit permet de sélectionner une série d'objets, de choisir un type de ligne, de charger le type de ligne et d'assigner ce type de ligne à la sélection (fig.5.72) :

```
Sub Exemple_LtypeObjects()
```

Définition des variables

```
Dim selectionObjets As AcadSelectionSet
Dim objetSelect As AcadEntity
Dim typeLigne As String
```

Sélection des objets

```
On Error Resume Next
ThisDrawing.SelectionSets("SEL2").Delete
Set selectionObjets = ThisDrawing.SelectionSets.Add("SEL1")
selectionObjets.SelectOnScreen
```

Choix du type de ligne (dans une boîte d'entrée) et chargement éventuel du type de ligne dans le fichier acadiso.lin

```
typeLigne = InputBox("Entrez le nom du type de ligne: ")
On Error Resume Next
ThisDrawing.Linetypes.Load typeLigne, "ACADISO.LIN"
```

Modification du type de ligne de chacun des objets sélectionnés

```
For Each objetSelect In selectionObjets
objetSelect.Linetype = typeLigne
objetSelect.Update
Next
selectionObjets.Delete
End Sub
```

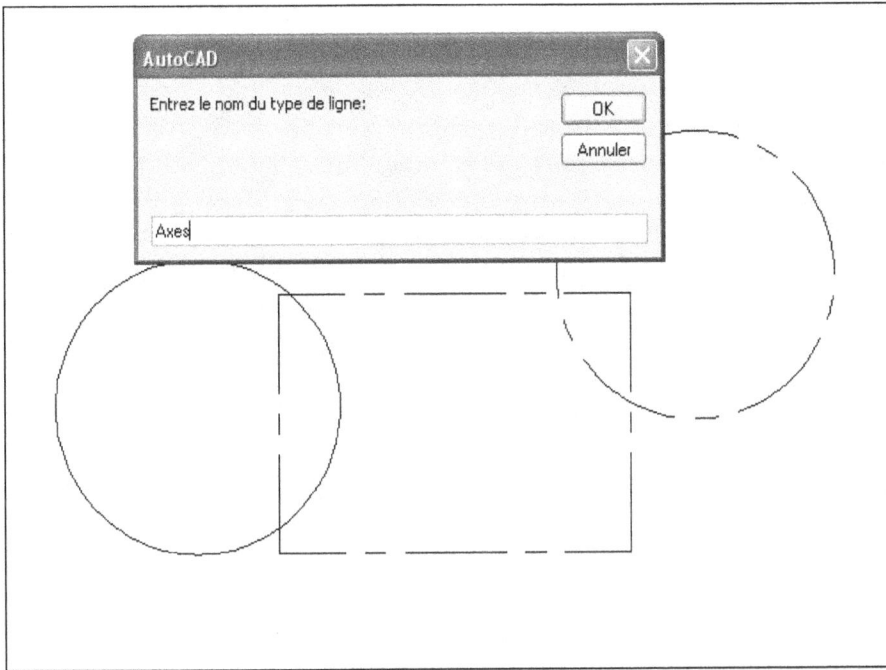

Fig.5.72

▶ **Activation d'un type de ligne**

Vous pouvez rendre un type de ligne courant en le déclarant via la propriété ActiveLinetype du document courant selon la syntaxe :

```
ThisDrawing.ActiveLinetype = ThisDrawing.Linetypes("NomDuTypeDeLigne")
```

Exemple (fig.5.73) :

```
Sub Exemple_LtypeObjects()
```

Définition des variables

```
Dim typeLigne As String
```

Choix du type de ligne (dans une boîte d'entrée) et chargement éventuel du type de ligne dans le fichier acadiso.lin

```
typeLigne = InputBox("Entrez le nom du type de ligne: ")
On Error Resume Next
ThisDrawing.Linetypes.Load typeLigne, "ACADISO.LIN"
```

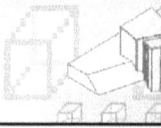

Activation du type de ligne

```
ThisDrawing.ActiveLinetype = ThisDrawing.Linetypes(typeLigne)
End Sub
```

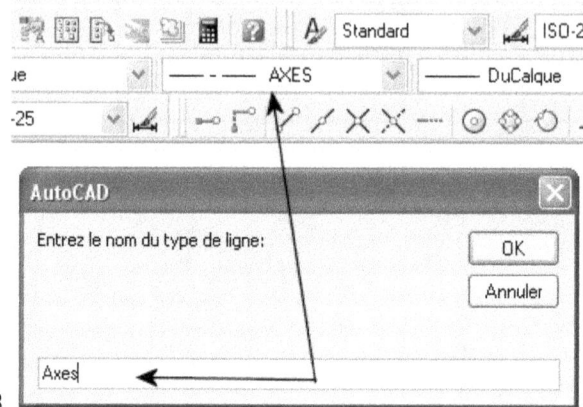

Fig.5.73

► **Changement de l'échelle des types de ligne**

AutoCAD dispose de deux variables permettant de changer l'échelle des types de ligne :

LTSCALE et CELTSCALE. Pour modifier les valeurs de ces variables à l'aide de VBA, utilisez la méthode SetVariable. Sinon vous pouvez changer l'échelle d'un type de ligne, à l'aide de la propriété LinetypeScale, selon la syntaxe : **object.LinetypeScale** (objet représente le(s) objet(s) sélectionné(s).

La gestion des calques et des propriétés

Lorsque vous dessinez dans AutoCAD, vous travaillez systématiquement sur un calque. Il peut s'agir du calque proposé par défaut ou d'un autre que vous avez créé et nommé. Chaque calque est associé à une couleur et à un type de ligne. Vous pouvez, par exemple, créer un calque destiné exclusivement aux axes et lui attribuer le type de ligne Axes et la couleur rouge. Ensuite, lorsque vous souhaitez tracer des axes, vous pouvez accéder à ce calque et commencer à dessiner.

Tous les calques et types de ligne sont conservés au sein de leurs objets Collection parent. Les calques sont conservés dans la collection Layers et les types de ligne dans la collection Linetypes.

▶ **Affichage de la liste des calques (fig.5.74)**

```
Sub Exemple_ListeCalques()
Déclaration des variables
Dim nomCalque As String
Dim objCalque As AcadLayer
nomsCalques = ""
```

Boucle d'itération pour identifier chaque calque de la collection Layers

```
For Each objCalque In ThisDrawing.Layers
nomCalque = nomCalque + objCalque.Name + vbCrLf
Next
```

Affichage de la liste dans une boîte à messages

```
MsgBox "Les calques dans le dessin sont: " & vbCrLf & nomCalque
End Sub
```

Fig.5.74

▶ **Activation d'un calque**

Lorsque vous dessinez, vous travaillez systématiquement sur le calque courant. Vous avez la possibilité de rendre actif un calque et d'y ajouter des objets. Si vous rendez un autre calque actif, les nouveaux objets que vous créez seront associés à ce calque et adopteront sa couleur et son type de ligne. Vous ne pouvez pas activer un calque s'il est gelé.

Pour rendre un calque actif, utilisez la propriété ActiveLayer. Cette propriété est définie pour le dessin courant. Par exemple :

```
Dim nouvCalque As AcadLayer
Set nouvCalque = ThisDrawing.Layers.Add("CALQUE1")
ThisDrawing.ActiveLayer = nouvCalque
```

▶ **Création d'un nouveau calque et définition des propriétés**

Vous pouvez créer des calques et leur affecter des propriétés de couleur et de type de ligne. Chaque calque individuel fait partie de la collection Layers. Vous devez utiliser la méthode Add pour créer un calque et l'ajouter à la collection Layers.

Une fois un calque créé, vous pouvez lui attribuer un nom. Pour modifier le nom d'un calque après sa création, utilisez la propriété Name. Les noms de calques peuvent inclure jusqu'à 31 caractères et contenir des lettres, des chiffres et les caractères spéciaux signe dollar ($), tiret (–) et caractère de soulignement (_), mais ne peuvent pas contenir d'espaces.

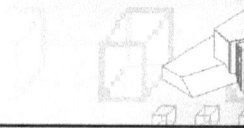

Exemple : créez un calque et donnez-lui la couleur rouge

Le code suivant crée un calque. Il se voit ensuite attribuer la couleur rouge.

```
Sub Exemple_NouveauCalque()
Sub Exemple_NouveauCalque()
Dim objCalque As AcadLayer
Dim nomCalque As String
nomCalque = InputBox("Entrez le nom du nouveau calque:")
Set objCalque = ThisDrawing.Layers.Add(nomCalque)
If objCalque Is Nothing Then
MsgBox "Le calque existe déjà"
Else
MsgBox "Le calque " & objCalque.Name & " a été ajouté"
End If
End Sub
```

Les structures de contrôle

Les programmes ne se déroulent pas toujours en continu de A à Z. Il arrive en effet qu'une partie du programme soit parcourue plusieurs fois. Il arrive aussi que lors du lancement d'une application une partie du programme soit seulement parcourue et que la fois suivante c'est une autre partie qui est parcourue. Ces différents comportements sont le résultat d'instructions conditionnelles ou d'instructions d'itération que l'on peut également qualifier de structures de contrôle. Il existe trois grandes catégories de structures de contrôle : les instructions conditionnelles, les boucles et l'instruction With.

Utilisation d'instructions conditionnelles pour prendre des décisions

Les instructions conditionnelles évaluent si une condition a la valeur **True** ou **False**, puis spécifie une ou plusieurs instructions à exécuter, selon le résultat. Généralement, une condition correspond à une expression qui utilise un opérateur de comparaison pour comparer une valeur ou une variable à une autre.

Les structures conditionnelles ont pour effet d'exécuter telle partie du code ou telle autre partie selon le résultat de tests. Elles peuvent prendre une des formes suivantes :

▶ **If...Then...Else** : branchement lorsqu'une condition a la valeur True ou False.

▶ **Select Case** : sélection d'un branchement en fonction d'un ensemble de conditions.

L'instruction If...Then...Else

L'instruction **If...Then...Else** permet d'exécuter une instruction spécifique ou un bloc d'instructions, selon la valeur d'une condition. Les instructions **If...Then...Else** peuvent être imbriquées au nombre de niveaux désiré. Cependant, pour favoriser la lisibilité du code, il est préférable d'utiliser une instruction **Select Case** plutôt que plusieurs niveaux d'instruction **If...Then...Else** imbriqués.

Les expressions conditionnelles peuvent prendre plusieurs types de formes comme par exemple :

▶ **a<b** : a est plus petit que b

▶ **b=c** : b est égal à c

▶ **ThisDrawing.Layers("Calque1") Is calqueCourant** : l'objet « Calque1 » de la collection Layers du dessin courant est le même que celui stocké dans la variable calqueCourant.

▶ **Sqr (1/x∗30)>=CBdl(strNombre)+12** : la racine carrée de 1 divisée par x multiplié par 30 est plus grande ou égale à la valeur numérique de la variable de chaîne strNombre plus 12.

Les expressions conditionnelles peuvent comporter des opérateurs logiques comme :

Opérateur	Renvoie True	Exemples	Résultat
And	Seulement si les deux sous-expressions sont True	3*2=6 And 12>11 2+2=4 And 4-2=1	True False
Or	Si une ou les deux sous-expressions sont True	10>20 Or 20>10 5<4 Or 6<5	True False
Xor	Si une seule sous-expression est True (False si les deux sous-expressions sont True ou False)	5+5<9 Xor 5+5=10 5+5<9 Xor 5+5=10	True False

Les instructions les plus utilisées sont **If...Then** et ses variantes **If...Then...Else** et **If...Else If**.

Exécution d'instructions si une condition a la valeur True

Pour exécuter une instruction uniquement lorsqu'une condition a la valeur **True**, utilisez la syntaxe à une ligne de l'instruction **If...Then**. Deux cas peuvent se présenter : une instruction à exécuter ou plusieurs instructions à exécuter.

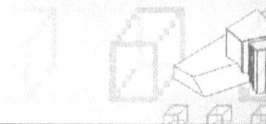

Pour exécuter une instruction, on a la forme :

```
If <condition> Then <instruction>
```

Exemple :

```
Sub DefDate()
myDate = #2/1/2006#
If myDate < Now Then myDate = Now
End Sub
```

Pour exécuter plusieurs instructions, vous devez utiliser la syntaxe multiligne. Cette syntaxe inclut l'instruction **End If**, comme le montre la syntaxe suivante :

```
If <condition> Then
 <instruction>
<instruction>
........................ .
End If
```

Exemple :

```
Sub AlerteUtilisateur(value as Long)
If value = 0 Then
AlertLabel.ForeColor = "Rouge"
AlertLabel.Font.Bold = True
AlertLabel.Font.Italic = True
End If
End Sub
```

Exécution de certaines instructions si une condition a la valeur True, d'autres instructions si elle a la valeur False

Utilisez une instruction **If...Then...Else** pour définir deux blocs d'instructions exécutables : un bloc s'exécute si la condition a la valeur **True**, l'autre si la condition a la valeur **False**. La syntaxe est la suivante :

```
If <condition> Then
 <instruction>
<instruction>
........................ .
```

```
Else
<instruction>
<instruction>
....................
End If
```

Exemple :

```
Sub AlerteUtilisateur(value as Long)
    If value = 0 Then
        AlertLabel.ForeColor = "Rouge"
        AlertLabel.Font.Bold = True
        AlertLabel.Font.Italic = True
    Else
        AlertLabel.Forecolor = "Vert"
        AlertLabel.Font.Bold = False
        AlertLabel.Font.Italic = False
    End If
End Sub
```

Test d'une deuxième condition si la première condition a la valeur False

Vous pouvez ajouter des instructions **Else If** à une instruction **If...Then...Else** pour tester une deuxième condition si la première a la valeur **False**. Par exemple, la procédure Fonction suivante calcule une prime basée sur une catégorie de travail. L'instruction qui suit l'instruction **Else** s'exécute si les conditions dans toutes les instructions **If** et **Else If** ont la valeur **False**.

```
Fonction Bonus(performance, salaire)
    If performance = 1 Then
        Bonus = salaire * 0.1
    Else If performance = 2 Then
        Bonus = salaire * 0.09
    Else If performance = 3 Then
        Bonus = salaire * 0.07
    Else
        Bonus = 0
    End If
End Function
```

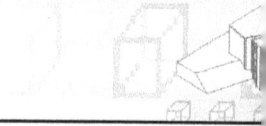

▶ **L'instruction Select Case**

Pour une question de lisibilité, il est conseillé d'utiliser l'instruction **Select Case** en remplacement de **Else If** dans des instructions **If...Then...Else** lors de la comparaison d'une expression à plusieurs valeurs différentes. Par opposition aux instructions **If...Then...Else** pouvant évaluer une expression différente pour chaque instruction **Else If**, l'instruction **Select Case** évalue une expression une seule fois, au début de la structure de contrôle. La structure est la suivante :

```
Select Case <ExpressionTest>
Case <ListeExpression>
<Instructions>
............
Case Else
<Instructions>
End Select
```

L'instruction **Select Case** évalue une simple expression de test <ExpressionTest>. VBA compare le résultat de l'évaluation avec chaque expression Case. Lorsqu'il trouve une valeur concordante il exécute les instructions liées au Case en question. Chaque <ListeExpression> peut contenir plusieurs valeurs, une plage de valeurs ou une combinaison de valeurs et d'opérateurs de comparaison. VBA exécute uniquement la première correspondance trouvée avec <ListeExpression> et continue l'exécution de la procédure avec le code situé après **End Select**. En cas de besoin, l'instruction **Case Else** facultative s'exécute si l'instruction **Select Case** ne correspond à aucune des valeurs des instructions **Case**.

```
Dim Number
```
Initialisation de la variable

```
Number = 8
```
Évalue Number

```
Select Case Number
```
Le nombre est compris entre 1 et 5 inclus

```
Case 1 To 5
Debug.Print "Entre 1 et 5"
```
La clause Case suivante est la seule qui prend la valeur True

Le nombre est compris entre 6 et 8

```
    Case 6, 7, 8
    Debug.Print "Entre 6 et 8"
```

Le nombre est 9 ou 10

```
    Case 9 To 10
    Debug.Print "Supérieur à 8"
```

Autres valeurs

```
    Case Else
    Debug.Print "Non compris entre 1 et 10"
    End Select
```

REMARQUE

Debug.Print : affiche le texte dans la fenêtre Exécution.

Utilisation de boucles pour répéter un code

L'itération (structure de contrôle en boucle) permet d'exécuter un groupe d'instructions de façon répétitive. Certaines boucles répètent des instructions jusqu'à ce qu'une condition prenne la valeur **False** ; d'autres répètent des instructions jusqu'à ce qu'une condition ait la valeur **True**. Il existe également des boucles qui répètent des instructions un certain nombre de fois ou pour chaque objet d'une collection.

VBA propose trois grands types de boucles :

▶ **Do...Loop** : itération pendant qu'une condition a la valeur **True** ou jusqu'à ce qu'elle l'ait.

▶ **For...Next** : utilisation d'un compteur pour exécuter des instructions un certain nombre de fois.

▶ **For Each...Next** : répétition d'un groupe d'instructions pour chaque objet d'une collection.

Les boucles Do...Loop

Les différentes versions de l'instruction **Do...Loop** permettent d'exécuter un bloc d'instructions un nombre de fois indéfini, tant qu'une condition a la valeur **True** ou jusqu'à ce qu'elle prenne la valeur **True**. Il existe cinq modèles de **Do...Loop**, qui fonctionnent de la même façon :

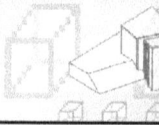

► **Do While...Loop** : démarre et répète le bloc d'instruction uniquement si la condition est True.

► **Do...Loop While** : exécute le bloc d'instruction une fois puis répète l'opération tant que la condition est True.

► **Do Until...Loop** : démarre et répète le bloc d'instructions uniquement si la condition est False.

► **Do...Loop Until** : exécute le bloc d'instructions une fois puis répète l'opération tant que la condition est False.

► **Do...Loop** : répète le bloc d'instructions indéfiniment et ne sort que lorsqu'une instruction conditionnelle, à l'intérieur de la boucle, exécute un End Do.

Exemples :

Dans la procédure **ChkFirstWhile**, vous vérifiez la condition avant d'entrer dans la boucle. Si **monNum** prend la valeur 9 et non 20, les instructions à l'intérieur de la boucle ne sont jamais exécutées :

```
Sub ChkFirstWhile()
    compteur = 0
    monNum = 20
    Do While monNum > 10
        monNum = monNum - 1
        compteur = compteur + 1
    Loop
    MsgBox "La boucle a effectué " & compteur & " itérations."
End Sub
```

Dans la procédure **ChkLastWhile**, les instructions à l'intérieur de la boucle ne sont exécutées qu'une seule fois avant que la condition prenne la valeur **False**.

```
Sub ChkLastWhile()
    compteur = 0
    monNum = 9
    Do
        monNum = monNum - 1
        compteur = compteur + 1
    Loop While monNum > 10
    MsgBox "La boucle a effectué " & compteur & " itérations."
End Sub
```

Dans la procédure **ChkFirstUntil**, vous contrôlez la condition avant d'entrer dans la boucle. La boucle se poursuit tant que la condition conserve la valeur **False.**

```
Sub ChkFirstUntil()
    compteur = 0
    monNum = 20
    Do Until monNum = 10
        monNum = monNum - 1
        compteur = compteur + 1
    Loop
    MsgBox "La boucle a effectué " & compteur & " itérations."
End Sub
```

Dans la procédure **ChkLastUntil**, vous contrôlez la condition après au moins une exécution de la boucle. La boucle se poursuit tant que la condition conserve la valeur **False.**

```
Sub ChkLastUntil()
    compteur = 0
    monNum = 1
    Do
        monNum = monNum + 1
        compteur = compteur + 1
    Loop Until monNum = 10
    MsgBox "La boucle a effectué " & compteur & " itérations."
End Sub
```

Les boucles For...Next

Les instructions **For...Next** permettent de répéter un bloc d'instructions un certain nombre de fois. Ajoutez des valeurs **début** et **fin** pour indiquer à VBA le nombre de passages dans la boucle ; ces valeurs peuvent être des entiers, des variables, voire des expressions complexes. Pendant le fonctionnement de la boucle, une variable **compteur** mémorise le nombre de passages complets. Lorsque la valeur du compteur est égale à celle de fin, la boucle est terminée. La syntaxe est donc la suivante :

```
For Compteur = début To Fin
<Instructions à exécuter à chaque passage dans la boucle>
Next Compteur
```

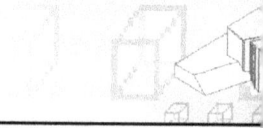

La procédure suivante affiche dans la fenêtre Exécution de VBA (Ctrl+G pour l'afficher) un message indiquant le nombre de passages dans la boucle (fig.5.75) :

```
Sub Compter()
Dim i As Integer
For i=1 to 10
Debug.Print "Passage numéro "&i
Next i
End Sub
```

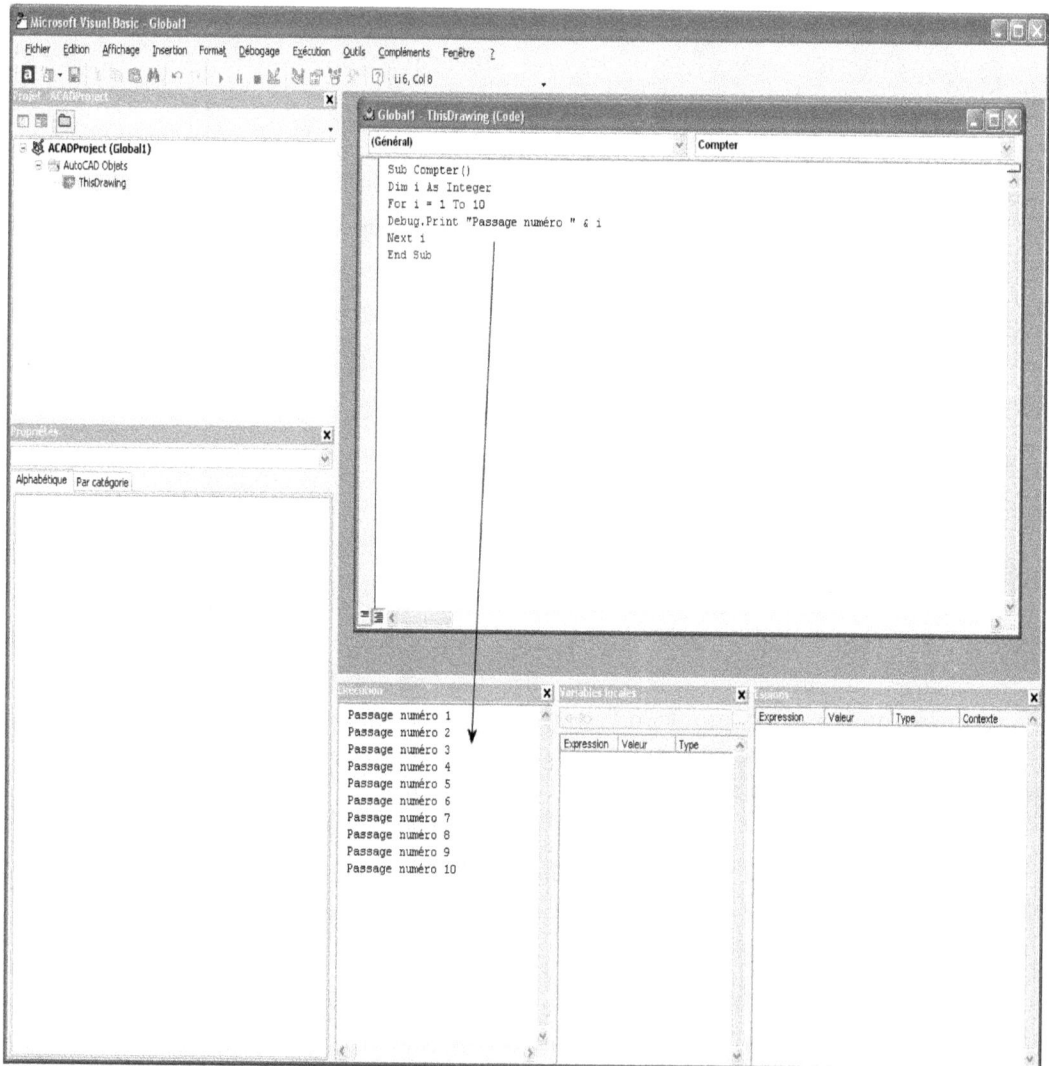

Fig.5.75

Le mot-clé **Step** permet d'incrémenter ou de décrémenter la variable de compteur d'un pas spécifié. Dans l'exemple suivant, la variable de compteur j est incrémentée de 2 à chaque itération. A la fin de la boucle, **total** correspond à la somme de 2, 4, 6, 8 et 10.

```
Sub Total1()
Dim i As Integer
    For i = 2 To 10 Step 2
        total = total + i
    Next i
    MsgBox "Le total est de " & total
End Sub
```

Pour décrémenter la variable du compteur, utilisez une valeur **Step** négative. Dans ce cas, vous devez spécifier une valeur de fin inférieure à la valeur de début. Dans l'exemple suivant, la variable de compteur monNum est décrémentée de 2 à chaque itération. Une fois la boucle terminée, total correspond à la somme de 16, 14, 12, 10, 8, 6, 4 et 2.

```
Sub Total2()
    For monNum = 16 To 2 Step -2
        total = total + monNum
    Next monNum
    MsgBox "Le total est de " & total
End Sub
```

REMARQUES

Il n'est pas nécessaire d'inclure le nom de la variable du compteur après l'instruction NEXT. Dans les exemples précédents, ce nom était inclus pour simplifier la lecture de l'exemple.

Une instruction EXIT FOR permet de quitter l'instruction FOR...NEXT avant que le compteur n'atteigne sa valeur de fin. Par exemple, lorsqu'une erreur se produit, utilisez l'instruction EXIT FOR dans le bloc d'instructions TRUE d'une instruction IF...THEN...ELSE ou SELECT CASE qui vérifie spécifiquement cette erreur. Si l'erreur ne se produit pas, l'instruction IF...THEN...ELSE prend la valeur FALSE, et la boucle se poursuit normalement.

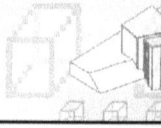

Les boucles For Each...Next

Les instructions **For Each...Next** répètent un bloc d'instructions pour chaque objet d'une collection ou pour chaque élément d'un tableau. VBA définit automatiquement une variable à chaque itération de la boucle. La syntaxe est la suivante :

```
For Each <élément> In <collection>
<instructions>
Next <élément>
```

L'exemple suivant affiche la liste des calques dans la fenêtre Exécution de VBA (fig.5.76) :

```
Sub AffichageCalques
Dim Calque As AcadLayer
For Each Calque In ThisDrawing.Layers
Debug.Print Calque.Name
Next Calque
End Sub
```

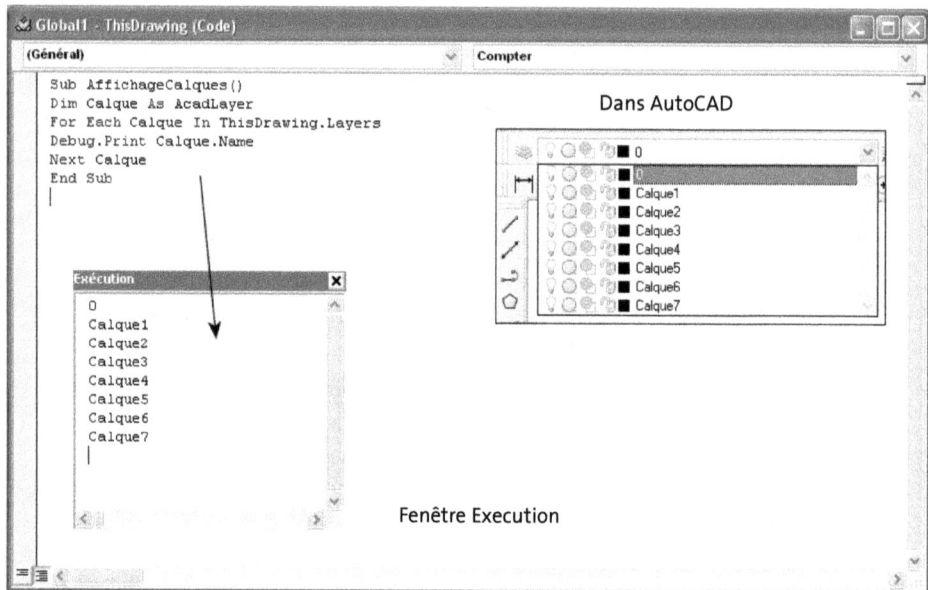

Fig.5.76

Exécution de plusieurs instructions sur le même objet

Dans VBA, vous devez généralement spécifier un objet avant de pouvoir exécuter l'une de ses méthodes ou modifier l'une de ses propriétés. L'instruction **With** permet de spécifier en une fois un objet pour toute une série d'instructions.

L'exemple qui suit illustre une procédure avec et sans l'instruction With :

```
Sans With
Dim monCalque As AcadLayer
monCalque = ThisDrawing.ActiveLayer
monCalque.Color = acBlue
monCalque.Linetype = "Continuous"
monCalque.Lineweight = acLnWtByLwDefault
monCalque.Freeze = False
monCalque.LayerOn= True
monCalque.Lock = False


Avec With

Dim mon Calque As AcadLayer
monCalque = ThisDrawing.ActiveLayer
With monCalque
.Color =  acBlue
.Linetype = "Continuous"
.Lineweight = acLnWtByLwDefault
.Freeze = False
.LayerOn= True
.Lock = False
```

La gestion des erreurs

La plupart des environnements de développement disposent, par défaut, d'une fonction de gestion des erreurs. Dans VBA, la réaction par défaut à une erreur consiste à afficher un message d'erreur et à fermer l'application. Cette réaction étant appropriée dans la phase de développement d'une application, elle n'est pas efficace pour l'utilisateur final. Il existe, en effet, des erreurs que vous voulez ignorer ou pour lesquelles vous souhaitez apporter des solutions spécifiques. Pour d'autres, vous souhaiterez supprimer le message d'erreur qui les accompagne ou simplement contrôler le message affiché sur l'écran de l'utilisateur. Par ailleurs, la fermeture automatique de l'application est rarement acceptable pour l'utilisateur final.

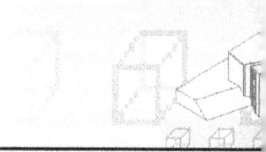

En règle générale, la gestion des erreurs est nécessaire lorsqu'une entrée utilisateur est obligatoire ou lorsque des E/S de fichier sont utilisées.

Les types d'erreur

Il existe trois types d'erreurs différents que vous êtes susceptible de rencontrer dans vos applications : erreurs de compilation, erreurs d'exécution et erreurs logiques.

▶ **Les erreurs de compilation** : elles se produisent lors de la construction de l'application. Il s'agit essentiellement d'erreurs de syntaxe, de problèmes d'étendue des variables ou de fautes de frappe. Dans VBA, ces types d'erreur sont détectés par l'environnement de développement. Lorsque vous entrez une ligne de code incorrecte, elle est mise en surbrillance et un message d'erreur s'affiche pour vous signaler le problème. Les erreurs de compilation doivent être corrigées avant l'exécution de l'application.

▶ **Les erreurs d'exécution** : elles sont plus difficiles à détecter et à corriger. Elles se produisent lors de l'exécution du code et impliquent souvent la réception d'informations de l'utilisateur. Par exemple, si l'application demande à l'utilisateur d'entrer le nom d'un dessin et que l'utilisateur entre un nom qui n'existe pas, une erreur d'exécution se produit. Pour traiter ce type d'erreur efficacement, vous devez prévoir quels types de problèmes risquent de se produire, les détecter et écrire le code capable de gérer ce genre de situation.

▶ **Les erreurs logiques** : elles sont les plus difficiles à détecter et à corriger. En général, lorsqu'aucune erreur de compilation ou d'exécution n'apparaît, mais que la sortie du programme est incorrecte, il s'agit d'une erreur logique. Ce type d'erreur est appelé « bogue » par les programmeurs et peut être détecté facilement ou avec beaucoup de difficultés.

Les erreurs propres à AutoCAD tombent dans la catégorie des erreurs d'exécution et sont traitées plus en détails ci-après.

La récupération d'erreurs d'exécution

Dans VBA les erreurs d'exécution sont récupérées via l'instruction On Error. Cette instruction crée une sorte de piège pour le système. Lorsqu'une erreur survient, elle détourne automatiquement le traitement vers le système de gestion des erreurs spécifiquement conçu à cet effet. Cela signifie que le système de gestion des erreurs par défaut du programme n'est pas utilisé.

L'instruction On Error peut prendre trois formes :

▶ On Error Resume Next

▶ On Error GoTo Label

▶ On Error GoTo 0

L'instruction On Error Resume Next

L'instruction On Error Resume Next est utilisée lorsque vous voulez ignorer des erreurs. Elle récupère l'erreur, et au lieu d'afficher un message d'erreur et de mettre fin au programme, elle passe à la ligne de code suivante et poursuit le traitement.

Supposons que vous souhaitiez créer un sous-programme pour effectuer une itération dans l'espace objet et changer la couleur de chaque entité. Vous savez qu'AutoCAD va produire une erreur si vous essayez de colorer une entité figurant sur un calque verrouillé. Or, au lieu de fermer le programme, vous pouvez ignorer l'entité figurant sur le calque verrouillé et continuer à traiter les autres entités. L'instruction On Error Resume Next permet d'effectuer cette opération.

Le sous-programme qui suit itère l'espace objet et affiche chaque entité en vert. Essayez d'exécuter ce sous-programme sur un dessin comportant plusieurs entités, certaines d'entre elles figurant sur un calque verrouillé. Supprimez ensuite l'instruction On Error Resume Next et exécutez de nouveau le sous-programme. Vous remarquerez que le sous-programme se termine lorsqu'il atteint la première entité figurant sur le calque verrouillé (fig.5.77).

```
Sub Exemple_CouleurEntités()
Dim entite As Object
    On Error Resume Next
    For Each entite In ThisDrawing.ModelSpace
        entite.Color = acGreen
    Next entry
End Sub
```

L'instruction On Error GoTo Label

L'instruction On Error GoTo Label est utilisée lorsque vous voulez créer un module explicite de gestion des erreurs. Elle récupère l'erreur, et au lieu d'afficher un message d'erreur et de mettre fin au programme, elle passe directement à un endroit spécifique du code. Ce dernier peut ensuite répondre à l'erreur de la façon la plus appropriée pour votre application. Par exemple, vous pouvez poursuivre l'exemple cité précédemment et afficher un message contenant le descripteur de chaque entité figurant sur le calque verrouillé.

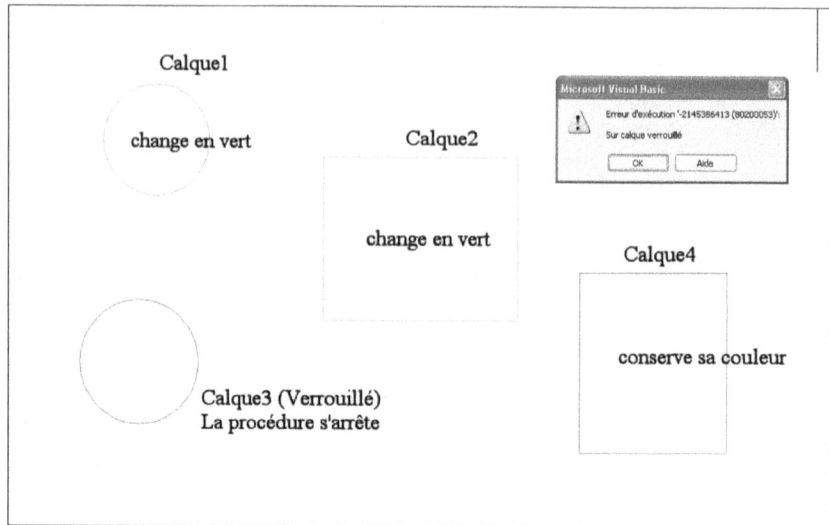

Fig.5.77

Le sous-programme qui suit itère l'espace objet et affiche chaque entité en rouge. Pour chaque entité du calque verrouillé, le module de gestion des erreurs affiche un message d'erreur personnalisé et le descripteur de cette entité. Essayez d'exécuter ce sous-programme sur un dessin comportant plusieurs entités, certaines d'entre elles figurant sur un calque verrouillé. Supprimez ensuite l'instruction On Error GoTo MyErrorHandling et exécutez de nouveau le sous-programme. Vous remarquerez que le sous-programme se termine lorsqu'il atteint la première entité figurant sur le calque verrouillé (fig.5.78).

```
Sub Exemple_ CouleurEntités2()
    Dim entite As Object
    On Error GoTo GestionErreur
    For Each entry In ThisDrawing.ModelSpace
        entite.Color = acRed
    Next entry
    Exit Sub
GestionErreur:
    Msgbox entite.EntityName & " est sur un calque verrouillé
    Resume Next
End Sub
```

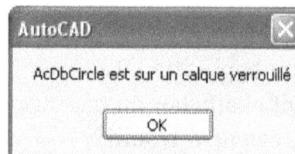

Fig.5.78

REMARQUES

Il faut quitter la sous-routine via Exit Sub avant de définir la gestion des erreurs.

L'instruction On Error GoTo o annule le module de gestion des erreurs actif. Les instructions On Error Resume Next et On Error GoTo Label restent en vigueur jusqu'à la fin du sous-programme, jusqu'à ce qu'un autre module de gestion des erreurs soit déclaré ou que le module actif soit annulé via l'instruction On Error GoTo o.

Cas pratiques

Dessin d'un triangle avec un angle et un côté comme données

1 Ouvrez l'éditeur VBA.

2 Insérez une fenêtre UserForm et un module à partir du menu Insérer (Insert).

3 Créez la boîte de dialogue comme illustré à la figure 5.79 : deux intitulés (Label), deux zones de texte (TextBox) et un bouton de commande (Command Button).

4 Changez le texte du bouton en Dessin du triangle.

5 Cliquez deux fois sur le bouton et entrez le code suivant (en gras) (fig.5.80) :

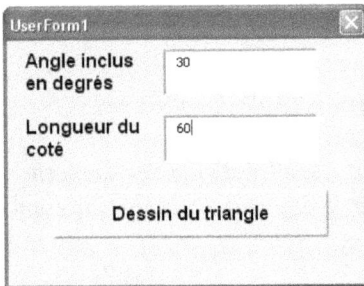

Fig.5.79

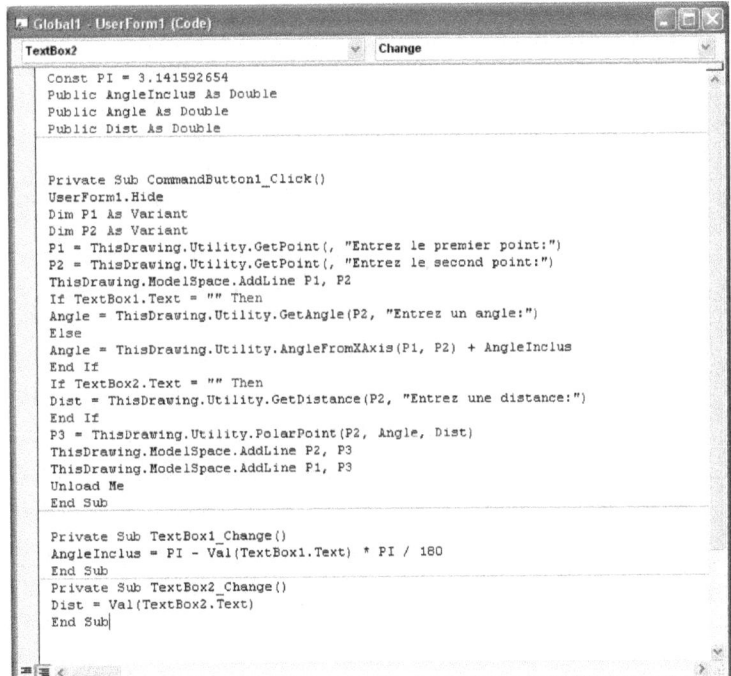

```
Const PI = 3.141592654
Public AngleInclus As Double
Public Angle As Double
Public Dist As Double


Private Sub CommandButton1_Click()
UserForm1.Hide
Dim P1 As Variant
Dim P2 As Variant
P1 = ThisDrawing.Utility.GetPoint(, "Entrez le premier point:")
P2 = ThisDrawing.Utility.GetPoint(, "Entrez le second point:")
ThisDrawing.ModelSpace.AddLine P1, P2
If TextBox1.Text = "" Then
Angle = ThisDrawing.Utility.GetAngle(P2, "Entrez un angle:")
Else
Angle = ThisDrawing.Utility.AngleFromXAxis(P1, P2) + AngleInclus
End If
If TextBox2.Text = "" Then
Dist = ThisDrawing.Utility.GetDistance(P2, "Entrez une distance:")
End If
P3 = ThisDrawing.Utility.PolarPoint(P2, Angle, Dist)
ThisDrawing.ModelSpace.AddLine P2, P3
ThisDrawing.ModelSpace.AddLine P1, P3
Unload Me
End Sub

Private Sub TextBox1_Change()
AngleInclus = PI - Val(TextBox1.Text) * PI / 180
End Sub
Private Sub TextBox2_Change()
Dist = Val(TextBox2.Text)
End Sub
```

Fig.5.80

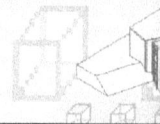

Déclaration de variables publiques qui peuvent être utilisées par n'importe quel module du projet

```
Const PI = 3.141592654
Public AngleInclus As Double
Public Angle As Double
Public Dist As Double
```

Définition du bouton de commande

```
Private Sub CommandButton1_Click()
```

La boîte de dialogue est cachée afin de porter l'attention sur l'interface graphique d'AutoCAD

```
UserForm1.Hide
```

Déclaration de variables et dessin d'une ligne passant par les points P1 et P2

```
Dim P1 As Variant
Dim P2 As Variant
P1 = ThisDrawing.Utility.GetPoint(, "Entrez le premier point:")
P2 = ThisDrawing.Utility.GetPoint(, "Entrez le second point:")
ThisDrawing.ModelSpace.AddLine P1, P2
```

Contrôle du contenu de la zone de texte TextBox1, si elle est vide c'est la méthode GetAngle qui est utilisée pour une entrée de données via la zone de commande.

```
If TextBox1.Text = "" Then
Angle = ThisDrawing.Utility.GetAngle(P2, "Entrez un angle:")
Else
Angle = ThisDrawing.Utility.AngleFromXAxis(P1, P2) + AngleInclus
End If
```

Contrôle du contenu de la zone de texte TextBox2, si elle est vide c'est la méthode GetDistance qui est utilisée pour une entrée de données via la zone de commande.

```
If TextBox2.Text = "" Then
Dist = ThisDrawing.Utility.GetDistance(P2, "Entrez une distance:")
End If
```

Dessin de la base, du second et du troisième côté du triangle

```
P3 = ThisDrawing.Utility.PolarPoint(P2, Angle, Dist)
ThisDrawing.ModelSpace.AddLine P2, P3
ThisDrawing.ModelSpace.AddLine P1, P3
Unload Me
End Sub
```

Si une valeur est entrée dans les zones de texte TextBox1 et TextBox2, le code
suivant convertit le texte en valeurs numériques

```
Private Sub TextBox1_Change()
AngleInclus = PI - Val(TextBox1.Text) * PI / 180
End Sub
Private Sub TextBox2_Change()
Dist = Val(TextBox2.Text)
End Sub
```

6 Entrez le code suivant dans la fenêtre de code du module1 (fig.5.81)

```
Sub Triangle()
UserForm1.Show
End Sub
```

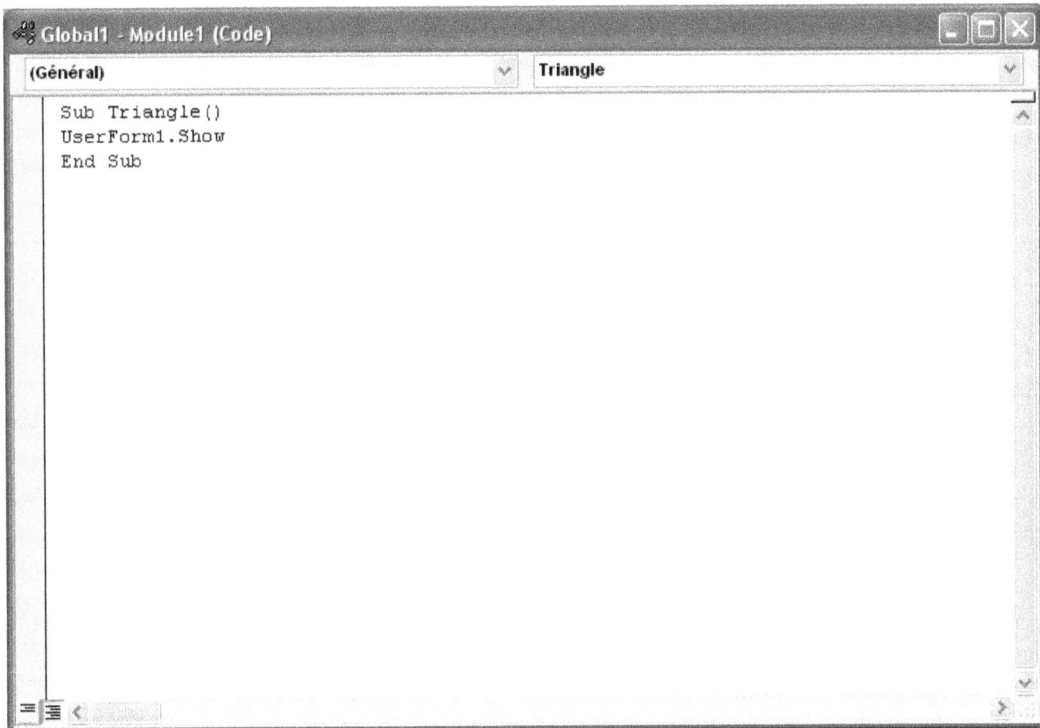

Fig.5.81

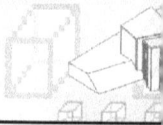

7 Enregistrez le projet via **Fichier** (File) › **Enregistrer** (Save) et entrez le nom triangle.dvb.

8 Quittez l'interface VBA en cliquant sur le bouton **Affichage AutoCAD** (View AutoCAD).

9 Cliquez sur le menu **Outils** (Tools) puis **Macro VBA** et **Macros.**

10 Cliquez sur **Exécuter** (Run).

11 Entrez les valeurs dans la boîte de dialogue et cliquez sur Dessin du triangle.

12 Pointez les points P1 et P2. Le triangle est dessiné (fig.5.82).

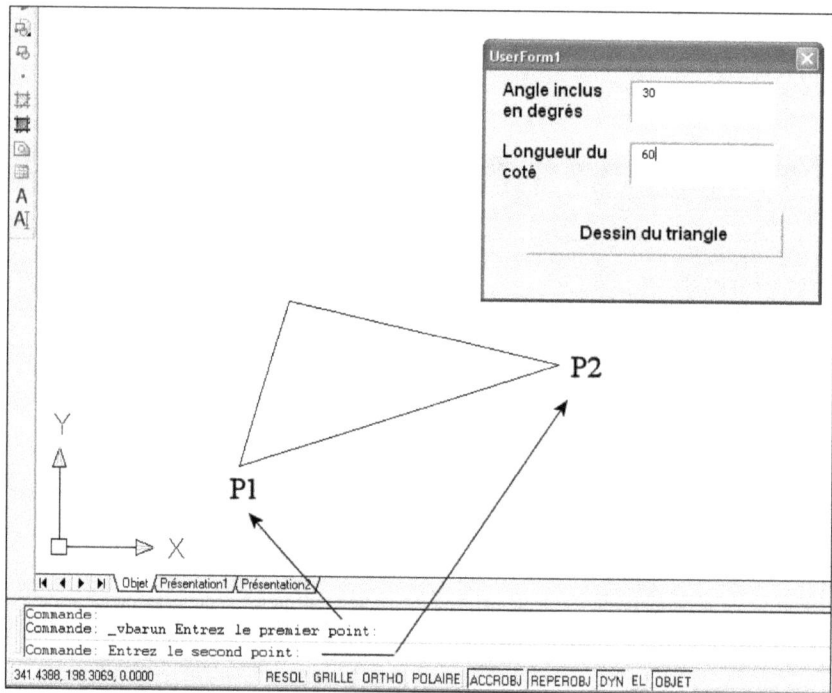

Fig.5.82

Comptage et liste des blocs d'un dessin

Dans cet exercice, nous allons créer une boîte de dialogue pour compter le nombre de blocs contenus dans un dessin (fig.5.83). Elle comprend deux zones de liste (ListBox) et deux boutons de commande. Le premier bouton (CommandButton1) va parcourir l'ensemble des blocs contenus dans la collection Block du dessin et va afficher les noms dans la zone de liste ListBox1. Il va ensuite parcourir le contenu des noms de ListBox1 et afficher la quantité de chaque bloc dans la zone de texte ListBox2. Certaines précisions concernant les blocs méritent d'être détaillées avant d'aborder l'exercice. Il s'agit de :

▶ **ThisDrawing.Blocks :** la collection des blocs.

▶ **ThisDrawingBlocks.Count :** nombre de blocs dans la collection Blocks.

▶ **ThisDrawing.Blocks.Item (Index) :** spécification par un Index d'un membre de la collection Blocks. L'index peut être un entier ou une chaîne de caractères.

▶ **ThisDrawing.Blocks.Item (Index).Name :** nom du bloc spécifié par l'Index de la méthode Item.

▶ **acBlockReference :** une référence de bloc insérée dans le dessin.

Le code est le suivant (fig.5.83) :

Définition du bouton de commande

```
Sub CommandButton1_Click()
```

Déclaration de variables

```
Dim i, j, totalBlocs As Integer
Dim nomBloc  As String
Dim entite As Object
```

Calcul du nombre de blocs dans le dessin

```
totalBlocs = ThisDrawing.Blocks.Count
```

Recherche des noms de blocs et affichage dans ListBox1

```
For i = 0 To totalBlocs - 1
nomBloc = ThisDrawing.Blocks.Item(i).Name
If Not Mid$(nomBloc, 1, 1) = "*" Then ListBox1.AddItem nomBloc
Next i
```

Comptage du nombre de blocs par type et affichage dans ListBox2

```
For i = 0 To ListBox1.ListCount - 1
nomBloc = ListBox1.List(i): totalBlocs = 0
For j = 0 To ThisDrawing.ModelSpace.Count - 1
Set entite = ThisDrawing.ModelSpace.Item(j)
If entite.EntityType = acBlockReference And entite.Name = nomBloc Then
totalBlocs = totalBlocs + 1
Next j
ListBox2.AddItem totalBlocs
Next i
End Sub
```

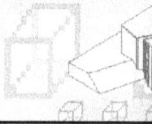

Définition du bouton Quitter

```
Sub CommandButton2_Click()
Unload Me
End Sub
```

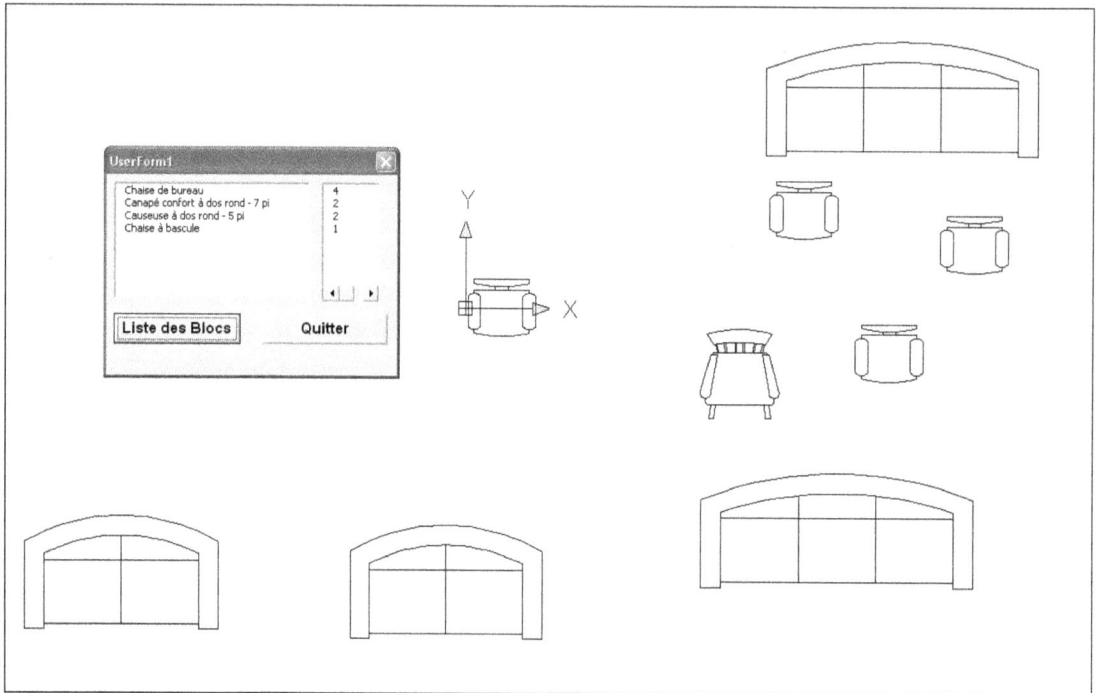

Fig.5.83

L'objectif de cet exercice est de calculer la somme des longueurs des lignes présentes sur un calque donné (fig.5.84) :

Déclaration des variables

```
Sub ad_TotalLignes()
```

Définition du calque concerné

```
Dim objLigne As AcadObject
Dim longTotale As Double
Dim nomCalque As String

nomCalque = "0"
longTotale = 0
```

Parcours du dessin et contrôle des objets ligne (AcDbLine) et des calques, afin de vérifier que l'objet est bien une ligne et qu'il est situé sur le calque spécifié

```
For Each objLigne In ThisDrawing.ModelSpace
   If objLigne.ObjectName = "AcDbLine" Then
      If objLigne.Layer = nomCalque Then
         longTotale  = longTotale  + objLigne.Length
      End If
   End If
Next obj.Ligne
```

Affichage du résultat

```
MsgBox "Le Total des longueurs des lignes" & vbCr & _
   "sur le calque " & nomCalque & " est:" & vbCr & _
   longTotale
End Sub
```

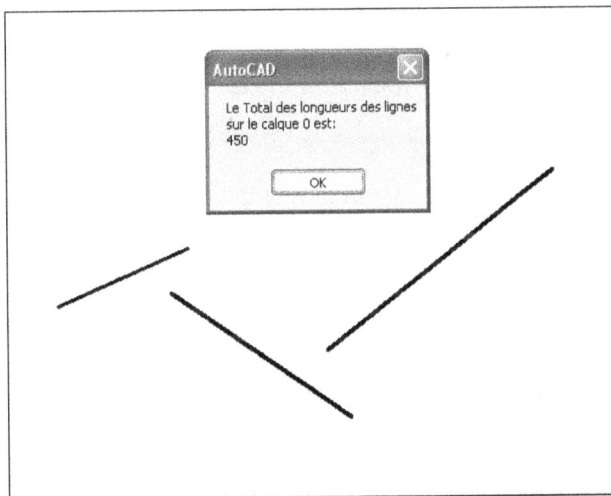

Fig.5.84

Les liens avec d'autres programmes

La liaison d'AutoCAD avec d'autres applications comme Excel par exemple permet de rendre son usage encore plus performant. Dans les exemples qui suivent nous allons envoyer des données vers Excel. Ils sont inspirés du cours VBA donné dans le cadre de l'Autodesk University.

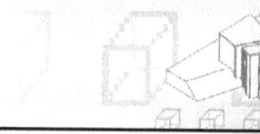

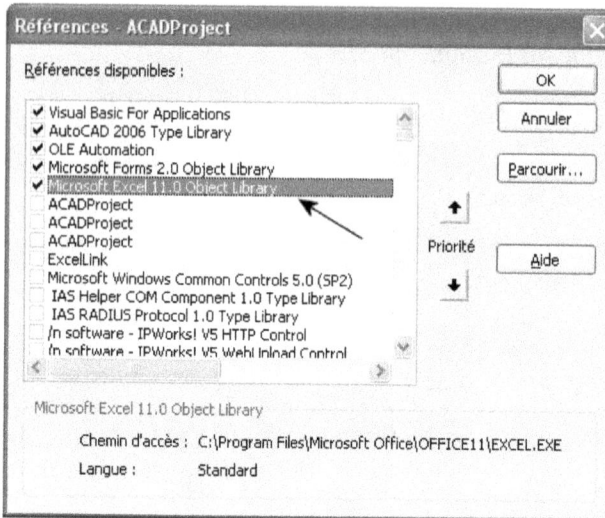

AutoCAD VBA ne reconnaît pas par défaut les objets Excel. Vous devez donc activer cette reconnaissance via le menu OUTILS (Tools) > RÉFÉRENCES (References) de l'éditeur VBA (fig.5.85).

Fig.5.85

Exemple 1 : envoi de données vers Excel

Etape 1 : ouvrir et établir un lien avec Excel

Avant de pouvoir envoyer des données vers Excel, vous devez vérifier si Excel est chargé et si c'est le cas établir un lien avec celui-ci. Si ce n'est pas le cas vous devez d'abord charger Excel. Nous allons créer une fenêtre avec deux boutons (Ouvrir Excel et Fermer Excel) puis ajouter le code pour chacun d'eux (fig.5.86-5.87).

La fonction GetObject suppose que Excel est déjà chargé. Si ce n'est pas le cas une erreur (condition différente de zéro) est générée et la fonction CreateObject est utilisée pour charger Excel. Si Excel ne peut être chargé pour une raison ou l'autre, un autre message indique « Impossible de démarrer Excel ». Si Excel a pu être chargé, il est rendu visible par « applicationExcel.Visible = True » et un classeur est ajouté avec la première feuille active. Le second bouton permet de fermer Excel avec l'instruction « applicationExcel.Quit ».

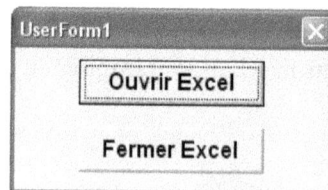

Fig.5.86

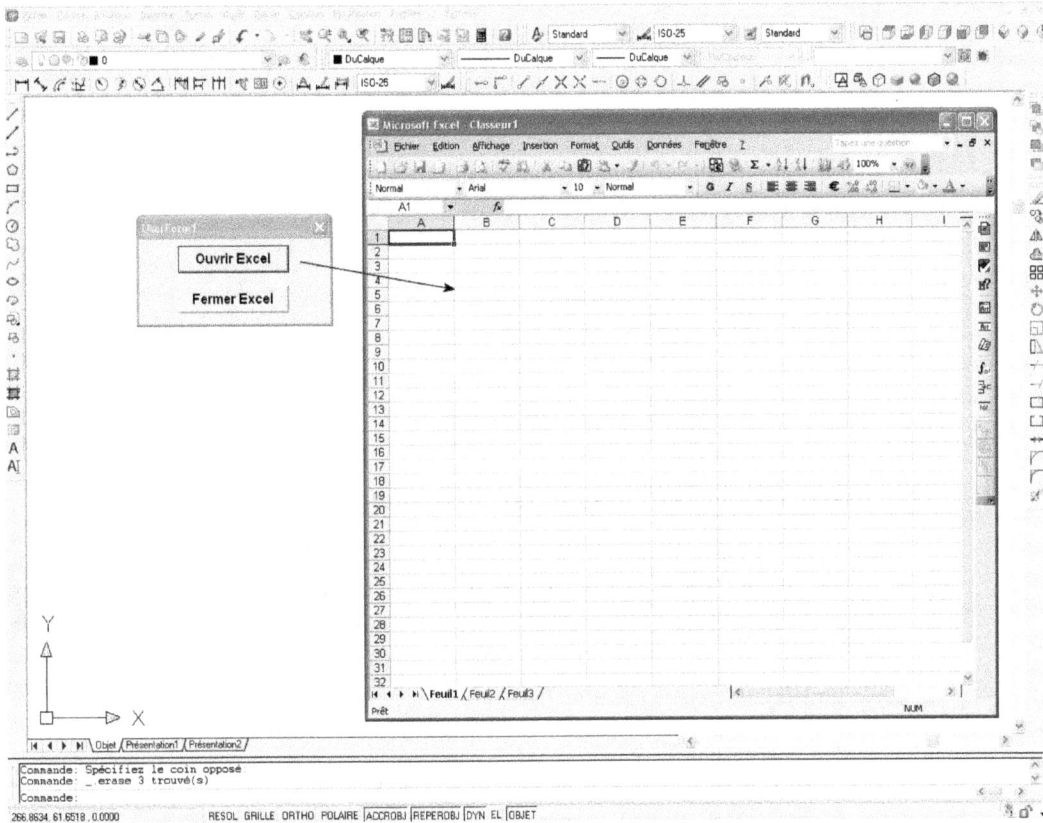

Fig.5.87

Déclaration de variables pour l'ensemble du projet (l'application Excel, le classeur Excel et la feuille Excel)

```
Public applicationExcel As Object
Public classeurExcel As Object
Public feuilleExcel As Object
```

Création du bouton Ouvrir Excel

```
Sub CommandButton1_Click()
On Error Resume Next
Set applicationExcel = GetObject(, "Excel.Application")
If Err <> 0 Then
    Err.Clear
    Set applicationExcel = CreateObject("Excel.Application")
```

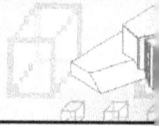

```
        If Err <> 0 Then
            MsgBox "Impossible de démarrer Excel", vbExclamation
            End
        End If
End If
applicationExcel.Visible = True
Set classeurExcel = applicationExcel.Workbooks.Add
Set feuilleExcel = applicationExcel.Worksheets(1)
End Sub
```

Création du bouton Fermer Excel

```
Sub CommandButton2_Click()
applicationExcel.Quit
End Sub
```

Etape 2 : envoyer du contenu vers des cellules Excel

Pour envoyer du contenu vers Excel, il faut d'abord définir quelle feuille Excel sera utilisée (Woorksheet) et ensuite quelle cellule (rangée et colonne). Nous allons ajouter un troisième bouton pour envoyer les données. Il est important d'utiliser les variables adéquates lors de l'envoi des valeurs dans les cellules. Le code est le suivant (fig.5.88) :

```
Sub CommandButton3_Click()
Set feuilleExcel = classeurExcel.Worksheets(1)
Dim valeur1 As Integer
Valeur1=1
Dim valeur2 As Double
Valeur2=1.5
Dim valeur3 As String
Valeur3= "texte"
feuilleExcel.Cells(1, 1).Value = valeur1
feuilleExcel.Cells(2, 1).Value = valeur2
feuilleExcel.Cells(3, 1).Value = valeur3
End Sub
```

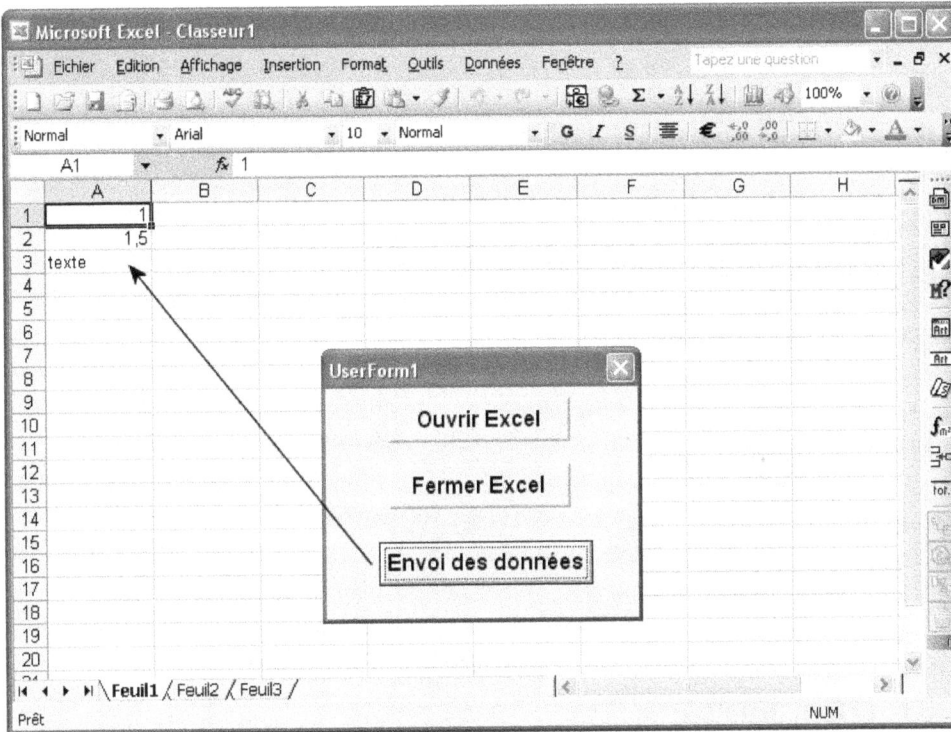

Fig.5.88

Etape 3 : envoyer des plages de données et des formules vers Excel

Dans cette étape nous allons ajouter un quatrième bouton pour envoyer une plage de données et des formules. La fonction With permet d'éviter de devoir encoder le nom de la feuille à chaque fois. Outre les valeurs, vous pouvez aussi définir le format des cellules (nom de la police, taille et style). Le code est le suivant (fig.5.89) :

```
Sub CommandButton4_Click()
Set feuilleExcel = classeurExcel.Worksheets(1)
With feuilleExcel.Range("A1:B2")
.Font.Name = "Arial"
.Font.Size = 10
.Font.Bold = True
.Value = 4
End With
Range("A3").Formula = "@average(A1:A2)"
```

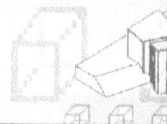

```
Range("B3").Formula = "@sum(B1:B2)"
Range("C3").Formula = "= A3-B3"
End Sub
```

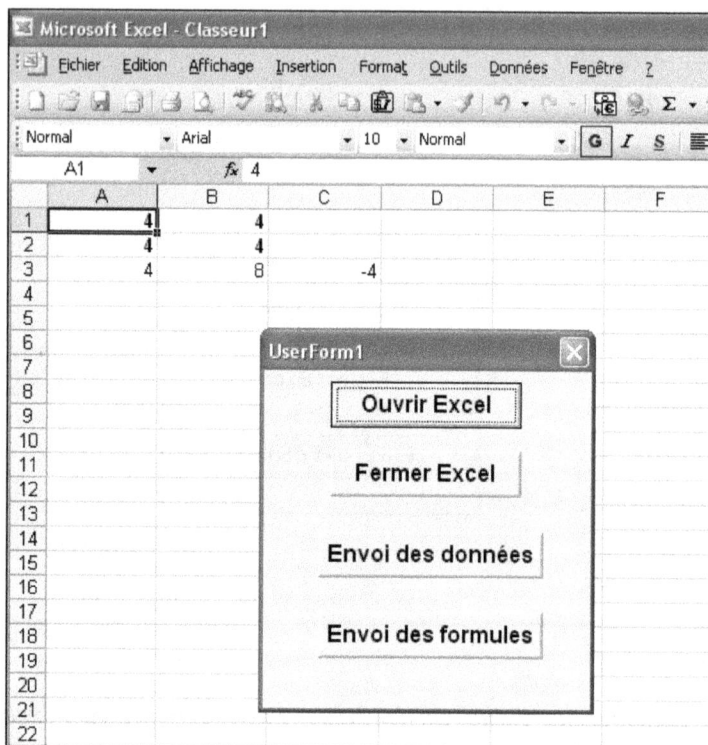

Fig.5.89

Exemple 2 : envoi d'une liste de blocs vers Excel

Pour cet exercice nous allons compléter l'exercice 2 du point 12 en envoyant les résultats dans Excel. Pour cela nous allons ajouter un troisième bouton de commande dont le code est le suivant :

```
Sub CommandButton3_Click()
On Error Resume Next
Set applicationExcel = GetObject(, "Excel.Application")
If Err <> 0 Then
Err.Clear
Set applicationExcel = CreateObject("Excel.Application")
If Err <> 0 Then
```

```
MsgBox "Impossible de démarrer Excel!", vbExclamation
End
End If
End If
applicationExcel.Visible = True
Set classeurExcel = applicationExcel.Workbooks.Add
Set feuilleExcel = applicationExcel.Worksheets(1)
feuilleExcel.Name = "Comptage des Blocs"
Dim i, j, totalBlocs As Integer
Dim nomBloc As String
j = 1
For i = 0 To ListBox1.ListCount - 1
nomBloc = ListBox1.List(i)
totalBlocs = ListBox2.List(i)
feuilleExcel.Cells(j, 1).Value = nomBloc
feuilleExcel.Cells(j, 2).Value = totalBlocs
j = j + 1
Next i
End Sub
```

Le code complet est le suivant (fig.5.90) :

```
Public applicationExcel As Object
Public classeurExcel As Object
Public feuilleExcel As Object

Sub CommandButton1_Click()
Dim i, j, totalBlocs As Integer
Dim nomBloc As String
Dim entite As Object
totalBlocs = ThisDrawing.Blocks.Count
For i = 0 To totalBlocs - 1
nomBloc = ThisDrawing.Blocks.Item(i).Name
If Not Mid$(nomBloc, 1, 1) = "*" Then ListBox1.AddItem nomBloc
Next i
For i = 0 To ListBox1.ListCount - 1
nomBloc = ListBox1.List(i): totalBlocs = 0
For j = 0 To ThisDrawing.ModelSpace.Count - 1
Set entite = ThisDrawing.ModelSpace.Item(j)
If entite.EntityType = acBlockReference And entite.Name = nomBloc Then
totalBlocs = totalBlocs + 1
Next j
ListBox2.AddItem totalBlocs
```

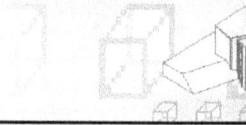

```
Next i
End Sub


Sub CommandButton2_Click()
Unload Me
End Sub


Sub CommandButton3_Click()
On Error Resume Next
Set applicationExcel = GetObject(, "Excel.Application")
If Err <> 0 Then
Err.Clear
Set applicationExcel = CreateObject("Excel.Application")
If Err <> 0 Then
MsgBox "Impossible de démarrer Excel!", vbExclamation
End
End If
End If
applicationExcel.Visible = True
Set classeurExcel = applicationExcel.Workbooks.Add
Set feuilleExcel = applicationExcel.Worksheets(1)
feuilleExcel.Name = "Comptage des Blocs"
Dim i, j, totalBlocs As Integer
Dim nomBloc As String
j = 1
For i = 0 To ListBox1.ListCount - 1
nomBloc = ListBox1.List(i)
totalBlocs = ListBox2.List(i)
feuilleExcel.Cells(j, 1).Value = nomBloc
feuilleExcel.Cells(j, 2).Value = totalBlocs
j = j + 1
Next i
End Sub
```

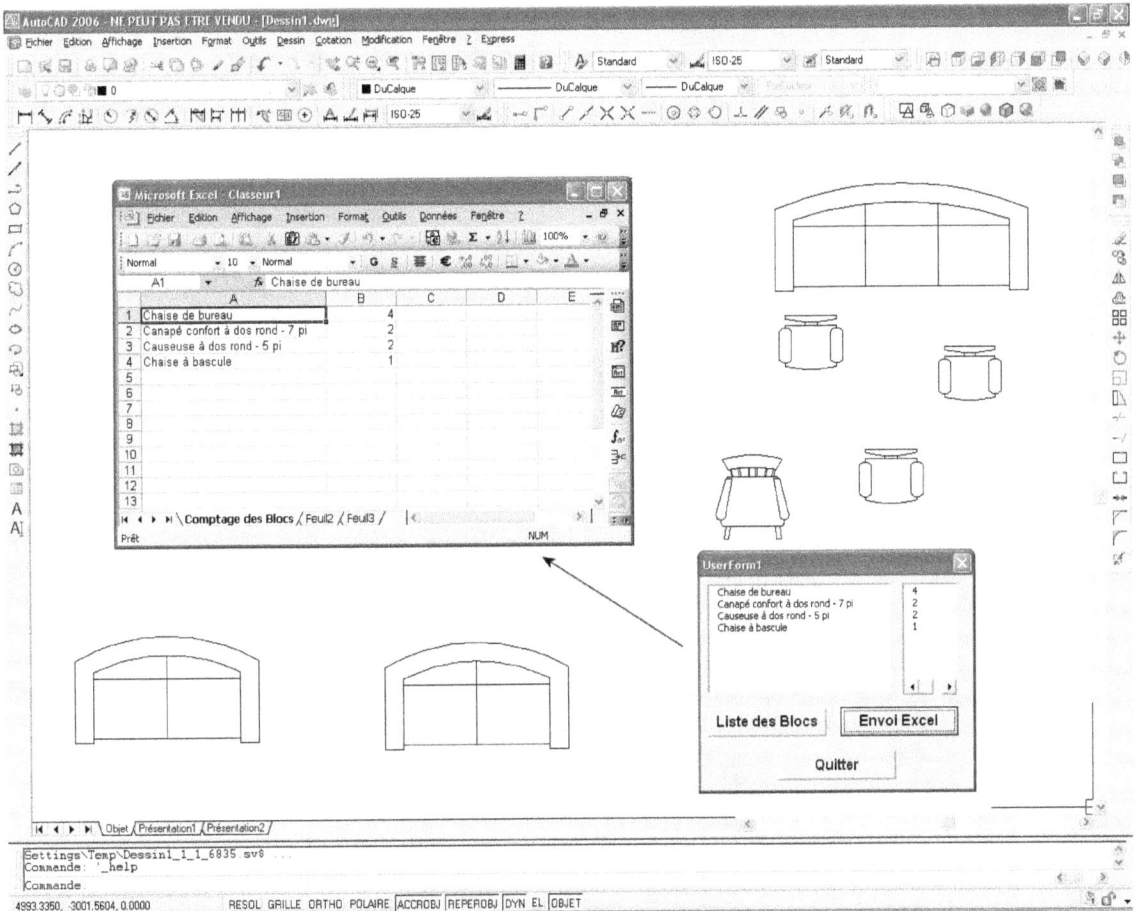

Fig.5.90

Exemple 3 : métré de matériaux

Dans cet exemple nous allons réaliser un métré de matériaux basé sur des contours
en polylignes placés sur des calques spécifiques. Prenons l'exemple d'un projet de
construction pour lequel on souhaite avoir le coût total des différents revêtements
de sol. Il faut au préalable préparer le travail dans Excel et dans AutoCAD.

Dans Excel (fig.5.91) :

▶ Dans la colonne A nous allons indiquer le nom des matériaux
qui correspondent à des calques dans AutoCAD.

▶ Dans la colonne B nous allons placer le coût unitaire par m²
des matériaux.

	A	B
	Matériaux	Prix m2
1		
2	Béton	15
3	Carrelage	20
4	Tapis	10
5	Parquet	40
6		

Fig.5.91

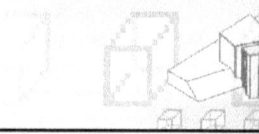

Dans AutoCAD (fig.5.92) :

▶ Représentation des matériaux à l'aide de polylignes fermées.

▶ Chaque matériau se trouve sur un calque dont le nom correspond celui défini dans Excel.

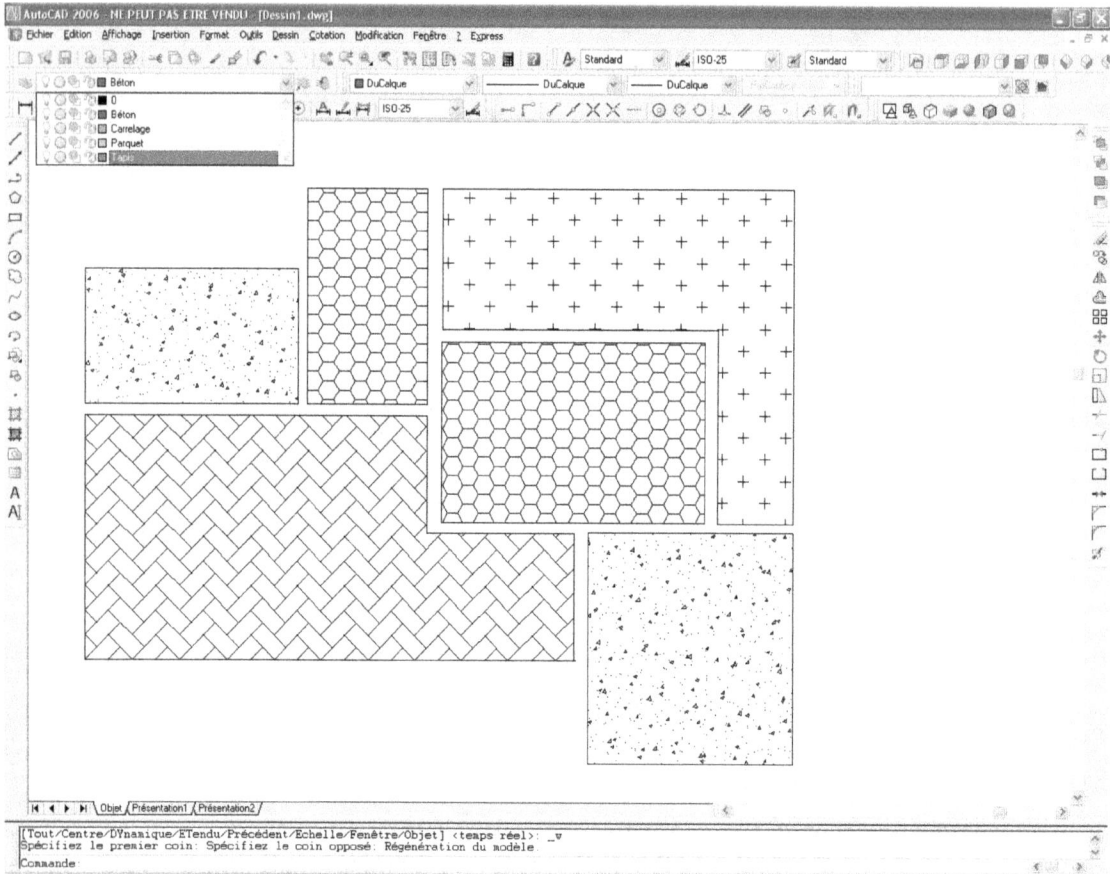

Fig.5.92

La procédure est la suivante (fig.5.93) :

1 Réalisez une boîte de dialogue avec deux boutons, un intitulé (Label) et une zone de texte (TextBox).

2 Déclarez les variables pour l'ensemble du projet :

```
Public applicationExcel As Object
Public classeurExcel As Object
Public feuilleExcel As Object
```

③ Entrez le code pour le bouton de commande « Calcul du coût total »

Création du bouton

```
Sub CommandButton1_Click()
```

Vérification de l'existance d'Excel

```
On Error Resume Next
Set applicationExcel = CreateObject("Excel.Application")
If Err <> 0 Then
Err.Clear
MsgBox "Impossible de démarrer Excel!", vbExclamation
End
End If
applicationExcel.Visible = True
```

Définition du classeur (chargement du fichier couts.xls) et de la feuille Excel

```
Set classeurExcel = Workbooks.Open(filename:="c:\couts.xls")
Set feuilleExcel = classeurExcel.Worksheets(1)
```

Déclaration des variables

```
Dim i, j As Integer
Dim prixUnit, surface, coutTotal As Double
Dim nomCalque As String
Dim entite As Object
i = 1: surface1 = 0#: surface2 = 0#: coutTotal = 0#
nomCalque = feuilleExcel.Cells(i, 1).Value
prixUnit = feuilleExcel.Cells(i, 2).Value
```

Création d'une boucle qui contrôle l'existance de textes dans la colonne A. Arrêt s'il n'y a plus de texte. Ensuite, pour chaque cellule non vide trouvée en A prendre la valeur de prix dans la colonne B

```
Do While Not (nomCalque = "")
For j = 0 To ThisDrawing.ModelSpace.Count - 1
Set entite = ThisDrawing.ModelSpace.Item(j)
```

Recherche de polylignes (EntityType 24) dans la base de données du dessin

```
If entite.EntityType = 24 And entite.Layer = nomCalque Then
```

Calcul des surfaces de chaque polyligne

```
surface1 = entite.Area
surface2 = surface2 + surface1
End If
Next j
```

Calcul du coût total

```
coutTotal = coutTotal + (surface2 * prixUnit)
surface1 = 0#: surface2 = 0#
i = i + 1
nomCalque =feuilleExcel.Cells(i,1).Value
prixUnit = feuilleExcel.Cells(i,2).Value
Loop
applicationExcel.Quit
```

Affichage du résultat dans la boîte de dialogue

```
TextBox1.Text =Format(coutTotal,"_ ###.##")
End Sub

Sub
```

4 Création du bouton Quitter

```
CommandButton2_Click()
Unload Me
End Sub
```

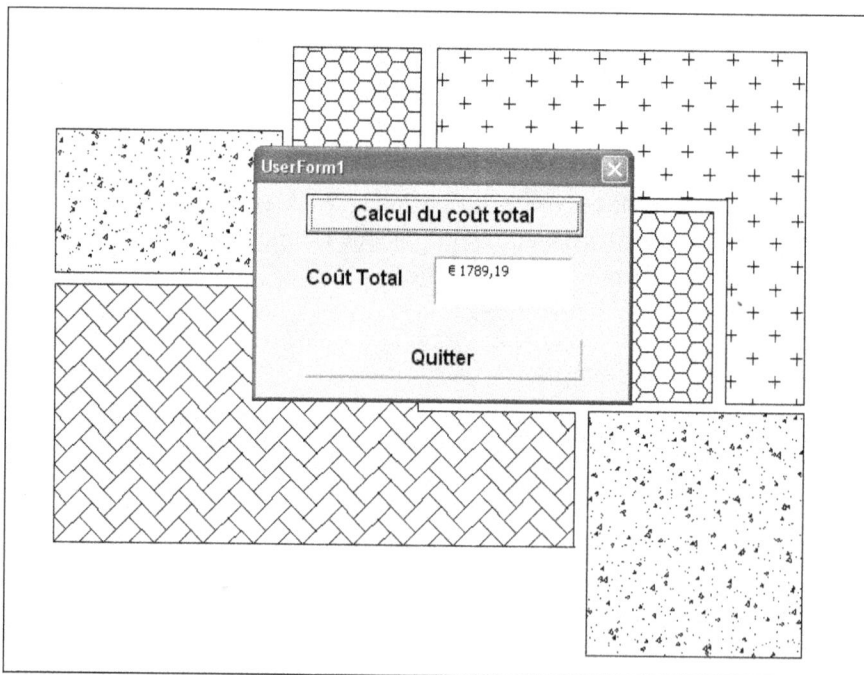

Fig.5.93

Appel d'une macro VBA

Après avoir créé vos macros, il peut être utile de les placer dans une barre d'outils afin d'y accéder plus rapidement. En suivant les procédures de création abordées au chapitre 1 vous pouvez créer un bouton en y ajoutant le code suivant (fig.5.94-5.95) :

```
^c^c-VBARUN ; "C:/Program Files/ACAD2006/Projets
VBA/triangle.dvb !Module1.Triangle";
```

Avec :

- **^c^c :** annulation de toute commande en cours.

- **-VBARUN** : appel du gestionnaire de macros, le tiret (-) évite d'afficher la boîte de dialogue.

- **Point-virgule (;) :** simule la touche Entrée (Enter).

- **"C:/..... " :** le nom de la macro et le chemin de recherche. Il faut d'abord spécifier le nom du projet, suivi du nom du module et enfin du nom de la macro.

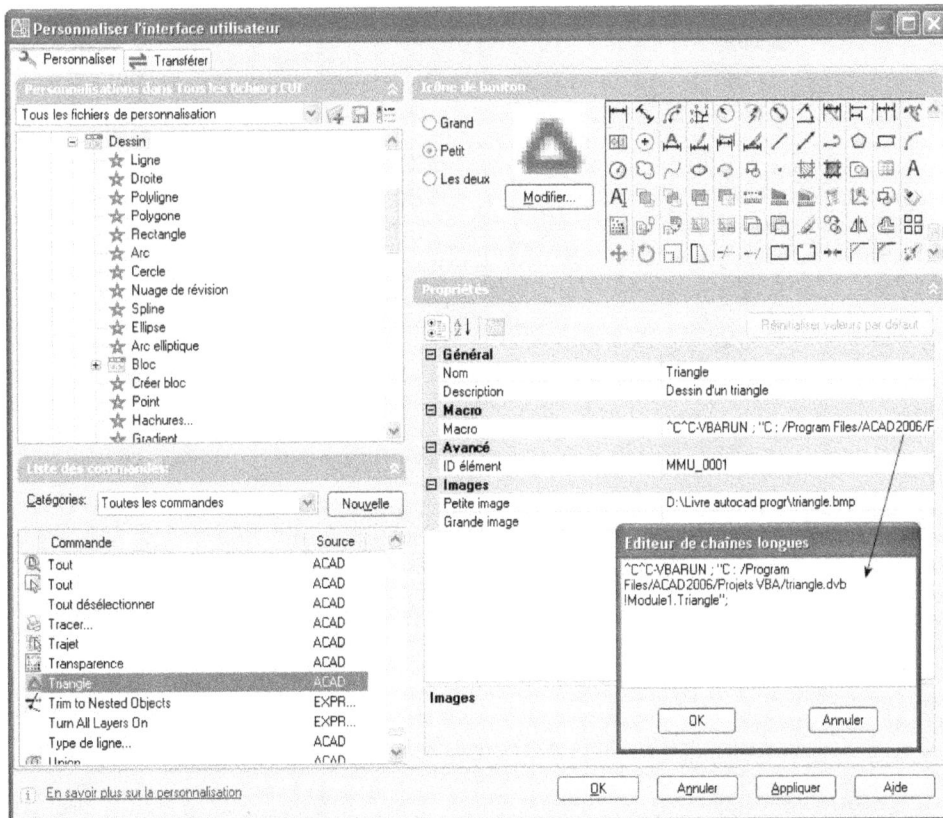

Fig.5.94

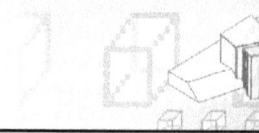

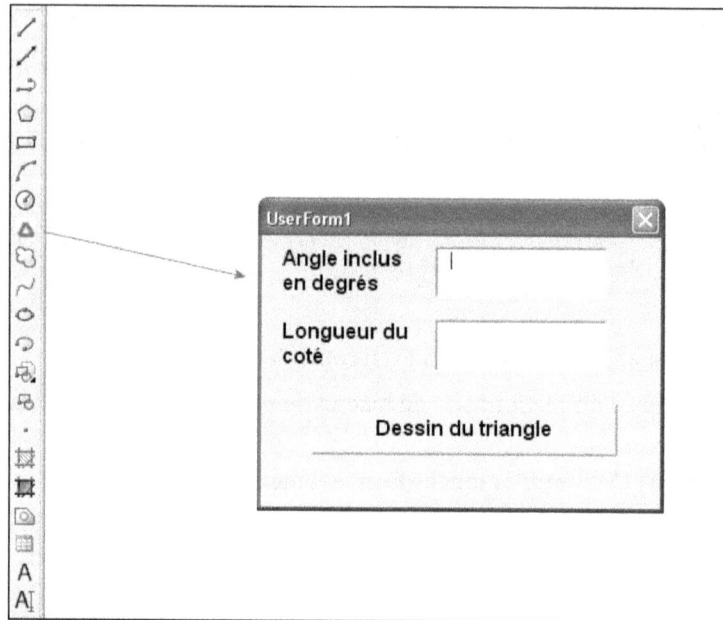

Fig.5.95

INDEX
TABLE DES MATIÈRES

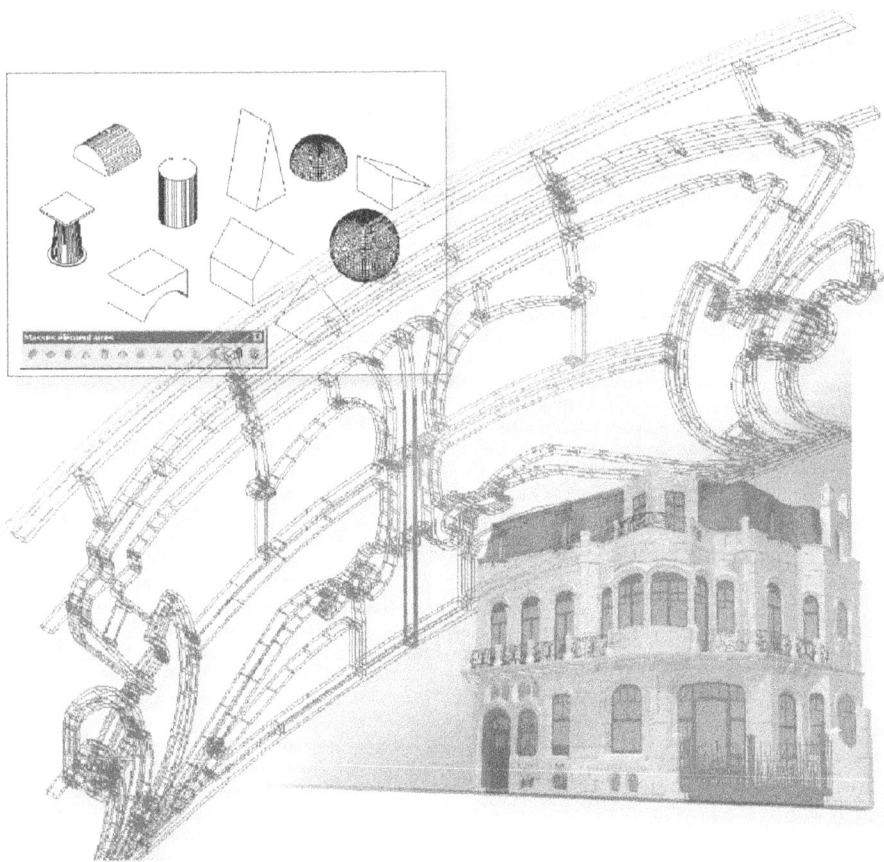

Index

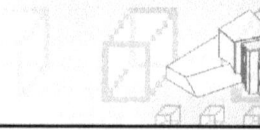

Table des matières

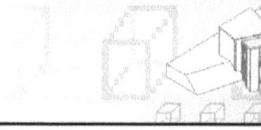

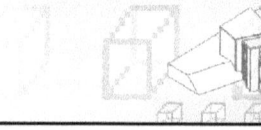

www.ingramcontent.com/pod-product-compliance
Lightning Source LLC
Chambersburg PA
CBHW082136210326
41599CB00031B/5995